大学计算机基础教育规划教材

“高等教育国家级教学成果奖”配套教材
“陕西省精品课程”主讲教材

C++ 程序设计实验教程

魏 英 编著

1+X

清华大学出版社
北 京

内容简介

本书是姜学锋主编的《C++ 程序设计》的配套实验教程。全书分为 4 部分，其中详细介绍了开发工具的使用方法和程序调试技术。实验内容按课程教材和教学大纲要求设计，分验证型实验和设计型实验，突出综合性实验，并结合算法、数据结构知识设计了一些有难度的实验题目。本书还包括课程设计专题实验内容，其目的是使读者能够训练应用程序开发，获取设计 C++ 程序项目的初步知识和工程经验，掌握高级编程技术，为后续专业学习和职业发展打下坚实的实践基础。

本书的作者长期从事计算机基础教学和软件开发科研工作，具有丰富的教学经验和软件开发经验。全书贯彻"精讲多练、提升技能、开拓设计"的教学理念，精心策划、准确定位、结构清晰、语言通俗易懂，内容由浅入深、实验循序渐进。验证型实验体现"学"，设计型实验体现"用"，课程设计体现"提升和开拓"，核心目标是技能和计算思维能力训练。

本书适合作为高等学校各专业程序设计课程的实验教材，可以独立设课，也可作为自学者的学习参考用书。

图书在版编目（CIP）数据

C++ 程序设计实验教程 / 魏英编著．--北京：清华大学出版社，2011.3(2021.8 重印)
（大学计算机基础教育规划教材）
ISBN 978-7-302-24940-5

Ⅰ．①C… Ⅱ．①魏… Ⅲ．①C 语言－程序设计－高等学校－教材 Ⅳ．①TP312

中国版本图书馆 CIP 数据核字(2011)第 023894 号

责任编辑：张 民 薛 阳
责任校对：焦丽丽
责任印制：宋 林

出版发行：清华大学出版社
网 址：http://www.tup.com.cn，http://www.wqbook.com
地 址：北京清华大学学研大厦 A 座 邮 编：100084
社 总 机：010-62770175 邮 购：010-62786544
投稿与读者服务：010-62776969，c-service@tup.tsinghua.edu.cn
质 量 反 馈：010-62772015，zhiliang@tup.tsinghua.edu.cn
印 装 者：三河市龙大印装有限公司
经 销：全国新华书店
开 本：185mm×260mm **印 张**：14 **字 数**：327 千字
版 次：2011 年 3 月第 1 版 **印 次**：2021 年 8 月第 7 次印刷
定 价：35.00 元

产品编号：041687-02

序

进入21世纪,社会信息化不断向纵深发展,各行各业的信息化进程不断加速。我国的高等教育也进入了一个新的历史发展时期,尤其是高校的计算机基础教育,正在步入更加科学、更加合理、更加符合21世纪高校人才培养目标的新阶段。

为了进一步推动高校计算机基础教育的发展,教育部高等学校计算机科学与技术教学指导委员会近期发布了《关于进一步加强高等学校计算机基础教学的意见暨计算机基础课程教学基本要求》(以下简称《教学基本要求》)。《教学基本要求》针对计算机基础教学的现状与发展,提出了计算机基础教学改革的指导思想;按照分类、分层次组织教学的思路,《教学基本要求》提出了计算机基础课程教学内容的知识结构与课程设置。《教学基本要求》认为,计算机基础教学的典型核心课程包括:大学计算机基础、计算机程序设计基础、计算机硬件技术基础(微机原理与接口、单片机原理与应用)、数据库技术及应用、多媒体技术及应用、计算机网络技术及应用。《教学基本要求》中介绍了上述六门核心课程的主要内容,这为今后的课程建设及教材编写提供了重要的依据。在下一步计算机课程规划工作中,建议各校采用"1+X"的方案,即:"大学计算机基础"+ 若干必修或选修课程。

教材是实现教学要求的重要保证。为了更好地促进高校计算机基础教育的改革,我们组织了国内部分高校教师进行了深入的讨论和研究,根据《教学基本要求》中的相关课程教学基本要求组织编写了这套"大学计算机基础教育规划教材"。

本套教材的特点如下:

(1) 体系完整,内容先进,符合大学非计算机专业学生的特点,注重应用,强调实践。

(2) 教材的作者来自全国各个高校,都是教育部高等学校计算机基础课程教学指导委员会推荐的专家、教授和教学骨干。

(3) 注重立体化教材的建设, 除主教材外,还配有多媒体电子教案、习题与实验指导,以及教学网站和教学资源库等。

(4) 注重案例教材和实验教材的建设,适应教师指导下的学生自主学习的教学模式。

(5) 及时更新版本,力图反映计算机技术的新发展。

本套教材将随着高校计算机基础教育的发展不断调整，希望各位专家、教师和读者不吝提出宝贵的意见和建议，我们将根据大家的意见不断改进本套教材的组织、编写工作，为我国的计算机基础教育的教材建设和人才培养做出更大的贡献。

"大学计算机基础教育规划教材"丛书主编

教育部高等学校计算机基础课程教学指导委员会副主任委员

冯博琴

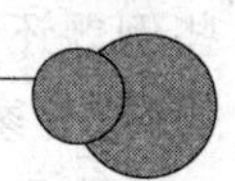

本书是姜学锋主编的《C++ 程序设计》一书的配套实验教程。C++ 语言是一种优秀的面向对象程序设计语言，它是在 C 语言的基础上发展起来的，但它比 C 语言更容易为人们学习和掌握。C++ 语言的面向对象设计思想是在原来结构化程序设计方法的基础上的一个扩充，完美地体现了面向对象的各种特性。C++ 程序设计是一门实践性非常强的课程，本书根据编者多年从事 C++ 程序设计教学的经验，按照循序渐进的原则，安排了“开发环境及上机操作”、“程序调试技术”、“基础实验内容”、“课程设计”4 个部分，力求使读者能够逐步掌握结构化程序设计的方法以及 C++ 语言的精髓。

各部分的主要内容如下：

第 1 部分：“开发环境及上机操作”。这一部分详细介绍了 Visual C++ 6.0 和 Code::Blocks 两种国内外高校普遍使用的 C++ 语言开发环境，包括软件安装、环境配置、联机帮助、下载地址等。同时，为力求让读者能够充分掌握程序开发的具体步骤，提高独立编写程序的能力。这一部分还通过实例为读者系统介绍了使用这两种工具编写程序的过程。

第 2 部分：“程序调试技术”。程序调试是在编制的程序投入实际运行前，用手工或编译程序等方法进行测试，修正语法错误和逻辑错误的过程。如果缺乏程序调试的知识，开发一个大型程序往往会花费大量的时间和精力，使人精疲力竭。这一部分为读者详细介绍了程序调试和错误处理方法，以提高编程效率，达到事半功倍的效果。

第 3 部分：“基础实验内容”。在这一部分中，针对课程的重点和难点设计实验内容，分为验证型实验和设计型实验。两种实验内容将“教”与“学”的理念贯穿于整本书中，不仅仅是给读者提供一些练习题，还使读者在练习的过程中培养出好的编程习惯。

第 4 部分：“课程设计”。大部分学生仅仅通过课堂学习后，编程能力还难以达到开发实际应用程序的要求，特别是对程序设计的热点问题如网络编程、数据库编程、多媒体编程等知识的理解和应用都还不够。“课程设计”部分将开发环境和 C++ 语言的知识点应用相结合，选取经典实例，让读者能够将程序设计和自身的专业结合起来，为将来的课程设计做好准备。

全书由魏英主编。西北工业大学计算机基础教学部的各位同事对全书内容提出了许多宝贵的意见和建议，特别是姜学锋、曹光前、周果清、刘君瑞等老师为本书的编写打下了良好的基础，使本书更加完善；同时，本书的编写得到了各级领导的关心和支持，清华大学出版社对本书的出版十分重视并做了精心安排，使本书得以在短时间内出版。本书的一些例题还参考了大量网络上的相关资料。在此，对所有鼓励、支持和帮助本书编写工作的领导、专家、同事、网友和广大读者表示真挚的谢意！

由于时间紧迫以及作者水平有限，书中难免有错误、疏漏之处，恳请读者批评指正。

编　者

2010年7月于西北工业大学

C++程序设计实验教程

目录

第1章

开发环境及上机操作

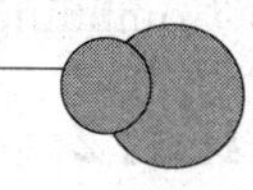

1.1 C++ 语言开发环境简介

1.1.1 编译器和连接器

计算机是按照计算机指令自动工作的，计算机的工作过程就是指令的执行过程。让计算机执行什么样的工作，得到什么样的结果的过程本质上就是编写什么样指令的过程。在计算机发展早期，编写计算机指令是一件非常复杂的事情，后来人们逐步设计出了各种高级语言，大大简化了指令（程序，指令的集合）设计的难度，并且提高了程序生产效率。

编译器是将一种计算机语言翻译为另一种计算机语言的程序。编译器将源语言（Source Language）编写的程序（简称源程序）作为输入，编译成用目标语言（Target Language）编写的等价程序。源程序一般为高级语言（High-level Language），例如 C、C++ 等。而目标语言则是汇编语言或目标机器的目标代码（Object code，有时也称做机器代码 Machine Code）。

编译器可以生成用在与编译器本身所在的计算机和操作系统（或平台）相同的环境下运行的目标代码，这种编译器叫"本地编译器"；编译器也可以生成用来在其他平台上运行的目标代码，这种编译器叫做交叉编译器，交叉编译器在生成新的硬件平台时非常有用。编译器有两种方式可以执行高级语言程序：一是通过解释程序；二是通过编译、连接生成执行代码。第一种方式，解释程序能够直接执行高级语言源程序。这种方式非常方便，但是效率不高，而且没有安装解释程序的计算机不能执行，例如 Java 语言等就是采用解释方式。第二种方式，使用编译器，将高级语言源程序编译、连接成为执行代码，也就是二进制的机器指令，从而允许用户直接执行程序，C 语言、C++ 语言等就是这样的方式。

尽管经过编译过程后，高级语言源程序转换成二进制的执行代码了；但在大多数的操作系统上，执行这些执行代码是按"进程"方式管理的，因此，这些二进制的执行代码还需要增加与进程和操作系统相关的执行代码，这个过程就称为"连接"。完成这种连接工作的程序称为"连接器"。

下面是高级语言源程序编译、连接为执行代码的过程示意图。

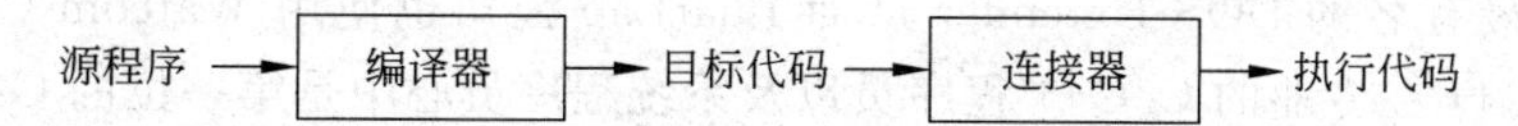

而C语言、C++语言源程序编译过程中还包括预处理(Pre-Processing)、二次编译(Compiling)两个过程,其目的是为了编译优化。

1.1.2 C++语言编译器

20世纪50年代,IBM的John Backus带领一个研究小组对FORTRAN语言及其编译器进行开发。但由于当时人们对编译理论了解不多,开发工作变得既复杂又艰苦。与此同时,Noam Chomsky开始对自然语言结构进行研究。他的发现最终使得编译器的结构异常简单,甚至还带有了一些自动化的优点。Chomsky架构中的上下文无关文法被证明是程序设计语言中最有用的,它与有限状态自动机(Finite Automaton)和正则表达式(Regular Expression)的研究引出了表示程序设计语言的单词的符号方式。当分析问题变得好懂起来时,人们就在开发程序上花费了很大的工夫来研究这一部分的编译器自动构造。这些程序最初被称为编译器的编译器(Compiler-compiler),但更确切地应称为分析程序生成器(Parser Generator),这是因为它们仅仅能够自动处理编译的一部分。这些程序中最著名的是Yacc(Yet Another Compiler-compiler),它是由Steve Johnson在1975年为UNIX系统编写的。类似地,有限状态自动机的研究也发展了一种称为扫描程序生成器(Scanner Generator)的工具,Lex(与Yacc同时,由Mike Lesk为UNIX系统开发)是其中的佼佼者。

在1973年,美国贝尔实验室的D. M. Ritchie在B语言的基础上最终设计出了一种新的语言,这就是C语言。1978年Brian W. Kernighian和Dennis M. Ritchie出版了名著*The C Programming Language*,从而使C语言成为目前世界上流行最广泛的高级程序设计语言。此时人们对操作系统和编译原理的研究均有了较大的进步,这就为后来的C语言及其编译工具的开发奠定了理论基础。

当C语言发展到顶峰的时候,很多人都希望在C语言中增加类的概念,于是出现了一个新的版本叫C with Class,那就是C++最早的版本。后来C标准委员会决定为这个版本的C起个新的名字,以C语言中的++运算符来体现它是C语言的进步,故而叫C++,并成立了C++标准委员会。

在20世纪80—90年代PC上的C语言编译工具主要为:

- Borland的Turbo C/C++和Borland C++;
- Micrsoft的Visual C++;
- Watcom C/C++;
- Symantec C/C++。

其中,1983年Borland公司推出了Turbo Pascal,开创了编译工具的新时代;1987年,又发布了Turbo C 1.0,首次提供C语言集成开发环境工具;1990在Turbo C基础上推出了C++开发工具Turbo C/C++;1992发布Borland C/C++ 3.1,将C语言编译工具引向颠峰。而Watcom C/C++是以在DOS下能够产生最优化程序代码而闻名的,再加上当时最有名的DOS Extender厂商PharLap公司也使用Watcom C/C++,因此Watcom C/C++在专业的C/C++程序员以及系统程序员心中是第一位的C/C++开发工具。虽然Micrsoft的Visual C++开始时表现平平,然而凭着自己在操作系统上的优势和不懈的创新努力，终于在1996年左右将其余三个竞争者逐出C语言编译工具市场，成为在Windows平台上一枝独秀的编译器工具。

对于读者来说，选择什么样的编译工具与学习C++语言本身没有太大关系。语法严谨的编译器尽管使读者感到困难，但对学习程序设计十分必要。而且由于转换编译环境是非常漫长且成本巨大的行为，因此大多数程序员往往偏好少数几种编译工具。下面给出几个编译工具的比较。

(1) Turbo C 2.0，这是C语言早期强有力的工具之一，堪称C语言开发中的经典；它的简单、易用、快速使许多初学者毫不犹豫地选择它，然而它存在很大的不严谨性。

(2) Borland C/C++ 3.1，实事求是地说，这是一个非常完美的编译器工具；然而自1994年后Borland公司就再也没有对它进行技术更新的事实，使得它的开发功能实在太少了。在256MB内存Pentium 4计算机上只能使用最多64KB的数组，在真彩色的显示卡上只能显示16色，没有鼠标，没有汉字，没有网络，没有声卡，没有光驱，更别提U盘。

(3) Micrsoft Visual C++，在Micrsoft Visual C++部门中，有许多员工来自类似Borland公司的软件开发公司，这使得Micrsoft Visual C++的技术集百家精华于一身，终成大气。即使已经没有任何对手，Visual C++依然在按照自己的计划不断完善，从当年击溃其他竞争者的Visual C++ 4.0到今日的Visual C++ 2005使得使用Visual C++的程序员时刻拥有最新的技术，与Microsoft一同成长。

(4) Watcom C/C++，确实是最优化的C语言编译器。几经转折，Watcom C/C++已经成为"开放源码"的一员（http://www.openwatcom.org），现在计算机专业人士可以从编译原理的角度来研究它了。

(5) GCC（DJGPP，http://www.delorie.com/djgpp/），这是随Linux成长起来的C语言编译器，Visual C++潜在竞争者的只有它了。由于GCC是整个Linux平台的支撑工具，对它的支持也在不断更新。然而Linux和GCC过于专业化的特点，使得初学者对此望而生畏。

1.1.3 集成开发环境（IDE）

集成开发环境（IDE，Integrated Development Environment）是指将程序开发中的编辑器、编译器、调试器合为一体，使得程序的编码开发过程能够在一个软件环境中完成。一个IDE至少要能够实现编辑、编译、连接、运行、调试功能。常用的IDE及其网址如下：

- Turbo C 2.01，http://bdn.borland.com/article/014102084100.html。
- Borland C++ 3.1，http://bdn.borland.com/。
- Visual C++，http://www.microsoft.com/china/msdn/vstudio/default.aspx。
- RHIDE，http://www.rhide.com/。
- Eclipse，http://www.eclipse.org/。
- Dev-C++，http://www.bloodshed.net/devcpp.html。
- MingW编译器，http://www.mingw.org/。
- Kdevelop，http://www.kdevelop.org/。

其中，RHIDE、Eclipse、Dev-C++、MingW编译器均是"开放源码"的。

许多人对一个编译器的印象就是IDE,事实上IDE仅是一个开发环境。目前的编译器均是采用命令行方式工作的,只不过IDE对其做了更好的外壳包装。Visual C++与其IDE是紧密地结合在一起的,而RHIDE与GCC则是松散的。读者可以先熟悉其中一种,其他IDE也就自然融会贯通了。

学习C++语言不应只局限于使用一种编译环境,希望读者能掌握一种以上的编译和运行C程序的环境与工具,例如:Visual C++和GCC。

1.1.4 快速应用开发(RAD)工具

原型化快速应用开发(RAD,Rapid Application Development)工具是指结合了直观的设计工具、优化的编译器、交互式调试器和完善的工具组件,从而为开发者提供快速开发网络、桌面和数据库等应用程序所需的工具的开发软件。常用的RAD工具有:

- Borland C++ Builder;
- Borland Delphi/kylix;
- Visual Basic;
- PowerBuilder。

RAD工具是目前最好用的开发工具,这类工具普遍采用了面向对象的设计方法。

1.2 Visual C++ 6.0开发环境及上机操作

Visual C++是目前在Windows操作系统上用得最多的C++语言编译系统,现在常用的是Visual C++ 6.0(简称VC6)版本,它可用于Win32平台应用程序(Application)、服务(Service)和控件(Control)的开发。

Visual C++从1998年发行6.0版本以来,又发行了Visual C++ 2002、Visual C++ 2003、Visual C++ 2005版本,这些不同的Visual C++版本的上机操作方法是大同小异的,掌握了其中的一种,就会举一反三学习使用其他版本。

1.2.1 Visual C++ 6.0简介

Visual C++ 6.0开发环境Developer Studio是在Windows环境下运行的一套集成工具,由文本编辑、资源编辑器、项目建立工具、优化编译器、增量连接器、源代码浏览器、集成调试器等组成。使用Developer Studio,不仅可以创建由Visual C++ 6.0使用的源文件和其他文档,而且可以创建、查看和编写任何与Active部件有关的文档(ActiveX文档)。

在Developer Studio中,可以在项目工作区中组织文件(File)、项目(Project)和子项目,可以使用工作区窗口来查看和访问项目中的各种元素。项目工作区可以含有多个项目,每个项目要么是顶层项目,要么是其他项目的子项目。

在Visual C++ 6.0中,可以使用向导(Wizard)、MFC类库和活动模板库(ATL)来开发Windows应用程序。向导用于帮助用户生成各种不同类型应用程序的基本框架。例如,可以使用Win32 Application和Win32 Console Application生成Windows应用程序和控制台程序，可以使用 MFC AppWizard 来生成完整的从开始文件出发的基于 MFC 类库的源文件和资源文件，可以使用 MFC ActiveX Control Wizard 生成创建 Active 控制所需要的全部开始文件（如源文件、头文件、资源文件、模块定义文件、项目文件、对象描述语言文件等），使用 Custom AppWizard 来创建自定义的项目类型，并将其添加到创建项目时的可用项目类型列表中。

在创建应用程序的基本框架后，可以使用 ClassWizard 来创建新类，定义消息处理函数，覆盖虚拟函数，从对话框、表单视图或者记录视图的控件中获取数据并验证数据的合法性，在自动化对象中添加属性、事件和方法。此外，还可以使用 Wizard 来定义消息处理函数并浏览实现文件(.cpp)。

Visual C++ 6.0 没有中文版，网上也有将其菜单简单汉化的版本，但许多翻译与英文原意不符，因此本书推荐使用 Visual C++ 6.0 英文版。其实 Visual C++ 6.0 英文界面并不是学习的障碍，其附带的英文 MSDN 信息倒是一大学习难题。

MSDN 是指 Microsoft Software Development Network（微软软件开发网络），它是 Microsoft 为程序员进行 Windows 系统上的软件开发提供的开发工具，包含大量开发示例、帮助信息、技术信息、知识等；MSDN 是一部“开发者的百科全书”，信息庞大，查询方便，很多帮助项都有源程序示范。对于 Windows 开发来说，了解并利用 MSDN 是必需的途径。以前的 MSDN 基本上都是英文的，对于使用中文的读者来说，它是很大的障碍。但从 Visual C++ 2005 开始，Microsoft 提供了简体中文版本，MSDN 其他版本的中文化工作已经在进行中，读者可以从图 1.1 所示的网站（http://msdn.microsoft.com/library/chs/）中在线获取这些信息。

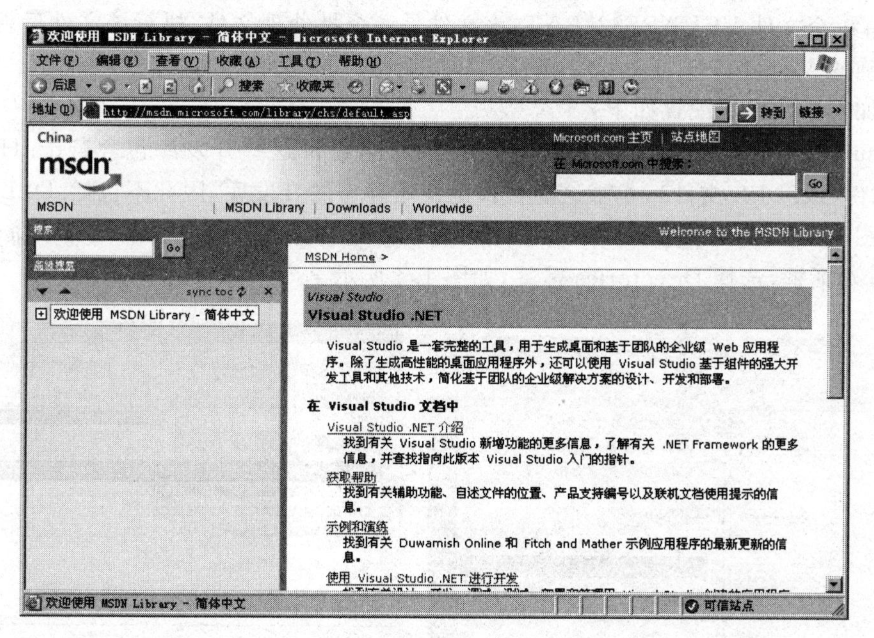

图　1.1

1.2.2 启动和退出 Visual C++ 6.0

Visual C++ 6.0 安装结束后，在 Windows"开始"菜单的"程序"子菜单中就会出现 Microsoft Visual Studio 子菜单。可以单击 Windows 的"开始"按钮，从"开始"菜单启动 Visual C++ 6.0，经过版权信息画面（如图 1.2 所示）后，Visual C++ 6.0 启动且进入开发环境。

图 1.2

退出 Visual C++ 6.0 的方法是在 VC6 主窗口中选择 File（文件）菜单下的 Exit 命令，或者将 VC6 主窗口关闭。

1.2.3 配置 Visual C++ 6.0

Visual C++ 6.0 完成安装后，一般可以不进行人工配置。然而在改变 Visual C++ 6.0 的环境后，或者增加了新的开发库后，就需要进行配置了。这些配置不正确时，还会使得 Visual C++ 6.0 编译出一大串莫名其妙的错误信息。

环境变量的设置如下：

Visual C++ 6.0 的环境变量主要包括：①Visual C++ 6.0 系统目录；②INCLUDE 头文件目录；③LIB 连接库文件目录。在 VC6 系统目录（××××××\MSVS60\VC98\Bin）中有一个文件 VCVARS32.BAT，该文件是一个批处理文件，执行该文件后就会自动添加正确的 Visual C++ 6.0 设置路径和环境变量。

增加新开发库的配置如下：

Visual C++ 6.0 允许开发者增加新的开发库，通常这些开发库包含若干.H 文件和.LIB 文件（或.DLL 文件），本书这里仅讨论使用静态的开发库，因此不包括.DLL 文件。

如图 1.3 所示，在 Visual C++ 6.0 主窗口中选择菜单 Tools|Options…命令，打开 Options 对话框，选择 Directories 标签，如图 1.4 所示。

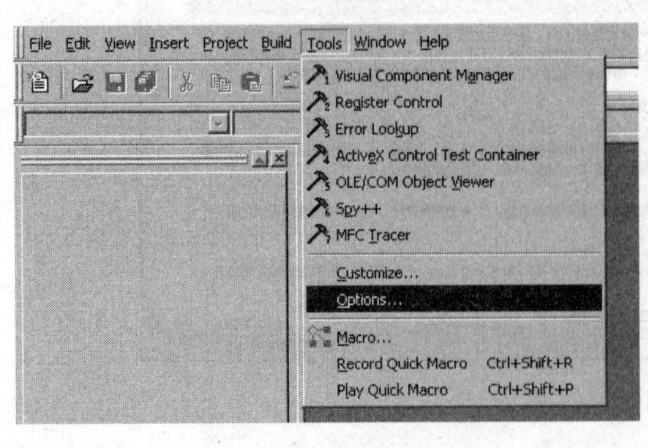

图 1.3

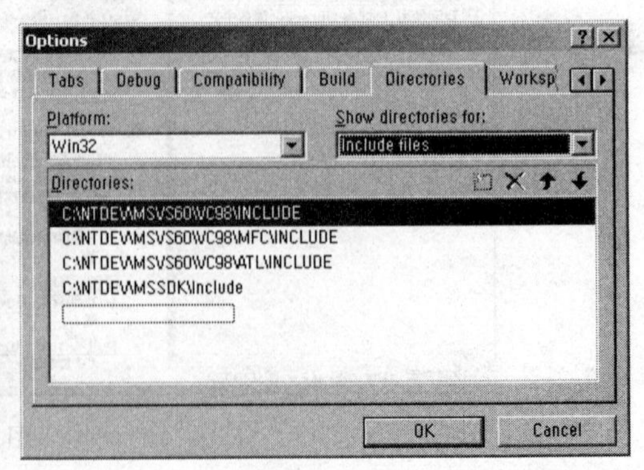

图 1.4

在 Options 对话框中就可以配置新开发库。其中 Show directories for 用来指明配置参数的类型，可选的类型如图 1.5 所示，下拉框中各个项目的含义如下：

图　1.5

- Executable files：表示可执行文件路径设置。
- Include files：表示编译头文件路径。
- Library files：表示编译库文件路径。
- Source files：表示源代码搜索路径。

对于新开发库，通常需要设置 Include files 和 Library files。设置方法如图 1.6 所示。

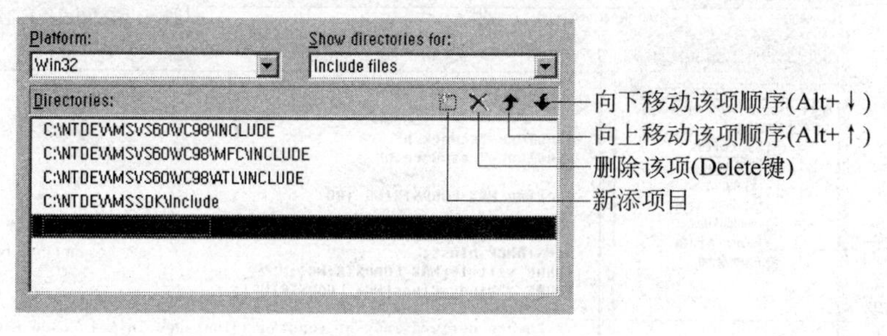

图　1.6

单击“新添项目”按钮，如图 1.7 所示。

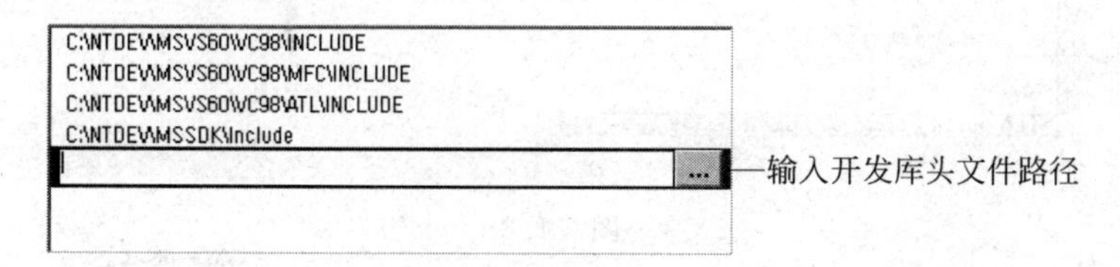

图　1.7

输入开发库头文件路径或者使用 ... 来浏览查找路径，如图 1.7 所示。

选择 Library files，按照如上步骤新添库文件路径。

Visual C++ 6.0 允许删除已经无效的文件路径，然而不能删除 Visual C++ 6.0 系统自己的配置参数，假定 Visual C++ 6.0 安装的目录为 C:\NTDEV\，则 Visual C++ 6.0 系统默认的 Include files 为：

- C:\NTDEV\MSVS60\VC98\INCLUDE；
- C:\NTDEV\MSVS60\VC98\MFC\INCLUDE；
- C:\NTDEV\MSVS60\VC98\ATL\INCLUDE；
- C:\NTDEV\MSSDK\Include。

而 Visual C++ 6.0 系统默认的 Library files 为：

- C:\NTDEV\MSVS60\VC98\LIB；
- C:\NTDEV\MSVS60\VC98\MFC\LIB；
- C:\NTDEV\MSSDK\Lib。

1.2.4 Visual C++ 6.0 开发环境和基本菜单

1. Visual C++ 6.0 主窗口

启动 Visual C++ 6.0 并进入开发环境后，出现 Visual C++ 6.0 的 Developer Studio 主窗口，如图 1.8 所示。可以看出 Visual C++ 6.0 的 Developer Studio 主窗口包括：标题栏、主菜单栏、工具条、工作区窗口、源代码编辑窗口、输出窗口和状态栏。

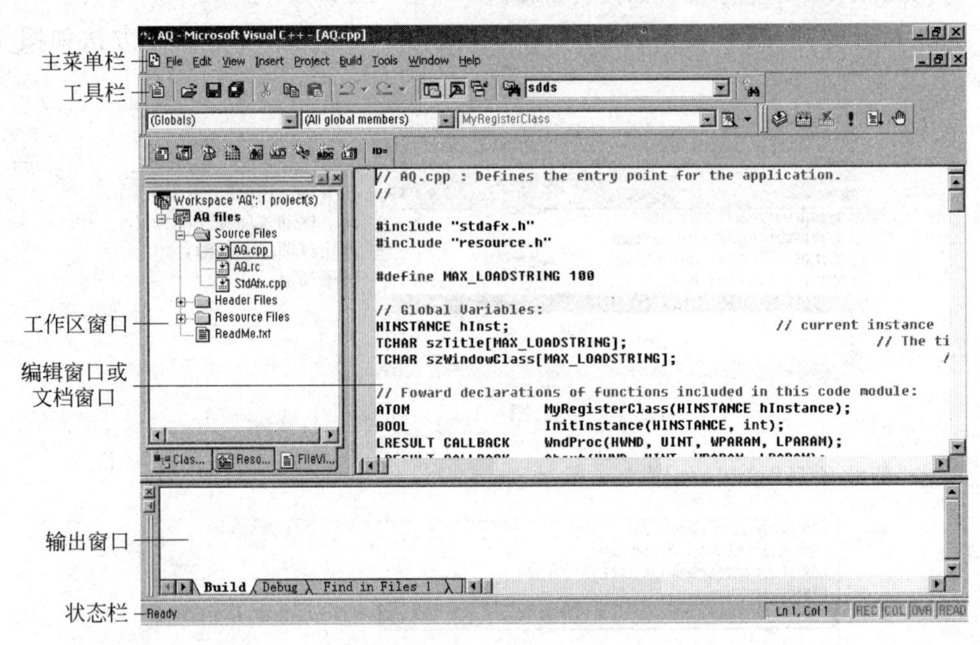

图 1.8

屏幕最上端是标题栏。标题栏用于显示应用程序名和所打开的文件名，标题栏的颜色用于表明对应窗口是否为激活的。标题栏左端为控制菜单框，是用于打开窗口控制菜单的图标。用鼠标一单击该图标，将弹出窗口控制菜单；窗口控制菜单用于控制窗口的大小和位置，如还原、移动、关闭、最大化和最小化等。标题栏的右边有三个控制按钮，从左至右分别为最小化按钮、还原按钮和关闭按钮，这些按钮用于快速设置窗口大小。例如，使窗口填充整个屏幕、将窗口最小化为图标或关闭窗口。

标题栏的下面是主菜单栏和工具条。工具条的下面有两个窗口，一个是工作区窗口；另一个是源代码编辑窗口。工作区窗口的下面是输出窗口，用于显示项目建立过程中所产生的错误信息等。屏幕最底端是状态栏，它给出当前操作或所选择命令的提示信息。

2. Visual C++ 6.0 菜单栏

Visual C++ 6.0 主菜单栏包含 9 个菜单项：File(文件)、Edit(编辑)、View(视图)、Insert(插入)、Project(项目)、Build(建立)、Tools(工具)、Windows(窗口)、Help(帮助)。与 Windows 操作一致，选择菜单有两种方法，一种是用鼠标左键单击所选的菜单；另一种是按键操作,即同时按下 Alt 键和所选菜单的热键字母(带下划线的字母,如 File 中的 F)。选中某个菜单后,就会出现相应的下拉式子菜单。在下拉式子菜单中,有些菜单选项的右边对应着相应的快捷键(如 Save 对应 Ctrl + S),表示按快捷键将直接执行菜单命令,这样可以避免进入多层菜单的麻烦。有些菜单选项后面带有三个圆点符(...),表示选择该项后将自动弹出一个对话框。有些菜单选项后面带有黑三角箭头(▶),表示选择该项后将自动弹出级联菜单。若下拉式子菜单中的某些菜单选项显示为灰色,则表示这些选项在当前条件下不能选择。

此外,在窗口的不同位置单击鼠标右键将弹出上下文菜单,从上下文菜单可以执行与当前位置最为相关的要频繁执行的命令。

下面给出的 Visual C++ 6.0 菜单介绍中,有些菜单项只在一定条件下出现。Visual C++ 6.0 的菜单采用动态显示方式,即处在一定状态下,部分菜单项才会显示出来。

1) File 菜单

在 File 菜单中包含用于对文件进行操作的命令选项,如图 1.9 所示。

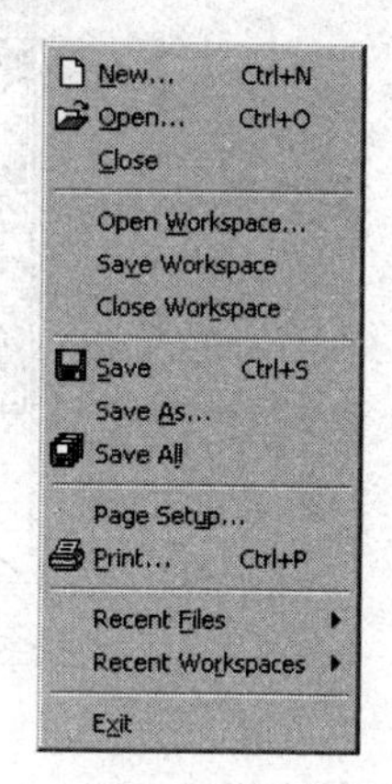

图　1.9

File 菜单中各选项的含义如表 1.1 所示。

表　1.1

菜　单　项	快捷键	功　　能
New	Ctrl+N	可以创建新的文档、项目或者工作区
Open	Ctrl+O	打开已有的文件,如 C++ 文件、宏文件、资源文件、项目文件等
Close		关闭当前的文件
Open Workspace		打开工作区文件
Save Workspace		保存当前的工作区
Close Workspace		关闭当前的工作区
Save	Ctrl+S	保存当前活动窗口或者选定窗口中的文件内容
Save As		将文件用新的文件名加以保存
Save All		保存所有窗口内的文件内容(包含工作区)
Page Setup		设置和格式化打印结果
Print	Ctrl+P	打印当前活动窗口中的内容
Recent Files		指明最近打开过的文件
Recent Workspaces		指明最近打开的工作区
Exit		退出 Visual C++ 6.0 开发环境

下面详细介绍 File|New 菜单项的用法,New 菜单项用于打开 New(新建)对话框,它可以创建新的文档、项目或者工作区。

(1) 创建新的文件

要创建新的文件,从 Files 标签(见图 1.10)单击要创建的文件类型,然后在 File 文本框中输入文件的名字。如果要添加新文件到已有的项目中，请选择 Add to project 复选框并选择项目名。

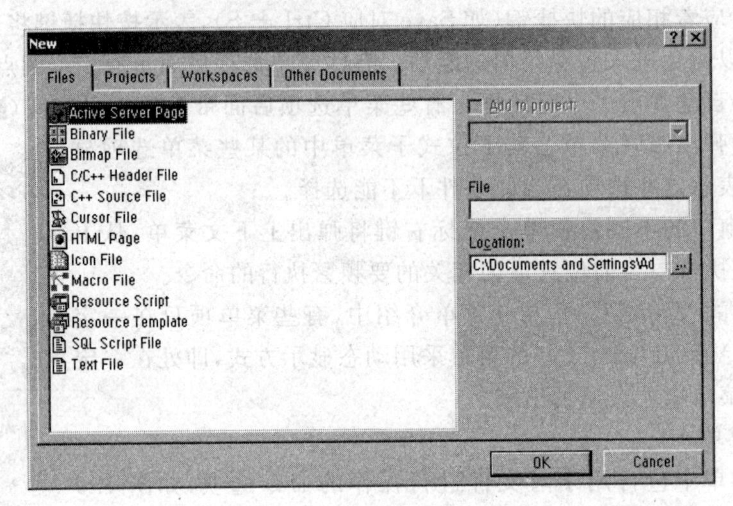

图 1.10

Visual C++ 6.0 可以创建的文件类型有：

- Active Server Page：创建活动服务器页。
- Binary File：创建二进制文件。
- Bitmap File：创建位图文件。
- C/C++ Header File：创建 C/C++ 头文件。
- C++ Source File：创建 C++ 源文件。
- Cursor File：创建光标文件。
- HTML Page：创建 HTML 文件。
- Icon File：创建图标文件。
- Macro File：创建宏文件。
- Resource Script：创建资源脚本文件。
- Resource Template：创建资源模板文件。
- SQL Script File：创建 SQL 脚本文件。
- Text File：创建文本文件。

(2) 创建新的项目

要创建新的项目，请从 Projects 标签（见图 1.11）单击要创建的项目类型，然后在 Project name 文本框输入项目的名字。如果要添加新的项目到已打开的工作区中，请选择 Add to current workspace 选项，否则将自动创建包含新项目的新工作区。如果要使新项目成为已有项目的子项目，请选中 Dependency of 复选框并指定项目名。

- Visual C++ 6.0 可以创建的项目类型有：
- ATL COM AppWizard：创建 ATL 应用程序。
- Cluster Resource Type Wizard：创建资源组类型的程序向导。

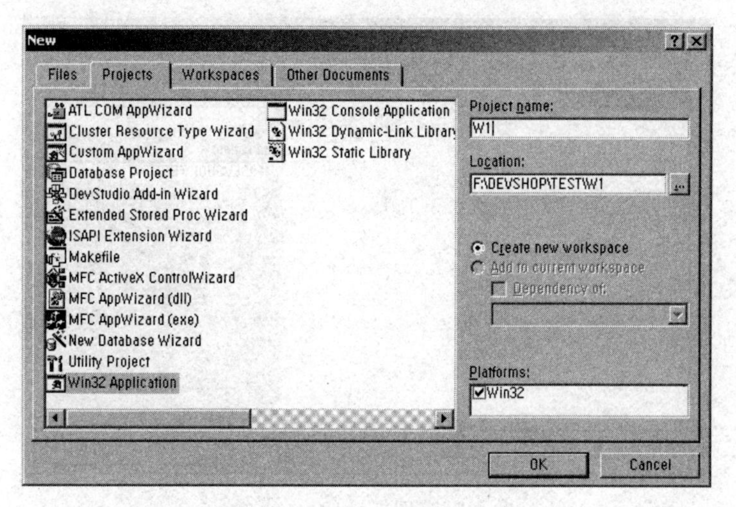

图 1.11

- Custom AppWizard：创建自定义的 AppWizard。
- Database Project：直接创建数据库项目。
- DevStudio Add-in Wizard：创建自动化宏。
- Extended Stored Proc Wizard：创建扩展存储过程的程序向导。
- ISAPI Extension Wizard：创建 Internet 服务器或过滤器。
- Makefile：创建 Make 文件。
- MFC ActiveX GontrolWizard：创建 ActiveX 控件程序。
- MFC AppWizard(dll)：创建 MFC 动态连接库。
- MFC AppWizard(exe)：创建 MFC 可执行程序。
- Utility Project：创建工具项目。
- Win32 Application：创建 Win32 应用程序。
- Win32 Console Application：创建 Win32 控制台应用程序。
- Win32 Dynamic-Link Library：创建 Win32 动态连接库。
- Win32 Static Library：创建 Win32 静态库。

(3) 创建新的工作区

要创建新的工作区，从 Workspace 标签选择一种工作区类型，然后在 Workspace name 文本框中输入工作区的名字(见图 1.12)。

(4) 创建新的文档

要创建新的文档，从 Other Documents 标签单击要创建的文档类型，然后在 File 文本框中输入文档的名字。如果要添加新的文档到已有的项目中，请选中 Add to project 复选框，然后选择项目名。Visual C++ 6.0 可以创建的文档类型有 Excel 工作表、Excel 图表、PowerPoint 演示文稿和 Word 文档等。

(5) File|Page Setup 菜单项

选择 Page Setup 菜单项将弹出 Page Setup 对话框(见图 1.13)，可以建立每个打印

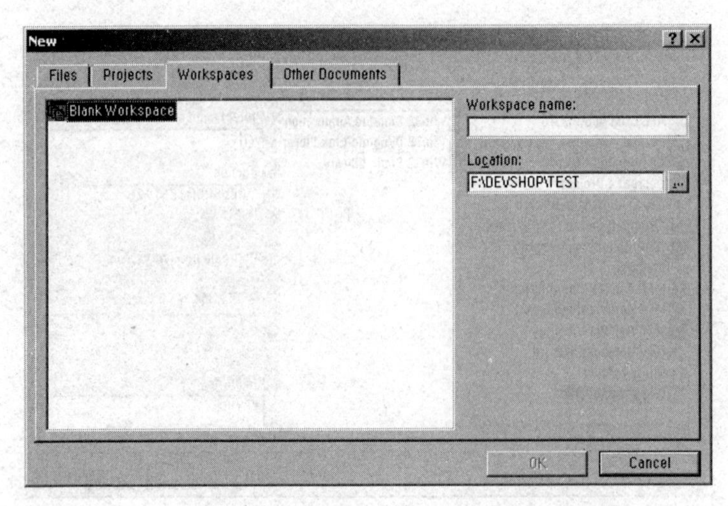

图 1.12

页的标题和脚注,并设置上、下、左、右页边距。表 1.2 列出了每个格式码对应的标题和脚注的类型。

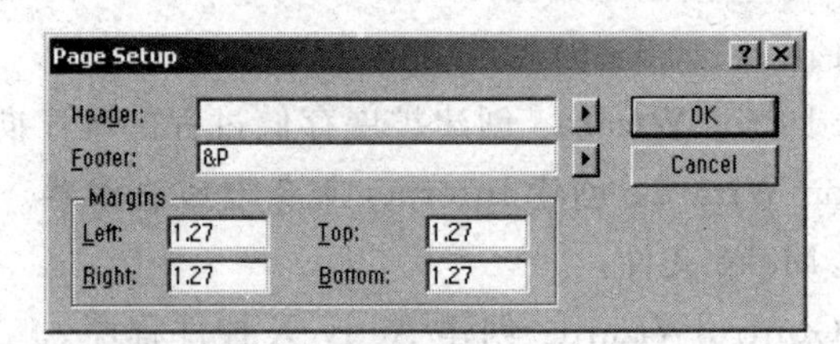

图 1.13

2) Edit 菜单

在 Edit 菜单中包含用于编辑或搜索的命令选项,如图 1.14 所示。

表 1.2

格式码	使用结果
&C	正文居中
&D	加入系统日期
&F	使用文件的名字
&L	左对齐正文
&P	加入页号
&R	右对齐正文
&T	加入系统时间

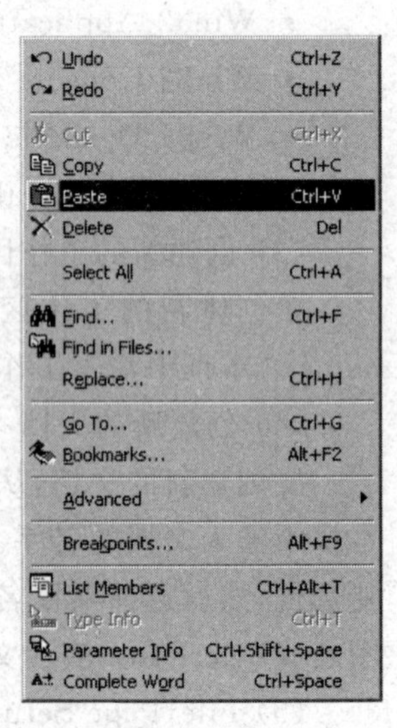

图 1.14

Edit菜单中各命令选项的含义如表1.3所示。

表 1.3

菜单项	快捷键	功能
Undo	Ctrl+Z	取消最近一次的编辑修改操作
Redo	Ctrl+Y	恢复被Undo命令取消的修改操作
Cut	Ctrl+X	剪切当前活动窗口中选定的内容到剪贴板中
Copy	Ctrl+C	复制当前活动窗口中选定的内容到剪贴板中
Paste	Ctrl+V	将剪贴板中的内容插入到当前光标所在的位置
Delete	Del	删除被选定的内容
Select All	Ctrl+A	选择当前活动窗口中的所有内容
Find	Ctrl+F	查找指定的字符串
Find in Files		在多个文件间搜索文本,搜索的对象可以是文本字符串,或是正则表达式
Replace	Ctrl+H	替换指定的文本串
Go To	Ctrl+G	可以指定将光标移到当前活动窗口的指定位置
Bookmarks	Alt+F2	设置书签
Advanced		高级编辑命令
Breakpoints	Alt+F9	可以设置、删除和查看断点
List Members	Ctrl+Alt+T	成员列表
Type Info	Ctrl+T	类型信息
Parameter Info	Ctrl+Shift+Space	参数信息
Complete Word	Ctrl+Space	完善语句

下面详细介绍Find和Breakpoints菜单项。

(1) Find菜单项

选择Find菜单项将弹出Find对话框(如图1.15)。在Find对话框中,可以在Find What文本框中输入欲查找的字符串,并设置查找的方向(Up(向上)或Down(向下))。此外,还可以根据需要进行区分大小写字符查找(Match case)、单词匹配查找(Match whole word only)、正则表达式查找(Regular expression)、全文查找(Search all open

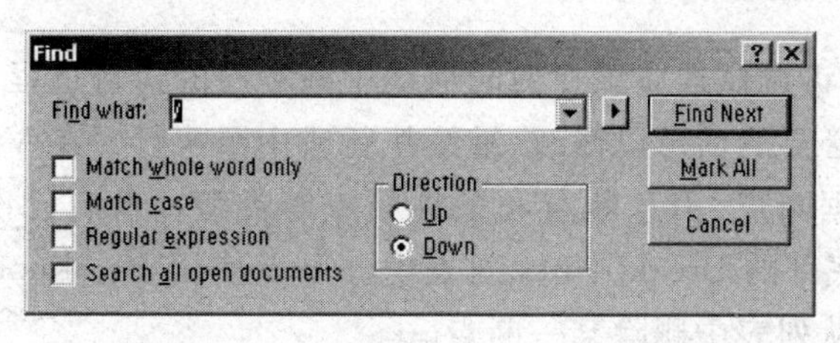

图 1.15

documents)，选择相应的复选框即可。

对话框中的 Regular expression 选项特别有用，选择该项将按正则表达式来查找文件中匹配的文本。正则表达式是指用特殊的字符序列去匹配文件中的某个文本模式。表 1.4 列出了正则表达式的查找模式及其含义。

表 1.4

查找模式	含义	示例
*	匹配任意多个字符	Exam * 匹配 Exam，Example 和 Exam1
.	匹配单个字符	Exam. 匹配 Exam，Exam1，不匹配 Example
^	匹配以指定字串开头的每一行	^Exam 匹配以 Exam 开头的各行
+	匹配以指定字串结束的字串	+Exam 匹配以 Exam 结尾的字串
$	匹配以指定字串结束的每一行	$ Exam 匹配以 Exam 结尾的各行
[]	匹配指定字符集中的字符	Exam[1…9]匹配 Exam5，不匹配 ExamS
\	匹配与指定字符一致的字符	Exam[A…Zn\0…9]匹配 ExamSn5
\{\}	匹配{}间指定字符的任意序列	Exam_\{＃ |\}匹配 Exam_＃，Exam_＃|

(2) Breakpoints 菜单项

选择 Breakpoints 菜单项将弹出 Breakpoints 对话框(见图 1.16)，可以设置、删除和查看断点。

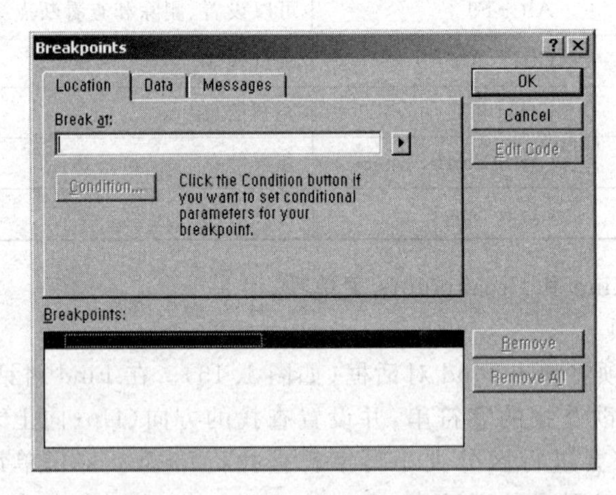

图 1.16

断点实际上是告诉调试器应该在何时何地中断程序的执行过程，以便检查程序代码、变量和寄存器的值，必要的话可以修改、继续执行或中断执行。在 Visual C++ 6.0 中，断点分为位置断点、数据断点、消息断点和条件断点等类型。所有已设置的断点都出现在 Breakpoints 对话框底部的 Breakpoints 列表中。可以使用 Breakpoints 列表检查程序中的所有断点，也可以从列表中删除某一断点。

Breakpoints 对话框的 Location、Data 和 Messages 标签分别用于设置位置断点、数据断点和消息断点。条件断点的设置必须先设置位置断点，然后单击 Condition 按钮，从弹出的 Breakpoints Condition 对话框指定中断程序执行的条件。

位置断点通常在源代码的指定行、函数的开始或指定的内存地址处设置。当程序执行到指定位置时，位置断点将中断程序的执行。

数据断点是在某一变量或表达式上设置的。当变量或表达式的值改变时，数据断点将中断程序的执行。

消息断点是在窗口函数 WndProc() 上设置的。当接收到指定的消息时，消息断点中断程序的执行。

条件断点是一种位置断点，仅当指定的条件为真时中断程序的执行。

3) View 菜单

在 View 菜单中包含用于检查源代码和调试信息的命令选项(如图 1.17 所示)。

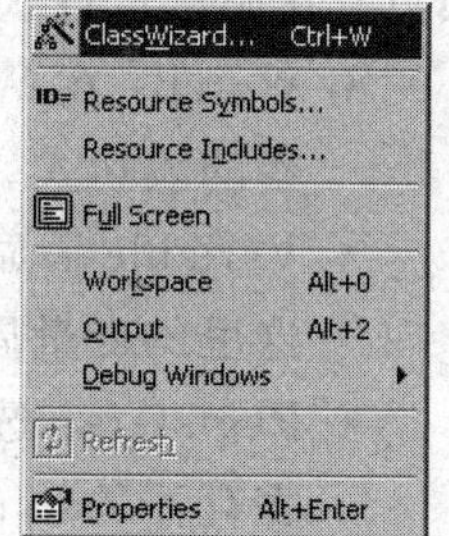

图　1.17

菜单中各命令选择的含义如表 1.5 所示。

表　1.5

菜 单 项	快捷键	功　能
Class Wizard	Ctrl＋W	启动类向导
Resource Symbols		打开资源符号浏览器，可以浏览和编辑资源符号
Resource Includes		可以修改资源符号文件名和预处理指令
Full Screen		按全屏幕方式显示活动窗口，单击 Toggle Full Screen 按钮或按 Esc 键切换回原来的显示方式
Workspace	Alt＋0	显示工作区窗口
Output	Alt＋1	在输出窗口显示程序建立过程(如编译、连接等)的有关信息或错误信息，并显示调试运行时的输出结果
Debug Windows		弹出级联菜单，用于显示调试信息窗口
Refresh		刷新选定的内容
Propeties	Alt＋Enter	弹出属性对话框，可以设置或了解对象的属性

下面详细介绍 ClassWizard 和 Debug Windows 菜单项。

(1) ClassWizard 菜单项

选择 ClassWizard 菜单项将启动 ClassWizard(类向导)，ClassWizard 是一个适用于 MFC 应用程序的专用工具。使用 ClassWizard 可以：

- 创建新类。
- 映射消息给与窗口、对话框、控件、菜单选项和加速键有关的处理函数。
- 创建新的消息处理函数。
- 删除消息处理消息。
- 查看已经拥有处理函数的消息，并跳转到相应的处理代码中去。

- 定义成员变量用于自动初始化、收集并验证输入到对话框或表单视图(Form View)中的数据。
- 创建新类时,添加自动化方法和属性。

(2) Debug Windows 菜单项

选择 Debug Windows 菜单项将弹出级联菜单,用于显示调试信息窗口。以下命令选项只有在调试运行状态下才可以使用。

- Watch:在 Watch 窗口显示变量或表达式的值。此外,还可以输入和编辑所要观察的表达式。
- Variables:显示当前语句和前一条语句中所使用的变量信息和函数返回值信息。这里的变量局部于当前函数或由 this 所指向的对象。
- Registers:选择该项将弹出 Registers 窗口,从中显示各通用寄存器及 CPU 状态寄存器的当前内容。而显示格式可以用 Tools 菜单中的即 Tions 对话框的 Debug 标签来设置。
- Memory:选择该项将弹出 Memory 窗口,从中显示内存的当前内容。而显示格式可以用 Tools 菜单中的 Options 对话框的 Debug 标签来设置。
- Call Stack:选择该项将弹出 Call Stack 窗口,从中显示所有已被调用但还未返回的函数。可以用 Tools 菜单中的 Options 对话框的 Debug 标签来设置有关的选项。
- Disassembly:选择该项将显示有关的反汇编代码及源代码以便用户直接进行反汇编调试或混合调试(即汇编调试和反汇编调试同时进行)。显示格式可以用 Tools 菜单中的 Options 对话框的 Debug 标签来设置。

4) Insert 菜单

使用 Insert 菜单中的命令选项(见图 1.18),可以创建新的类、创建新的资源、插入文件到文档中以及添加新的 ATL 对象到项目中,等等。

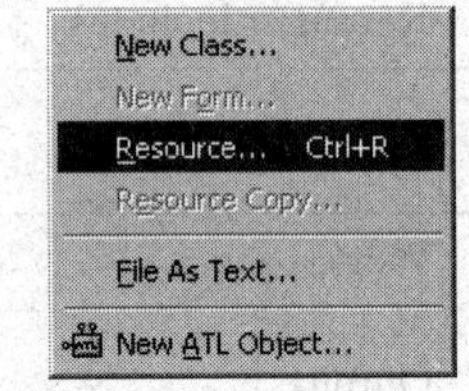

图 1.18

Insert 菜单中命令选项的含义如表 1.6 所示。

表 1.6

菜 单 项	快捷键	功 能
New Class		创建新的类并添加到项目中
New Form		创建定制格式并添加到项目中
Resource	Ctrl+R	创建新的资源或插入资源到资源文件中
Resource Copy		创建选定资源的备份,即复制选定的资源
File As Text		弹出 Insert Resource 对话框,可以选择要插入到文档中的文件
New ATL Object		启动 ATL Object Wizard,以便添加新的 ATL 对象到项目中

5) Project 菜单

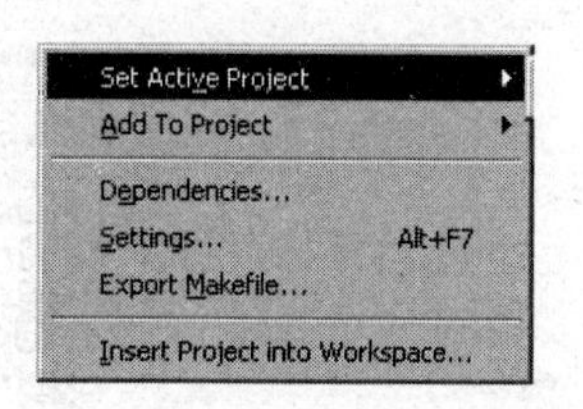

图 1.19

Project 菜单中的命令选项(见图 1.19)用于管理项目和工作区。

Project 菜单中各命令选择的含义如表 1.7 所示。

选择 Add To Project 菜单项将弹出级联菜单,可以把文件、文件夹、数据连接以及可再用部件添加到项目中。该级联菜单中几个选项的含义如下所示。

表 1.7

菜 单 项	快捷键	功 能
Set Active Project		选择指定的项目为工作区中的活动项目
Add To Project		用于添加文件、文件夹、数据连接以及可再用部件到项目中
Dependencies		弹出 Project Dependencies 对话框,可以编辑项目的依赖关系
Settings	Alt+F7	弹出 Project Settings 对话框,可以为项目配置指定不同的设置说明
Export Makefile		导出可建立的项目的命令行格式 Make 文件
Insert Project to Workspace		可以插入已有的项目到工作区中

New:弹出 New 对话框(见图 1.20),可以在工作区中创建新的文档。

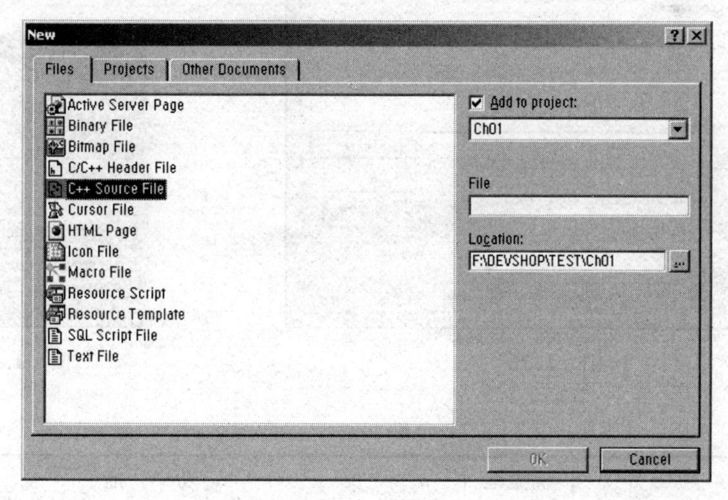

图 1.20

New Folder:弹出 New Folder 对话框,可以把新的文件夹插入到项目中。

Files:弹出 Insert Files into Project 对话框(见图 1.21),可以把已有的文件插入到项目中。

Data Connection:添加数据连接到活动的项目中。

Components and Controls:弹出 Components and Controls Gallery 对话框(见

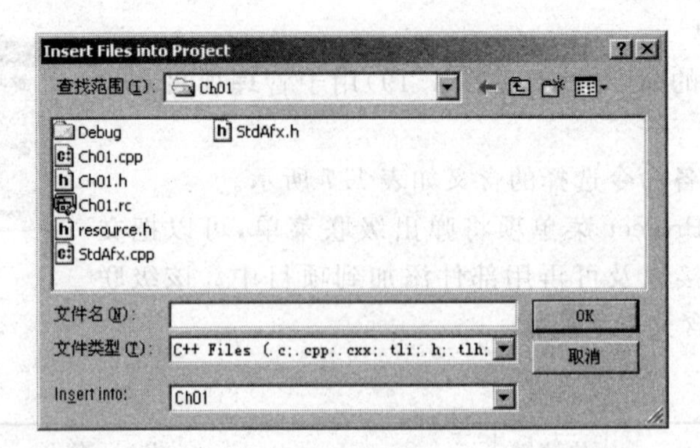

图 1.21

图 1.22),可以插入可再用部件或者已注册的 ActiveX 控件到项目中。插入时相当于插入相关的头文件(.H 文件)和实现文件(.CPP 文件),并更新工作区窗口中的信息。

6) Build 菜单

Build 菜单中的命令选项(见图 1.23)用于编译、建立和执行应用程序。Build 菜单中各命令选项的含义如表 1.8 所示。

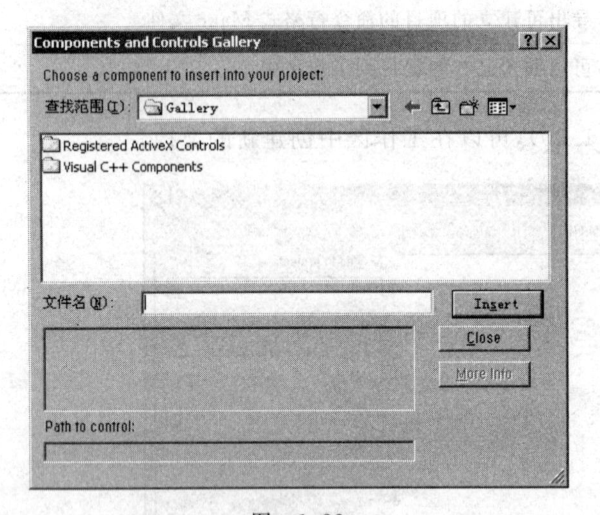

图 1.22

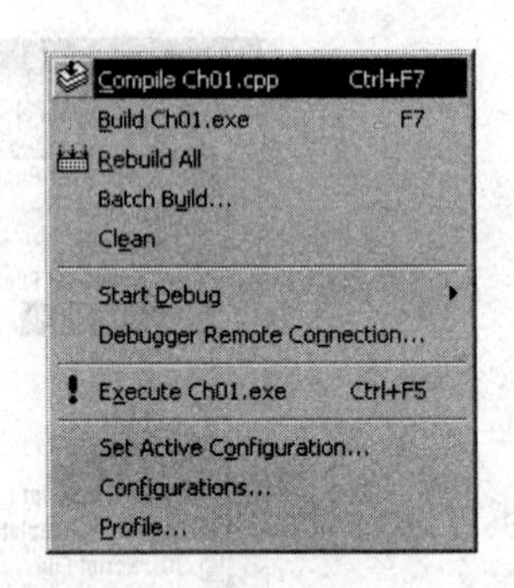

图 1.23

表 1.8

菜 单 项	快捷键	功 能
Compile	Ctrl+F7	编译显示在当前源代码编辑窗口中的源文件,且检查源文件中是否有语法错误
Build	F7	查看项目中的所有文件,并对最近修改过的文件进行编译和连接;如果建立过程中检测出某些语法错误(如警告信息或错误信息),将显示在输出窗口中
Rebuild All		编译和连接当前项目中所有的文件
Batch Build		批处理当前工作区中的多个项目

续表

菜单项	快捷键	功能		
Clean		清除项目的全部中间文件和输出文件		
Start Debug		启动调试器程序		
		Go	F5	开始或继续运行程序
		Step into	F11	单步执行
		Run to Cursor	Ctrl＋F10	运行直到光标处的程序行
		Attach To Process		关联到进程中
Debugger Remote Connection		可以对远程调试连接设置进行编辑		
Execute	Ctrl＋F5	运行程序		
Set Active Configuration		用于选择活动项目的配置，如 Win32 Release 和 Win32 Debug		
Configurations		弹出 Configuration 对话框，可以编辑项目配置		
Profile		检查程序运行行为的工具，可以找出代码中的高效部分，给出未执行代码区域的诊断信息		

选择 Start Debug 菜单项将弹出级联菜单，包含有启动调试器控制程序运行的子选项 Go、Step Into、Run To Cursor 和 Attach to Process。启动调试器后，Debug 菜单将代替 Build 菜单出现在菜单栏中。此外，Edit 菜单和 View 菜单中与调试有关的选项将可以使用了。

7) Debug 菜单

启动调试器后，Debug 菜单(见图 1.24)将取代 Build 菜单出现在菜单栏中。

Debug 菜单中各命令选择的含义如表 1.9 所示。

8) Tools 菜单

Tools 菜单中的命令选项(见图 1.25)用于浏览程序符号、定制菜单与工具栏、激活常用的工具(如 Register Control 等)或者更改选项设置等。

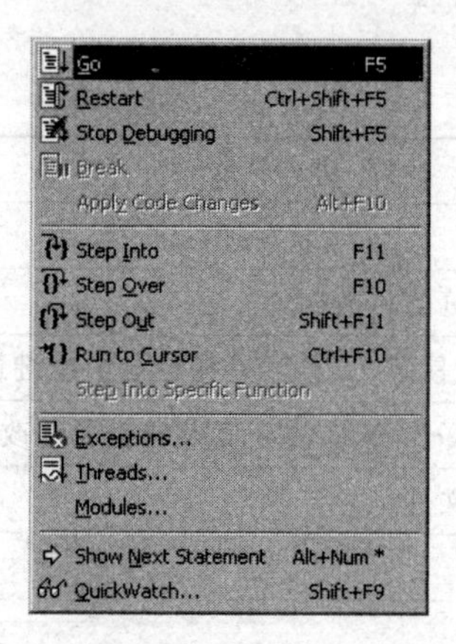

图 1.24

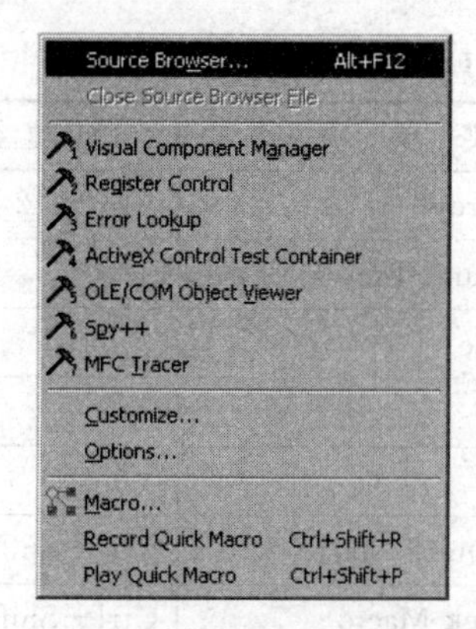

图 1.25

表 1.9

菜 单 项	快 捷 键	功 能
Go	F5	在调试过程中从当前语句开始或继续运行程序，直至到达断点处停止
Restart	Ctrl+Shift+F5	系统重新装载程序到内存并放弃所有变量的当前值（断点表达式和观察点表达式仍可用）
Stop Debugging	Shift+F5	中断当前的调试过程并返回正常的编辑状态
Break		在当前位置暂停程序运行
Apply Code Changes	Alt+F10	调试时，应用于代码的类型间的切换
Step Into	F11	调试过程中单步执行程序。当执行到某一函数调用语句时，进入该函数内部开始单步执行
Step Over	F10	调试过程中单步执行程序。当执行到某一函数调用语句时，不进入该函数内部，而是直接执行完该调用语句，接着再执行调用语句后面的语句
Step Out	Shift+F11	当执行 Step Into 命令进入函数内部后，可以使用 Step Out 命令使程序直接往后运行，直到从该函数内部返回，在该函数调用语句后面的语句处停止
Run to Cursor	Ctrl+F10	调试运行程序时，使程序在运行到当前光标所在位置时停止
Step Into Specific Function		用于单步执行选定的函数
Exceptions		可以控制调试器如何处理系统异常和用户自定义异常
Threads		显示调试过程中可用的所有线程。可以挂起和恢复线程并设置焦点（Focus）
Modules		用于显示各模块的起始地址
Show Next Statement	Alt+数字	表示正在执行的代码行
Quick Watch	Shift+F9	可以查看及修改变量和表达式或将变量和表达式添加到 Watch 窗口中

Tools 菜单中各命令选择的含义如表 1.10 所示。

表 1.10

菜 单 项	快 捷 键	功 能
Source Browser	Alt+F12	弹出浏览窗口
Close Source Browser File		关闭打开的浏览信息数据库
Customize		可以对命令、工具条、工具菜单和键盘快捷键进行定制
Options		可以对 Visual C++ 6.0 的环境设置进行更改
Macro		创建和编辑宏文件
Record Quick Macro	Ctrl+Shift+R	录制快速宏
Play Quick Macro	Ctrl+Shift+P	播放快速宏
其他选项		启动相应的用户自定义工具（如 Register Control 等）

选择 Source Browser 菜单项将弹出浏览窗口(见图 1.26)。

使用浏览窗口主要可以查看以下信息:

- 源文件中所有符号的信息。
- 包含某个符号定义的源代码行。
- 引用某个符号的所有源代码行。
- 基类和派生类之间的关系。
- 调用函数和被调用函数之间的关系。

选择 Options 菜单项将弹出 Options 对话框(见图 1.27),可以对 Visual C++ 6.0 的开发环境进行设置,如对于调试器设置、窗口设置、目录设置、工作区设置、兼容性设置和格式设置等进行更改。

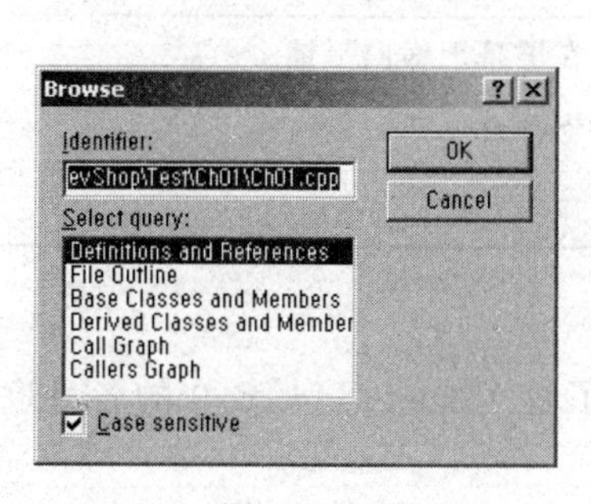

图　1.26

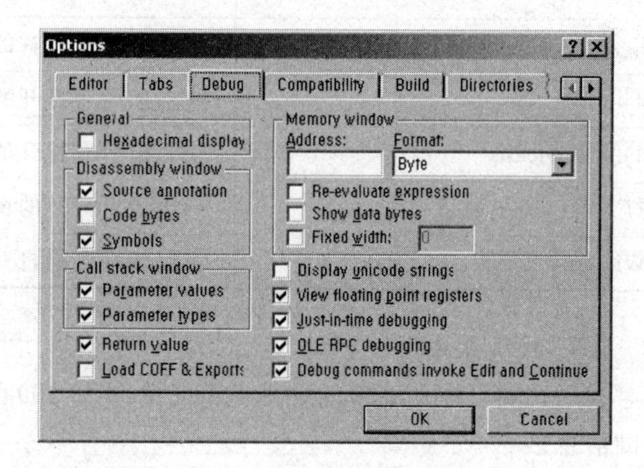

图　1.27

选择 Customize 菜单项将弹出 Customize 对话框(见图 1.28),可以对 Visual C++ 6.0 的编辑环境进行定制,如对命令、工具条、工具栏、快捷键、宏设置等进行更改。

9) Window 菜单

在 Window 菜单中包含用于控制窗口属性的命令选项(见图 1.29)。

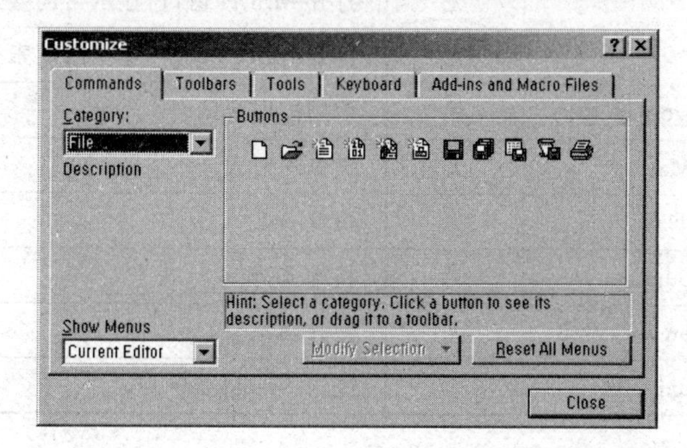

图　1.28

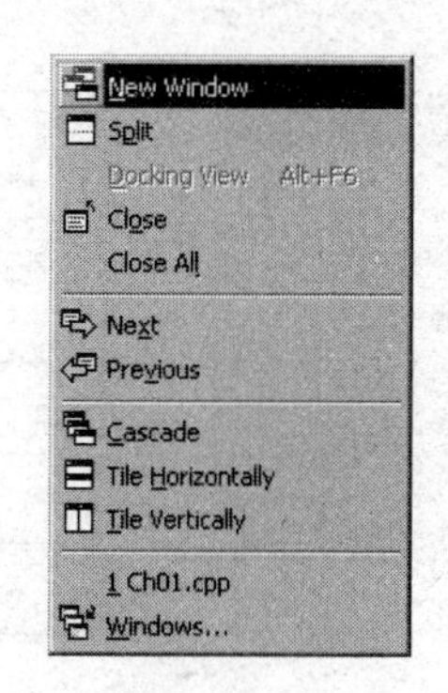

图　1.29

Window 菜单中各命令选项的含义如表 1.11 所示。

表 1.11

菜 单 项	快捷键	功 能
New Window		打开新的窗口,从中显示当前文档信息
Split		将窗口拆分为多个窗格,便于同时查看同一文档的不同内容
Docking View	Alt+F6	打开或者关闭窗口的可停靠(Docking)特征
Close		关闭选定的活动窗口
Close All		关闭所有打开的窗口
Next		激活下一个窗口
Previous		激活上一个窗口
Cascade		将当前打开所有的窗口在屏幕上向下重叠排放
Tile Horizontally		使当前所有打开的窗口在屏幕上纵向平铺
Tile Vertically		使当前所有打开的窗口在屏幕上横向平铺
打开窗口历史记录		列出最近打开的窗口的文件名
Windows		可以管理当前打开的窗口

10) Help 菜单

通过选择 Help 菜单的命令选项(见图 1.30)可以了解 Visual C++ 6.0 的各种联机帮助信息。

Help 菜单中各命令选项的含义如表 1.12 所示。

表 1.12

菜 单 项	快捷键	功 能
Contents	无	打开 MSDN 窗口,显示帮助目录
Search	无	打开 MSDN 窗口,显示帮助搜索
Index	无	打开 MSDN 窗口,显示帮助索引
Use Extension Help	无	使用扩展帮助
Keyboard Map	无	键盘映射表
Tip of the Day	无	每日一帖
Technical Support	无	技术支持
Microsoft on the Web	无	微软网站
About Visual C++	无	关于 Visual C++

图 1.30

3. Visual C++ 6.0 工具条

工具条由某些操作按钮组成,分别对应着某些菜单选项或命令的功能。可以直接用鼠标单击这些按钮来完成指定的功能。工具条按钮大大简化了用户的操作过程,并使操作过程可视化。

Visual C++ 6.0 包含十几种工具条。默认状态时,屏幕工具条区域显示有两个工具条,即 Standard 工具条和 Build 工具条。

1) Standard 工具条

Standard 工具条主要由以下的工具按钮组成(如图 1.31)。

图 1.31

依次包含下面的功能:

- New Text File:创建新的文本文件。
- Open:打开已有的文档。
- Save:保存文档。
- Save All:保存所有打开的文件。
- Cut:剪切选定的内容到剪贴板中。
- Copy:复制选定的内容到剪贴板中。
- Paste:在当前插入点处插入剪贴板中的内容。
- Undo:取消最后的操作。
- Redo:重复先前取消的操作。
- Workspace:显示或者隐藏工作区窗口。
- Output:显示或者隐藏输出窗口。
- Window last:管理当前打开的窗口。
- Find in Files:在多个文件中搜索字符串。
- Find:激活查找工具。
- Search:搜索联机文档。

2) Build 工具条

Build 工具条主要由以下工具按钮组成(如图 1.32)。

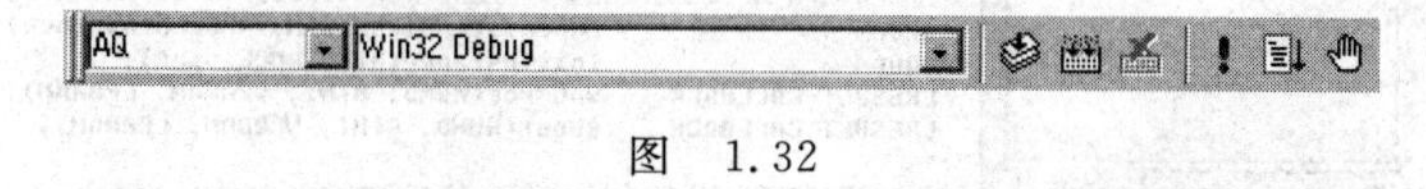

图 1.32

依次包含下面的功能:

- Select Active Project:选择活动项目。
- Select Active Configuration:选择活动配置。
- Compile:编译文件。
- Build:建立项目。
- Stop Build:停止项目的建立。
- Execute Program:执行程序。

- Go：启动或者继续执行程序。
- Insert/ Remove Breakpoint：插入或者删除断点。

如果要在屏幕上显示或者隐藏工具条，请在屏幕工具条区域单击鼠标右键，从工具条上下文菜单选择或者清除相应的工具条。

4. 项目与项目工作区

Developer Studio 以项目工作区(Project Workspace)的方式来组织文件、项目和项目配置，通过项目工作区窗口可以查看和访问项目中的所有元素。

每个项目工作区由工作区目录中的项目工作区文件组成。项目工作区文件用于描述工作区及其内容，扩展名为.dsw，工作区目录是项目工作区的根目录，添加到项目工作区中的项目可以位于其他路径甚至不同的驱动器中。

首次创建项目工作区时，将创建一个项目工作区目录、一个项目工作区文件以及相关的文件(包括一个项目文件和一个工作区选项文件)。工作区选项文件用于存储项目工作区设置，扩展名为.opt。

建立项目后，可以添加任何其他目录的文件到项目中。添加文件到项目中并不改变文件的位置。项目仅仅是记录文件的名字和位置，并在工作区窗口显示图标以便指明在项目中该文件与其他文件的关系。

创建或者打开项目工作区时，Developer Studio 将在项目工作区窗口中显示与项目有关的信息。图 1.33 是一个典型的项目工作区窗口。

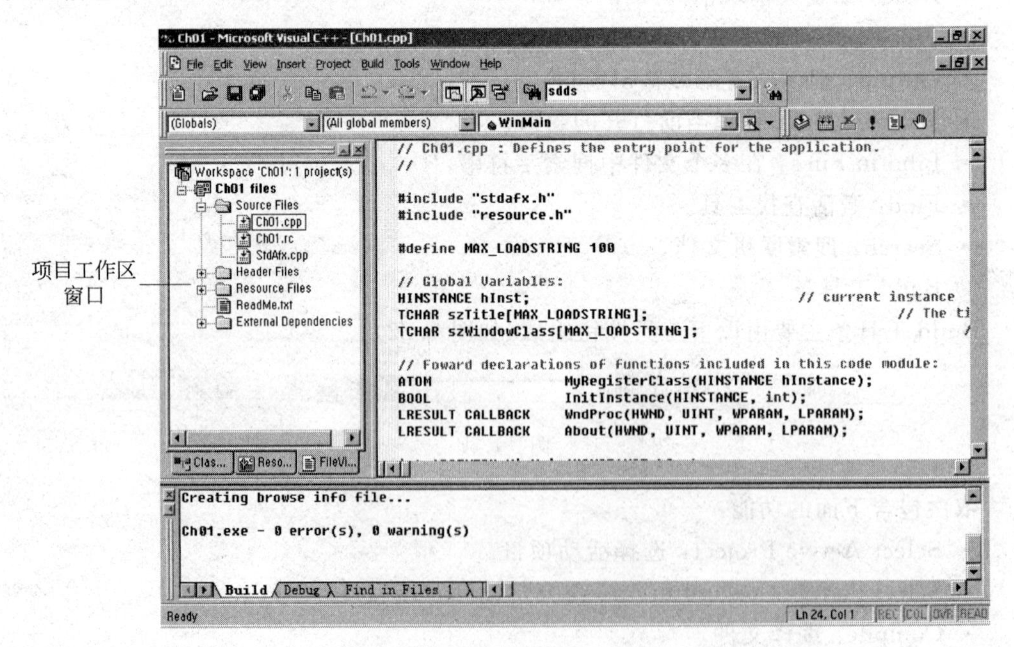

图 1.33

项目工作区窗口由三个面板构成，即ClassView(类视图)、ResourceView(资源视图)和FileView(文件视图)，如图1.33所示。每个面板用于指定项目工作区中所有项目的不同视图，每个面板至少有一个顶层文件夹。顶层文件夹由组成项目视图的元素组成。通过扩展文件夹可以显示视图的详细信息。视图中每个文件夹可以包含其他文件夹或各种元素（如子项目、文件、资源、类和标题等）。

1）ClassView 面板

ClassView 面板用于显示项目中定义的 C++ 类（如图 1.34）。扩展顶层文件夹可以显示类，扩展类可以显示类的成员。

通过 ClassView 面板，可以定义新类、直接跳转到代码（如类定义、函数或者方法定义等）、创建函数或者方法声明等。

2）ResourceView 面板

ResourceView 面板用于显示项目中包含的资源文件。扩展顶层文件夹可以显示资源类型（如图 1.35），扩展资源类型可以显示其下的资源。

3）FileView 面板

FileView 面板显示项目之间的关系以及包含在项目工作区中的文件。扩展顶层文件夹可以显示项目中的文件（如图 1.36）。

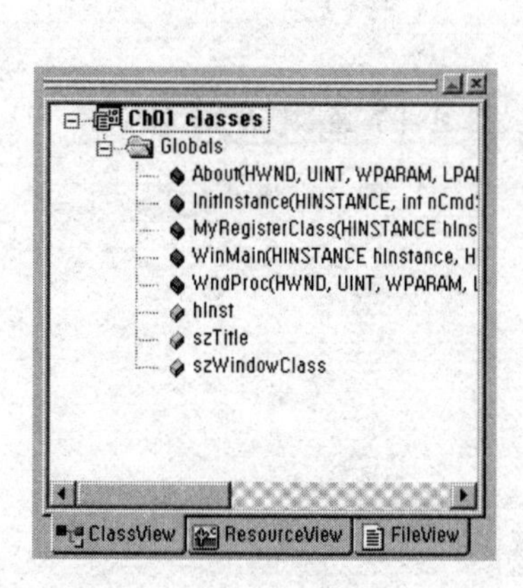

图　1.34

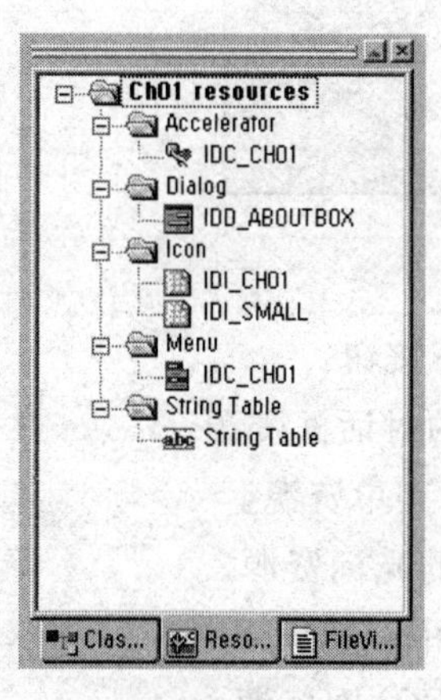

图　1.35

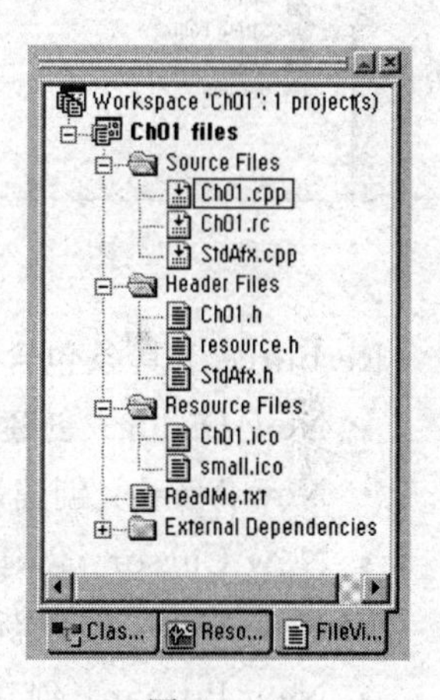

图　1.36

在项目工作区窗口中，选择某一项并按 Alt＋Enter 键将打开相应的属性对话框；双击某一项则以适当方式显示该项，例如，在源代码编辑窗口中显示源文件，在对话框编辑器中显示对话框；选择并单击鼠标右键将弹出快捷菜单，从中可以执行频繁使用的命令。

5. 资源与资源编辑器

Visual C++ 6.0 可以处理的资源有加速键（Accelerator）、位图（Bitmap）、光标（Cursor）、对话框（Dialog Box）、图标（Icon）、菜单（Menu）、串表（String Table）、工具条（Toolbar）和版本信息（Version Information）等。

1）资源编辑器

Developer Studio 提供有功能强大且易于使用的资源编辑器。它用于创建和修改

Windows 应用程序的资源。使用资源编辑器，可以创建新的资源、修改已有的资源、复制已有的资源以及删除不再需要的资源。

创建或者打开资源时，系统将自动打开相应的编辑器。编辑器打开后，单击鼠标右键将弹出上下文菜单，其中列有与当前资源有关的命令。

(1) 创建新的资源

从 Insert 菜单选择 Resource 命令，弹出 Insert Resource 对话框(如图 1.37)。如果要创建新的资源，从 Resource type 列表框选择资源类型，然后单击 New 按钮。

新创建的资源将加入到当前资源文件中。

此外，可以单击 Resource 工具条中的相应按钮(图 1.38)来创建新的资源。

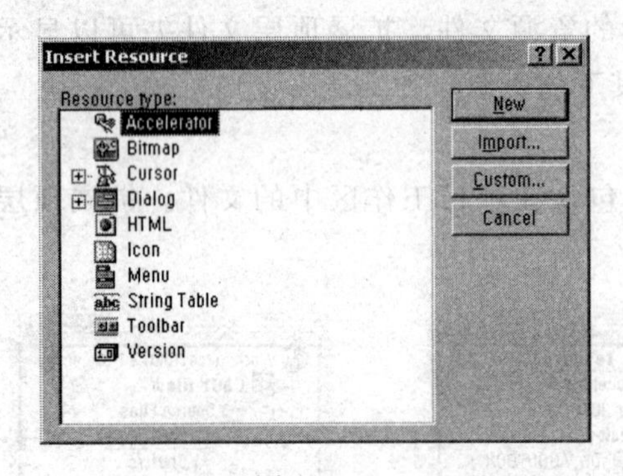

图 1.37

图 1.38

Resource 工具条包含以下按钮：

- New Dialog：创建新的对话框资源。
- New Menu：创建新的菜单资源。
- New Cursor：创建新的光标资源。
- New Icon：创建新的图标资源。
- New Bitmap：创建新的位图资源。
- New Toolbar：创建新的工具条资源。
- New Accelerator：创建新的加速键表资源。
- New String Table：创建新的串表资源。
- New Version：创建或者打开版本信息资源。
- Resource Symbols：浏览和编辑资源文件中的资源符号。

(2) 查看和修改资源

可以使用项目工作区窗口的 ResourceView 面板来查看资源。刚打开 ResourceView 面板时，系统自动压缩每个资源分类，可以单击“+”标记来扩展每一分类。可以使用菜单命令来复制、移动、粘贴或者删除资源，也可以通过双击打开相应的编辑器来修改资源，还可以用资源属性对话框来修改资源的语言属性或条件属性。

(3) 导入位图、光标或图标

可以将单独的位图、光标或图标文件导入到资源文件中，方法为：

首先，在 ResourceView 面板中单击鼠标右键，从上下文菜单中选择 Import 命令，弹出 Import Resource 对活框(如图 1.39)。

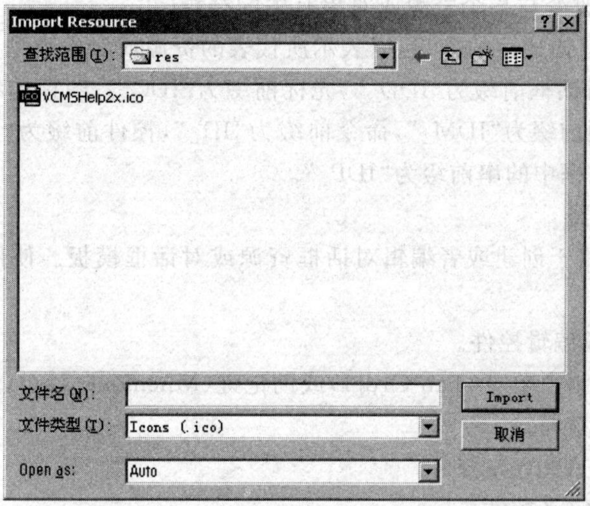

图 1.39

其次，从对话框中选择要导入的.BMP(位图)、.ICO(图标)或.CUR(光标)文件。

最后，单击 Import 按钮即可将文件添加到当前资源文件中。

此外，还可以使用上下文菜单的 Export 命令将位图、光标或图标从资源文件导出到单独的文件中。

(4) 资源符号

资源符号由映射到整数值上的文本串组成，用于在源代码或资源编辑器中引用资源或对象。在创建新的资源或对象时，系统自动为其提供缺省符号名(如 IDD_ABOUTBOX)和符号值。缺省时，符号名和符号值自动保存在系统生成的资源文件 resource.h 中。

可以使用资源属性对话框来改变资源的符号名或符号值，方法为：

首先，在 ResourceView 面板中选择要处理的资源。

其次，从 View 菜单中选择 Properties 命令或按 Alt+Enter 键，弹出相应的资源属性对话框(如图 1.40)。

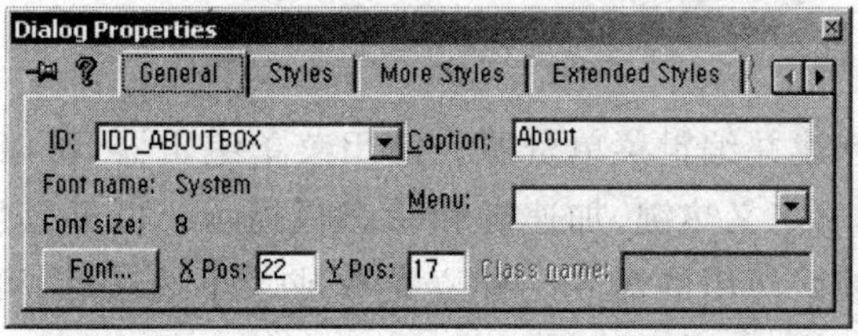

图 1.40

最后，在 ID 文本框中输入新的符号名或符号值，或从已有的符号列表中选择一种符号。如果输入新的符号名，系统会自动为其赋值，也可以在文本编辑器中直接修改 resource. h 文件来改变与某个资源或对象有关的符号。

符号名通常带有描述性的前缀，以表示所代表的资源或对象类型。例如，加速键或菜单前缀为“IDR_”，对话框前缀为“IDD_”，光标前缀为“IDC_”，图标前缀为“IDI_”，位图前缀为“IDB_”，菜单项前缀为“IDM_”，命令前缀为“ID_”，控件前缀为“IDC_”，串表中的串前缀为“IDS_”，消息框中的串前缀为“IDP_”。

2）对话框编辑器

对话框编辑器用于创建或者编辑对话框资源或对话框模板。使用对话框编辑器，可以做以下工作：

- 添加、排列或编辑控件。
- 改变控件的制表顺序（Tab Order）或助记键（Mnemonic Key）。
- 调整对话框布局。
- 添加或编辑 ActiveX 控件。
- 创建用户自定义控件。
- 导入 Visual Basic 表单到对话框资源中。
- 测试对话框。

如图 1.41 所示是打开某一对话框资源后的对话框编辑器。对话框编辑器打开时，将显示对话框工具条和控件工具条。

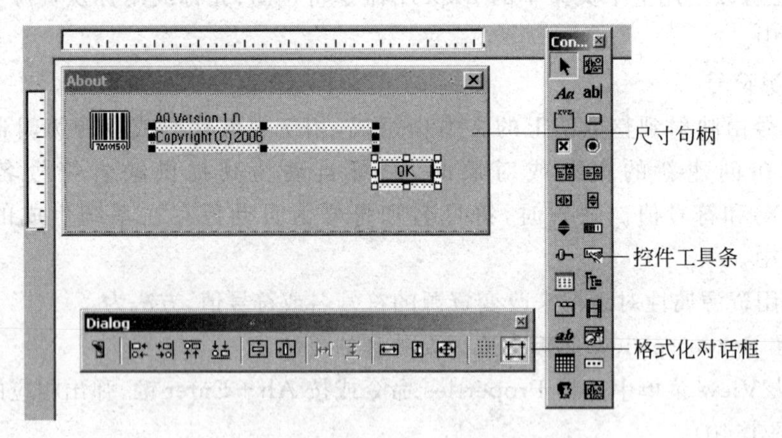

图 1.41

3）菜单编辑器

菜单编辑器用于创建并编辑菜单资源。使用菜单编辑器，可以创建标准菜单和菜单选项，为菜单或菜单选项定义热键、加速键和状态栏提示。也可以创建上下文菜单，以便用鼠标右键来执行要频繁使用的命令。建立菜单或菜单选项后，可以用 ClassWizard 为菜单选项编写要执行的代码。如图 1.42 所示为打开某一菜单资源后的菜单编辑器。

(1) 创建菜单和菜单选项

进入菜单编辑器后，就可以在菜单栏中创建菜单和菜单选项。要创建菜单栏中的菜

图　1.42

单，方法为：

菜单栏中选择新项方框，或者按 Tab 键（向右移），Shift＋Tab 键（向左移）或左右箭头键移到新项方框。如果要在某一菜单前插入新的菜单，则移到该菜单处按 Ins 键。

输入菜单名。开始输入名字时，系统弹出 Menu Item Properties 对话框（如图 1.43），在对话框的 Caption 文本框中输入菜单名。

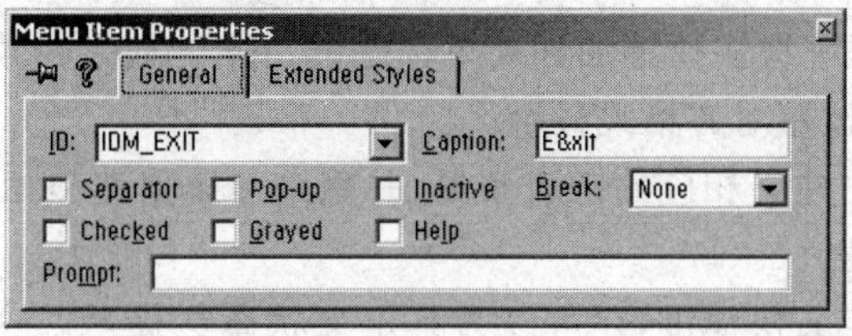

图　1.43

如果要为菜单定义快捷字母，则在相应的字母前加符号 &。注意，要确保同一菜单栏的快捷字母不互相冲突。如果要建立单项菜单而不带菜单选项，则应清除 Pop-up 复选框。

创建菜单后就可以为其添加菜单选项，方法为：

选择菜单的新项方框，或者选中某个已有菜单选项再按 Ins 键，新项自动插在该项之前。

输入菜单选项的名字。开始输入名字时，系统弹出 Menu Item Properties 对话框。在对话框的 Caption 文本框中输入菜单选项名。如果要为菜单定义快捷字母，则在相应的字母前加符号 &。

在 ID 文本框，输入菜单选项的 ID 号或选取已有的 ID 号。如果不输入 ID 值，则系统根据选项名称自动生成一个 ID 值。

在菜单选项的属性对话框中可为菜单选项指定风格。

有些菜单选项可能还含有下级子菜单（即级联菜单）。要创建级联菜单的方法为：

菜单中欲显示级联菜单的位置按 Ins 键，输入菜单选项名称，开始输入时，系统弹出 Menu Item Properties 对话框。或者选取已有的菜单选项，然后按 Alt＋Enter 键。

在菜单选项的属性对话框中选中 Pop-up 复选框，于是该项便被标以级联菜单符号（▶），且在该项的右侧出现新项方框。

如图 1.44 所示为级联菜单添加子菜单项。

（2）定义快捷键

有时候需要为菜单选项定义快捷键，以便直接按快捷键执行相应的命令。

选择要定义快捷键的菜单选项，按 Alt＋Enter 键，系统弹出 Menu Item Properties 对话框。

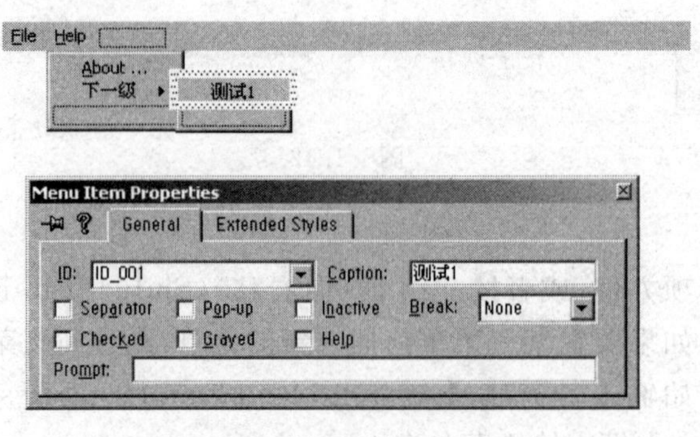

图 1.44

在 Caption 文本框中将快捷键加到菜单标题的后面。如果在菜单标题后输入转义符"\t",则所有快捷键都按左对齐格式显示。

在快捷键编辑器中建立相应的键表条目,并赋给与菜单选项相同的 ID 号。

(3) 定义状态栏提示

除了为菜单选项定义快捷键,还可以为其定义状态栏提示。这样,只要选中该项,系统将在状态栏提示相应的描述性文本。

选择要定义状态栏提示的菜单选项,按 Alt + Enter 键,系统弹出 Menu Item Properties 对话框。在 Prompt 文本框中输入描述性文字。图 1.45 为菜单选项 Exit 定义状态栏提示。

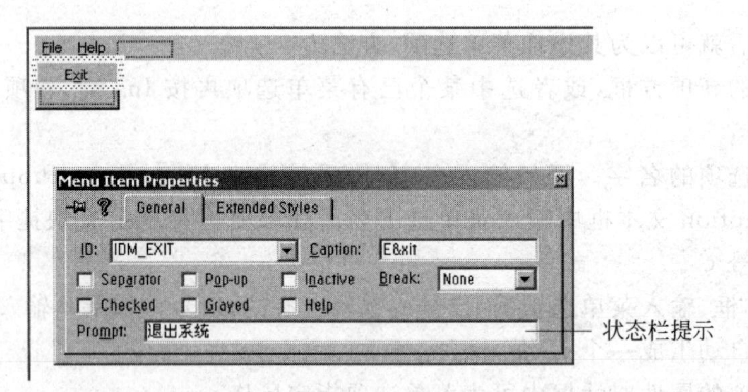

图 1.45

(4) 创建上下文菜单

我们知道,单击鼠标右键将弹出相应的上下文菜单。上下文菜单包含与当前光标所指位置最为相关的命令。为了在应用程序中使用上下文菜单,首先要创建菜单本身,然后将其与应用程序代码连接。创建上下文菜单的步骤如下:

① 建带空标题的菜单栏。

② 输入临时字符为菜单标题,以便在菜单栏创建菜单。

③ 在菜单下创建上下文菜单的菜单选项。

④ 再次使菜单栏为空,以便使上下文菜单显示在空的菜单栏下。

⑤ 保存菜单资源。

⑥ 在源文件中添加代码。

在创建上下文菜单的菜单资源后，应用程序代码装载菜单资源并使用函数TrackPopupMenu来显示菜单内容。一旦用户在上下文菜单外单击鼠标，就应让上下文菜单消失。如果用户选择某个命令，则传递消息句柄给窗口。

建立上下文菜单后，可以在菜单编辑器中单击鼠标右键，从弹出的快捷菜单中选择View As Popup命令来查看或修改所建立的菜单。

4）快捷键编辑器

快捷键表是一种Windows资源，包含应用程序用到的所有快捷键表及相应的命令标识符。Visual C++ 6.0允许应用程序包含多个快捷键表。快捷键通常是菜单或工具条上所用程序命令的键盘快捷键。定义快捷键后，可以使用ClassWizard为快捷键命令编写要执行的代码。

使用快捷键编辑器，可以添加、删除、更改和浏览项目所用到的快捷键表，可以查看和更改与快捷键表中每个条目有关的资源标识符（资源标识符用于在程序代码中引用加速键表中的每个条目），还可以为某个菜单选项定义快捷键。图1.46所示是打开某一快捷键表资源后的快捷键编辑器。

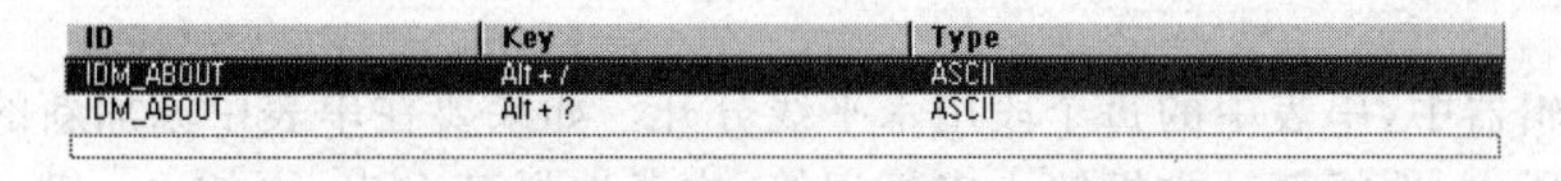

ID	Key	Type
IDM_ABOUT	Alt + /	ASCII
IDM_ABOUT	Alt + ?	ASCII

图 1.46

如果要在快捷键表中添加新的快捷键，按Ins键或选中表尾的新项方框输入快捷键名，弹出Accel Properties对话框（如图1.47）。在Key文本框中输入键名，在ID文本框中输入快捷键标识符。

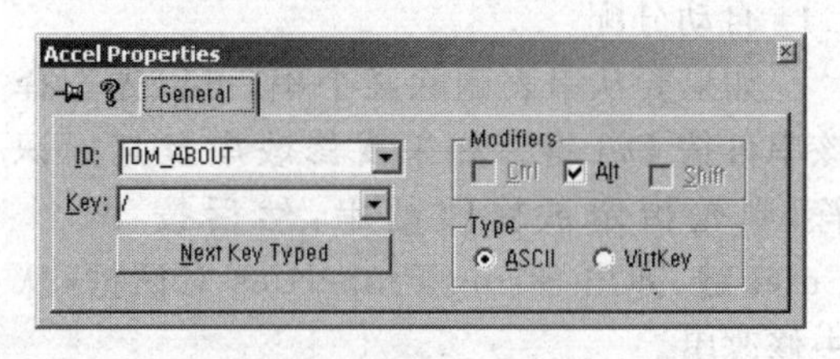

图 1.47

Key文本框中的合法输入为：

0～255间的某个整数，可以写成十进制、十六进制或八进制格式。Type框的设置用于确定该数是作为ASCII码值还是虚拟键值。通常，一位数（0～9）被直接解释成相应的键，而不是ASCII码值。如果要输入0～9间的ASCII码值，则必须在数字前加两个00（如005）。

单个键盘字符，大写的A～Z或数字0～9既可解释成ASCII码值，也可看成虚拟键值。其他字符都看成ASCII字符。

单个A～Z间的字符（大写形式）前加符号^（如^D），表示同时按下Ctrl和字母键所产生的组合键的ASCII的值。

任何合法的虚拟键标识符。可以单击Key文本框右侧的下箭头来选择标准的虚拟键标识符。

当输入ASCII的值时，Modifiers框中的修改符Ctrl和Shift是无效的，即不能通过符号^和控制键的组合来产生相应的虚拟键值。

此外，可以先单击Next Key Typed按钮，再按键盘上的相应键来定义快捷键。

定义快捷键后，如果要从快捷键表中删除某一快捷键，可以先指定要删除的快捷键再按下 Del 键。还可以将快捷键从一个资源文件移动或复制到另一资源文件中。

5) 串编辑器

串表是一种 Windows 资源,它包含应用程序用到的所有串的 ID 号、值和标题。例如,状态栏提示可以放在串表中。每个应用程序只能有一个串表。在串表中,串以 15 个为一组构成段或块。某一串属于哪一段取决于该串的标识符值。例如,标识符值为 0～15 的串放在第一段,为 16～32 的串放在第二段,等等。要将串从某一段移到另一段,必须改变其标识符值。通常,每个串只在使用时才调入内存。

串编辑器用于编辑应用程序的串表资源。使用串编辑器,可以在串表中浏览串,向串表添加新的串,从串表删除某一串,将串从某一段移到另一段,将串从某一资源文件移到另一资源文件,修改串及其标识符,等等。

图 1.48 是打开某一应用程序的串表资源后的串编辑器。

ID	Value	Caption
IDS_APP_TITLE	103	Ch01
IDS_HELLO	106	Hello World!
IDC_CH01	109	CH01

图 1.48

在串编辑器中,串表中的每个段用水平线分开。如果要在串表中添加新的串,则在要添加串的串段中,选择新项方框输入串标识符,或者选择某个串,再按 Ins 键,弹出 String Properties 对话框(如图 1.49)。在 ID 文本框中输入串标识符和值,在 Caption 文本框中输入串标题。字符串的 Value 值由 Visual C++ 自动分配。

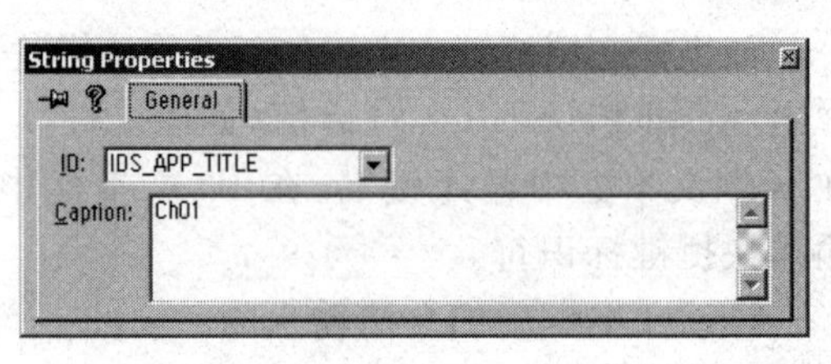

图 1.49

如果要从串表删除某个串,可以先选择该串再按 Del 键。如果要修改串及其标识符,则先指定欲修改的串,然后按 Alt+Enter 键,弹出 String Properties 对话框,从中修改串。

1.2.5 建立和编辑源程序

Visual C++ 6.0 是按项目的方式来管理和组织源程序文件的,通常一个工作区包含了若干个项目,而一个项目则包含了许多文件(.H、.CPP)及资源元素等。使用 Visual C++ 6.0 常见的项目方式为:

(1) 单个工作区,单个项目仅包含单个源程序文件方式。

这种方式特别适合初学 C++ 语言的读者使用,一般产生 Win32 Console Application(控制台程序,类 DOS 程序)。这种方式管理简单,读者不需要掌握太复杂的操作即可进行,可以使读者将精力专注于学习 C++ 的知识和语法上。

(2) 单个工作区,单个项目包含多个源程序文件方式。

将 C 程序各个函数写在一个文件里与写在多个文件里没有什么本质的区别,然而现代程序开发的工作流程需要用“多个文件”写程序。因此读者不能永远将操作定位在“单个文件”的方式,而要尝试用“多个文件”,用“工程项目”的观点去写程序,这样会大大提高读者的C++语言编制程序能力。

(3) 使用Wizard向导方式。

Wizard向导是 Visual C++ 提供的一种代码自动产生功能,这种方式最大的好处是自动产生开发的"前道"代码,使得使用者能很快进入编程角色,而且还帮助使用者管理较复杂的Windows开发文件和资源。

本节介绍这三种方式及步骤。在这之前,先列出 Visual C++ 6.0各种工作文件类型的含义,如表1.13所示。

表 1.13

文件扩展名	保留时间	含义
.BMP	永久	位图资源文件
.CUR	永久	光标资源文件
.ICO	永久	图标资源文件
.WAV	永久	声音资源文件
.DLG	永久	定义对话框资源的独立文件。这种文件对于VC工程来说并非必需,因为VC一般把对话框资源放在.RC资源定义文件中
.C	永久	用C语言编写的源代码文件
.CPP或.CXX	永久	用C++语言编写的源代码文件
.H、.HPP或.HXX	永久	用C/C++语言编写的头文件,通常用来定义数据类型,声明变量、函数、结构和类
.DSP	永久	VC开发环境生成的工程文件,VC4及以前版本使用MAK文件来定义工程。项目文件,文本格式
.DSW	永久	VC开发环境生成的Workspace文件,用来把多个工程组织到一个Workspace中。工作区文件,与.dsp差不多
.RC	永久	为资源定义文件,其中包含了应用程序中用到的所有的Windows资源
.RC2	永久	也为资源文件,但不能直接编辑,必须手工处理
.DEF	永久	模块定义文件,供生成动态连接库时使用
.CNT	永久	用来定义帮助文件中Contents的结构
.HLP	永久	Windows帮助文件
.HM	永久	在Help工程中,该文件定义了帮助文件与对话框、菜单或其他资源之间ID值的对应关系
.HPG	永久	生成帮助的文件的工程
.HPJ	永久	由Help Workshop生成的Help工程文件,用来控制Help文件的生成过程
.INI	永久	配置文件
.LIB	永久	库文件,LINK工具将使用它来连接各种输入库,以便最终生成EXE文件
.LIC	永久	用户许可证书文件,使用某些ActiveX控件时需要该文件
.OPT	永久	VC开发环境自动生成的用来存放Workspace中各种选项的文件。工程关于开发环境的参数文件。如工具条位置信息等

续表

文件扩展名	保留时间	含　义
.REG	永久	注册表信息文件
.APS	临时	资源辅助文件。存放二进制资源的中间文件，VC把当前资源文件转换成二进制格式，并存放在APS文件中，以加快资源装载速度
.BSC	临时	浏览信息文件，由浏览信息维护工具(BSCMAKE)从原始浏览信息文件(.SBR)中生成，BSC文件可以用来在源代码编辑窗口中进行快速定位。如果用Source Brower的话就必须有这个文件。可以在Project Options里去掉Generate Browse Info File，这样可以加快编译进度
.CLS	临时	存放应用程序类和资源信息，这些信息是VC中的ClassWizard工具管理和使用类的信息来源
.CLW	临时	ClassWizard生成的用来存放类信息的文件
.EXP	临时	由LIB工具从DEF文件生成的输出文件，其中包含了函数和数据项目的输出信息，LINK工具将使用EXP文件来创建动态连接库。只有在编译DLL时才会生成，记录了DLL文件中的一些信息
.ILK	临时	连接过程中生成的一种中间文件，只供LINK工具使用
.MAK	临时	即MAKE文件，VC4及以前版本使用的工程文件，用来指定如何建立一个工程，VC6把MAK文件转换成DSP文件来处理
.MAP	临时	由LINK工具生成的一种文本文件，其中包含被连接的程序的某些信息，例如程序中的组信息和公共符号信息等。执行文件的映像信息记录文件
.NCB	临时	NCB是No Compile Browser的缩写，其中存放了供ClassView、WizardBar和Component Gallery使用的信息，由VC开发环境自动生成。无编译浏览文件。当自动完成功能出问题时可以删除此文件。编译工程后会自动生成
.OBJ	临时	由编译器或汇编工具生成的目标文件，是模块的二进制中间文件
.ODL	临时	用对象描述语言编写的源代码文件，VC用它来生成TLB文件
.OLB	临时	带有类型库资源的一种特殊的动态连接库，也叫对象库文件
.PBI、.PBO和.PBT	临时	由VC的性能分析工具PROFILE生成并使用的三种文件
.PCH	临时	预编译头文件，比较大，由编译器在建立工程时自动生成，其中存放有工程中已经编译的部分代码，在以后建立工程时不再重新编译这些代码，以便加快整个编译过程的速度
.PDB	临时	程序数据库文件，在建立工程时自动生成，其中存放程序的各种信息，用来加快调试过程的速度。记录了程序有关的一些数据和调试信息
.PLG	临时	编译信息文件，编译时的error和warning信息文件
.RES	临时	二进制资源文件，资源编译器编译资源定义文件后即生成RES文件
.SBR	临时	VC编译器为每个OBJ文件生成的原始浏览信息文件，浏览信息维护工具(BSCMAKE)将利用SBR文件来生成BSC文件
.TLB	临时	OLE库文件，其中存放了OLE自动化对象的数据类型、模块和接口定义，自动化服务器通过TLB文件就能了解自动化对象的使用方法

1. 新建单个源文件的方法

新建单个文件 Visual C++ 程序有三个方法。

1) 使用 New 对话框

(1) 在 Visual C++ 主菜单栏中选择 File(文件)菜单,然后选择 New(新建)命令,屏幕上出现 New(新建)对话框。

(2) 选择 Files 标签,在其下拉菜单中选择 C++ Source File,表示要建立新的 C++ 源程序文件,然后在 Location(定位)文本框中输入准备存放源程序文件的路径(假定为 D:\Devshop),表示建立的源程序文件及其工程等文件将存放在 D:\Devshop 目录下,然后在 File 文本框中输入准备编辑的源程序文件的名字(也是将来建立的工程和工作区名称),假定输入 EX01. CPP,如图 1.50 所示。Visual C++ 6.0 默认是 C++ 语言源程序文件(扩展名. CPP),它是通过扩展名来区别 C 或者 C++ 的,C 语言源程序文件在 C++ 环境中可以完全兼容,但 C++ 是比 C 语法严谨的语言,因此某些 C 语法在 C++ 环境中可能得到编译警告信息。

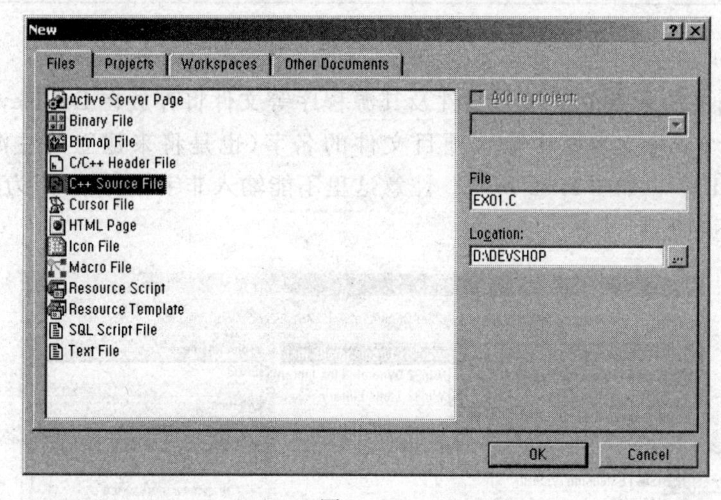

图 1.50

(3) 单击 OK 按钮,回到 Visual C++ 主窗口,这时可以看到主窗口标题栏显示 D:\Devshop\EX01. C,光标在源程序编辑文档窗口中闪烁,表示编辑文档窗口已经激活,可以输入和编辑源程序了。

(4) 在源程序编辑文档窗口中输入 C 程序,Visual C++ 编辑文档窗口是全屏幕编辑窗口,其操作与记事本等类似,在状态行显示了光标的位置与编辑状态(例如:插入状态和覆盖状态),如图 1.51 所示。

2) 使用项目向导方式建立 Win32 Console Application(控制台)程序

(1) 在 Visual C++ 主菜单栏中选择 File(文件)菜单,然后选择 New(新建)命令,屏幕上出现 New(新建)对话框。

(2) 选择 Projects 标签,在其下拉菜单中选择 Win32 Console Application,表示要建立控制台应用程序,然后在 Location(定位)文本框中输入准备存放项目文件的路径(假定

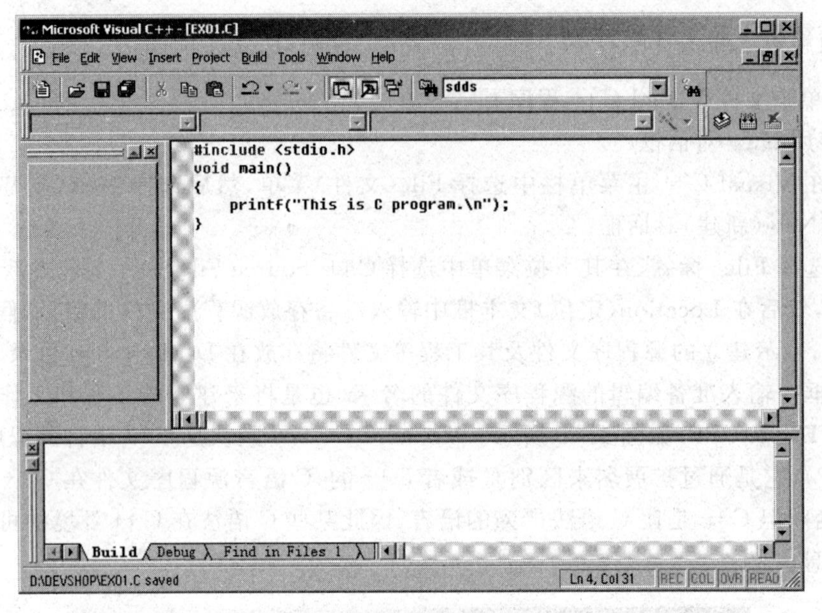

图 1.51

为 D:\Devshop)，表示建立的项目文件及其源程序等文件将存放在 D:\Devshop 目录下，然后在 Project name 文本框中输入项目文件的名字(也是将来建立的主源程序文件名称)，假定输入 EX02，如图 1.52 所示。注意这里不能输入非字母符号，因为这里是项目名称，与文件名不同。

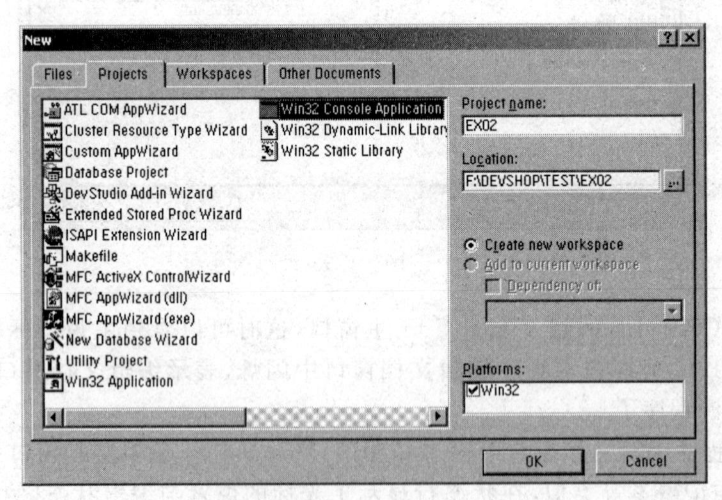

图 1.52

(3) 单击 OK 按钮，进入到 Win32 Console Application 向导窗口，如图 1.53 所示，在这里有 4 个项目可以选择：

- An empty project：建立空项目结构(即没有源程序文件)。
- A simple application：建立控制台的简单应用程序。

- A “Hello, World!”application：建立“Hello,World”示例应用程序。
- An application that support MFC：建立支持 MFC 的控制台应用程序。

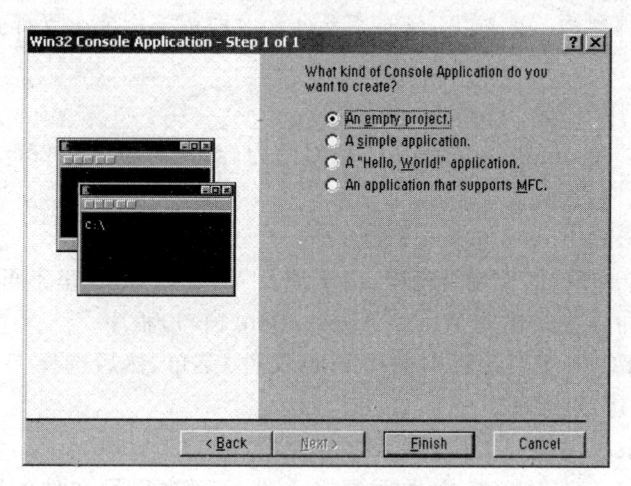

图 1.53

(4) 选定某个向导选择后，单击 Finish 按钮，就回到 Visual C++ 主窗口，可以看到一个 Visual C++ 项目已经建立。对于不同的向导选择，项目的内容是不一样的，具体为：

- An empty project

项目是“空的”，即只有项目框架结构，没有具体的程序文件；如果需要新建立程序文件则使用前述的新建 C 源程序文件的方法，或者在项目管理中增加已有的文件，如图 1.53 所示。

- A simple application

项目建立了一个控制台程序且自动产生了三个文件：EX02.cpp、StdAfx.cpp、StdAfx.h，其中 StdAfx.h 文件内容如下：

```
#if _MSC_VER>1000
#pragma once
#endif//_MSC_VER>1000
```

其中 StdAfx.cpp 文件内容如下：

```
#include"stdafx.h"
```

其中 EX02.cpp 文件内容如下：

```
#include "stdafx.h"
int main(int argc, char* argv[])
{
    return 0;
}
```

事实上由 A simple application 向导产生的三个文件仅是进一步编程的框架，新程序只需在 EX02.cpp 文件中编写即可。

值得注意的是由向导产生的 StdAfx.h 和 StdAfx.cpp 文件不要轻易删除,尽管它们无任何实质上的内容,但它们却是这个项目框架结构中的重要组成,删除它们会破坏项目结构,从而导致编译错误。实际上,这两个文件在以后更大型的多文件开发中将扮演举足轻重的角色。

• A “Hello, World!” application

项目建立了与 A simple application 相似的内容,只不过 EX02.cpp 文件多了 printf("Hello World!\n");语句。

• An application that support MFC

项目建立支持 MFC 的控制台框架,由于涉及 MFC 内容,这里不再叙述。

3) 使用项目向导方式建立 Win32 Application(窗口)程序

(1) 在 Visual C++ 主菜单栏中选择 File(文件)菜单,然后选择 New(新建)命令,屏幕上出现 New(新建)对话框。

(2) 选择 Projects 标签,在其下拉菜单中选择 Win32 Application,表示要建立窗口应用程序,然后在 Location(定位)文本框中输入准备存放项目文件的路径(假定为 D:\Devshop),表示建立的项目文件及其源程序等文件将存放在 D:\Devshop 目录下,然后在 Project name 文本框中输入项目文件的名字(也是将来建立的主源程序文件名称),假定输入 EX03,如图 1.54 所示。

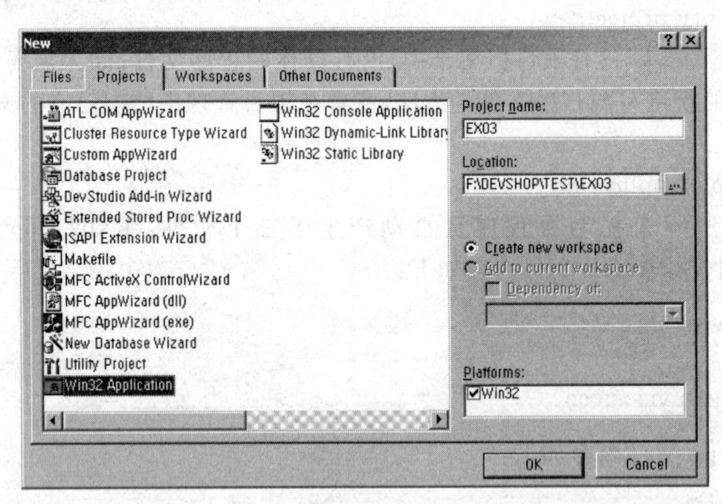

图 1.54

(3) 单击 OK 按钮,进入到 Win32 Application 向导窗口,如图 1.55 所示,在这里有 3 个项目可以选择:

• An empty project: 建立空项目结构(即没有源程序文件)。
• A simple Win32 application: 建立简单的窗口应用程序。
• A typical “Hello, World!” application: 建立“Hello,World”示例窗口应用程序。

(4) 选定某个向导选择后,单击 Finish 按钮,就回到 Visual C++ 主窗口,可以看到一个 Visual C++ 项目已经建立。对于不同的向导选择,项目的内容是不一样的,具体为:

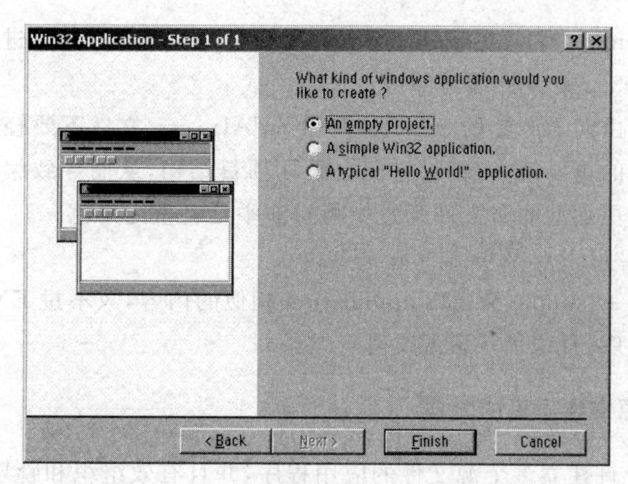

图 1.55

- An empty project

项目是“空的”，即只有项目框架结构，没有具体的程序文件；如果需要新建立程序文件则使用前述的新建C源程序文件的方法，或者在项目管理中增加已有的文件。

- A simple Win32 application

项目建立了一个窗口程序且自动产生了三个文件：EX03.cpp、StdAfx.cpp、StdAfx.h。

其中StdAfx.h文件内容如下：

```
#if _MSC_VER>1000
#pragma once
#endif//_MSC_VER>1000
#define WIN32_LEAN_AND_MEAN                    //Exclude rarely-used stuff from
                                               //Windows headers
#include <windows.h>
#endif
```

其中StdAfx.cpp文件内容如下：

```
#include "stdafx.h"
```

其中EX03.cpp文件内容如下：

```
#include "stdafx.h"
int APIENTRY WinMain(HINSTANCE hInstance,
                     HINSTANCE hPrevInstance,
                     LPSTR     lpCmdLine,
                     int       nCmdShow)
{
    //TODO: Place code here.
    return 0;
}
```

事实上由 A simple Win32 application 向导产生的三个文件仅是进一步编程的框架，新程序只需在 EX03. cpp 文件编写即可。

值得注意的是由向导产生的 StdAfx. h 和 StdAfx. cpp 文件不要轻易删除，它们是这个项目框架结构中的重要组成，删除它们会破坏项目结构，从而导致编译错误。实际上，这两个文件在以后更大型的多文件开发中将扮演举足轻重的角色。

• A Typical “Hello, World!” application

项目建立了与 A simple Win32 application 相似的内容，只不过 EX03. cpp 文件多了实现一个窗口的程序，且增加了资源文件。

2. 建立多个源文件项目的方法

Visual C++ 允许建立多个源文件的应用程序，并且有效组织和管理它们。使用多个源文件的项目方式，是软件开发的成熟模式，它大大提高了编译效率和程序生产率。

无论单个源文件，或者是多个源文件，Visual C++ 均采用项目管理方式进行控制和管理，因此多个源文件的建立就是在前述的单个源文件建立基础上，利用项目管理增加或删除更多的源文件，关于项目管理请看后面的叙述。

3. 打开已有的程序的方法

当要修改已有的程序时，就需要将它打开，Visual C++ 打开程序有下面两个方法。

1) 直接打开 C 程序文件

这个方法有两种操作模式：

(1) 在“我的电脑”或“资源管理器”上找到程序文件(. C 或. CPP 扩展名)，双击该文件名，则进入 Visual C++ 主窗口中，并且打开了该文件。

(2) 在 Visual C++ 主窗口 File 菜单上执行 Open(打开)命令，找到程序文件打开即可，如图 1.56 所示。

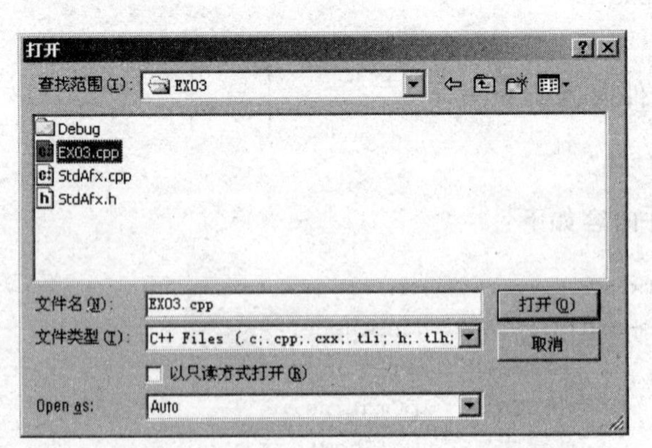

图 1.56

2) 打开项目文件的方法

这个方法有两种操作模式：

(1) 在“我的电脑”或“资源管理器”上找到项目文件(.DSW 或.DSP 扩展名),双击该文件名,则进入 Visual C++ 主窗口中,并且打开了该项目及其包含的全部文件。

(2) 在 Visual C++ 主窗口 File 菜单上执行 Open(打开)命令,找到项目文件打开即可。

初学者经常习惯使用第一种办法打开C程序文件,然而一个C程序文件没有包含该项目的完整信息,因此,这种习惯在编写多文件程序时常会导致出错,所以建议读者使用第二种办法。

已打开的程序文件或项目文件修改后,可以使用 File 菜单中的 Save(保存)、Save As(另存为)、Save All(全部保存)来保存更新。

4. 利用已有的程序编写新程序

无论是控制台程序,或者是 Windows 窗口程序,Visual C++ 都会要求有对应的项目文件。而且在大多数情况下,C 程序的基本框架都是一致的,例如:都有主函数、Windows 消息处理等。所以在编写一个新的程序时,可以利用以前编写过的程序,其操作方法有两种。

1) 程序复用操作

将已有的程序复用到新程序上的方法很简单,就是将程序内容通过“复制”|“粘贴”实现。

2) 项目复用操作

打开已有的项目文件,将原来的文件删除,利用项目管理增加新程序文件或资源元素等。

5. 多文件编译

在 C++ 的面向对象编程中,往往需要定义“类”,而类的声明部分和类的实现部分应该放在不同的文件中。这样做的目的是使程序的结构和层次更加清晰。使我们在使用这个类时只需要查看类的声明文件,而不需要关心类的成员函数是如何实现的,充分体现了类的封装特性。因此我们在一个包含类的完整的 C++ 程序中至少应该有3个文件:保存类声明的 Header File 文件(我们也称为类的外部接口,后缀为.h 的文件)、保存类实现的 Source File 文件(后缀为.cpp 的文件)、用于程序界面实现的 Source File 文件。最终我们要把这3个文件一起进行编译,编译步骤如下:

(1) 启动 Visual C++,建立一个名为“EX04”的项目,项目类型为 Win32 Console Application,如图1.57所示。

(2) 在 EX04 项目里建立一个 Header File 文件 clock.h(图1.58),保存 clock 类的声明部分。

clock.h 文件内容如下:

```
1    class Clock
2    {
3    private:
```

```
4      int Hour,Minute,Second;
5    public:
6      void SetTime(int h=0,int m=0,int s=0);
7      void ShowTime();
8    };
```

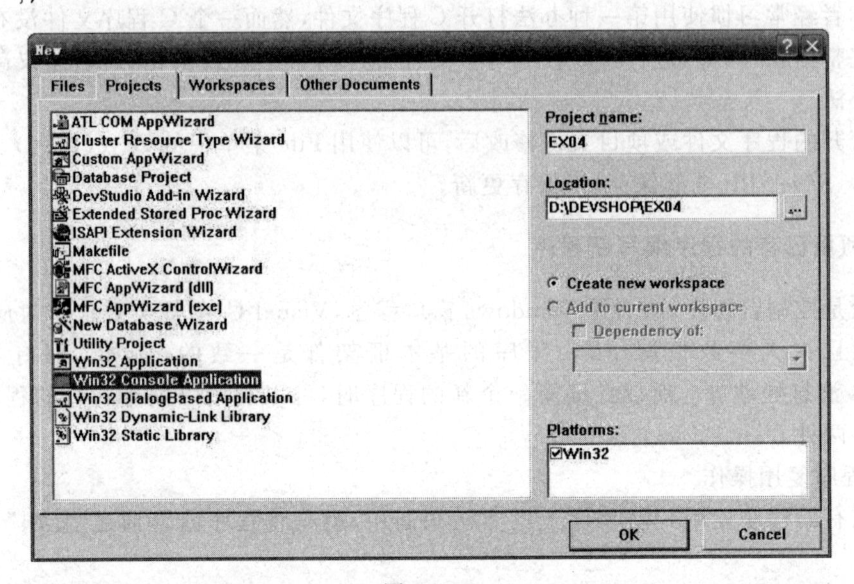

图 1.57

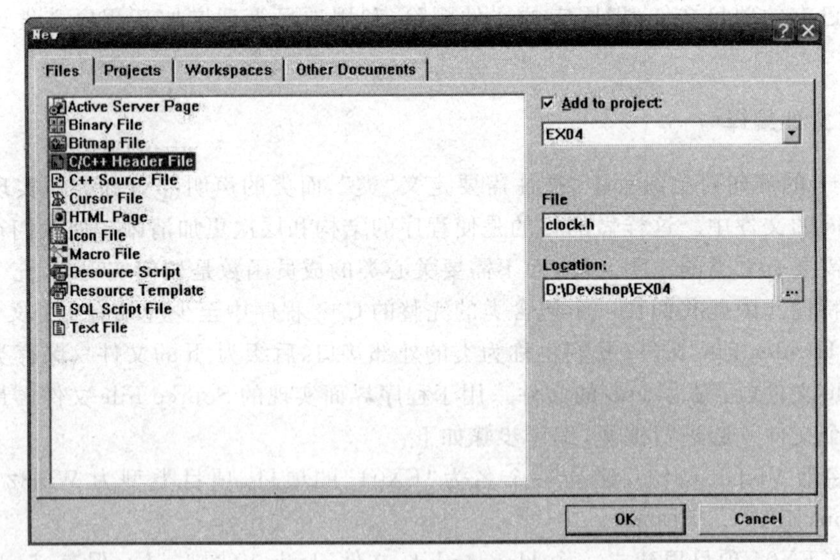

图 1.58

(3) 建立一个 Source file 文件 clock. cpp,保存 clock 类的实现部分。

clock. cpp 文件内容如下,其中第 2 行的预处理命令是多文件编译的关键所在。

```
1    #include<iostream.h>
2    #include"clock.h"
```

```
3    void Clock::SetTime(int h,int m,int s)
4    {
5        Hour=h;
6        Minute=m;
7        Second=s;
8    }
9    void Clock::ShowTime()
10   {
11       cout<<Hour<<":"<<Minute<<":"<<Second<<endl;
12   }
```

(4) 建立一个 Source File 文件 clock_interface. cpp,保存整个程序的界面部分。

clock_interface. cpp 文件内容如下,同样,第 2 行要注明包含 clock. h 这个头文件。

```
1    #include<iostream.h>
2    #include"clock.h"
3    int main()
4    {
5        Clock myclock;
6        cout<<"First time set and output:"<<endl;
7        myclock.SetTime();
8        myclock.ShowTime();
9        cout<<"Second time set and output:"<<endl;
10       myclock.SetTime(12,30,30);
11       myclock.ShowTime();
12       return 0;
13   }
```

(5) 对 clock_interface. cpp 文件进行编译,观察运行结果。

(6) 资源视图如图 1.59 所示。

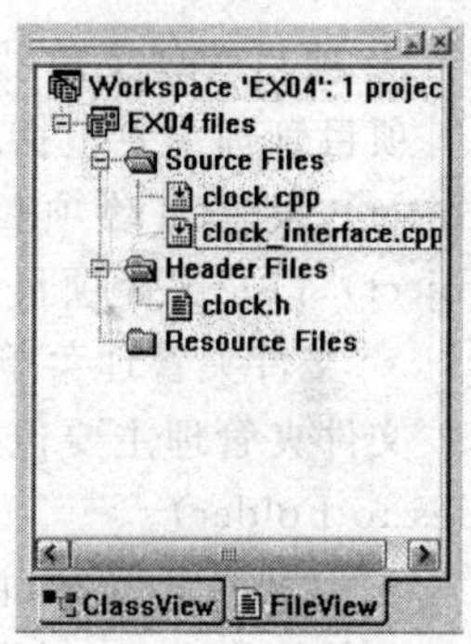

图 1.59

6. 项目管理

无论项目是否建立,只要开始程序的编译、连接、运行或调试过程,Visual C++ 就会按项目管理方式进行控制。

例如:当使用文件新建方式建立一个源程序文件后,只要开始编译则 Visual C++ 会自动提示创建项目,如图 1.60 所示。

从上面对话框的提示可以明确,如需编译则必须建立项目。

Visual C++ 的项目管理主要是在工作区中,包含类视图、资源视图、文件视图,只有 Windows 窗口程序才有资源视图。在文件视图中使用右键,则弹出对应的处理菜单,它们是:

• 工作区管理菜单(图 1.61)

工作区管理主要包括新建项目到当前工作区中(Add New Project to Workspace)和添加已有的项目到当前工作区中(Insert Project into Workspace)。

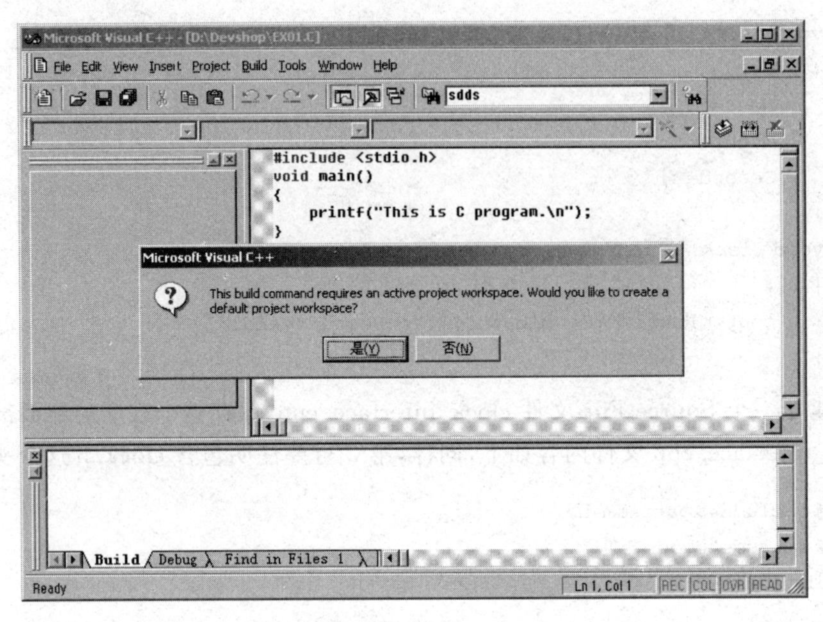

图 1.60

- 项目管理菜单(图 1.62)

项目管理主要包括新建文件夹(New Folder),添加文件到当前项目中(Add Files to Project),设置活动项目(Set as Active Project),从当前工作区中卸载项目(Unload Project),以及编译项目(Build)和临时文件清除(Clean)。

- 文件夹管理菜单(图 1.63)

文件夹管理主要包括新建子文件夹(New Folder)和添加文件到当前文件夹中(Add Files to Folder)。

- 文件管理菜单(图 1.64)

文件管理主要包括打开文件夹(Open)和编译文件(Compile)。

欲将上述的项目、文件夹、文件删除,还可以使用 Del 键操作。

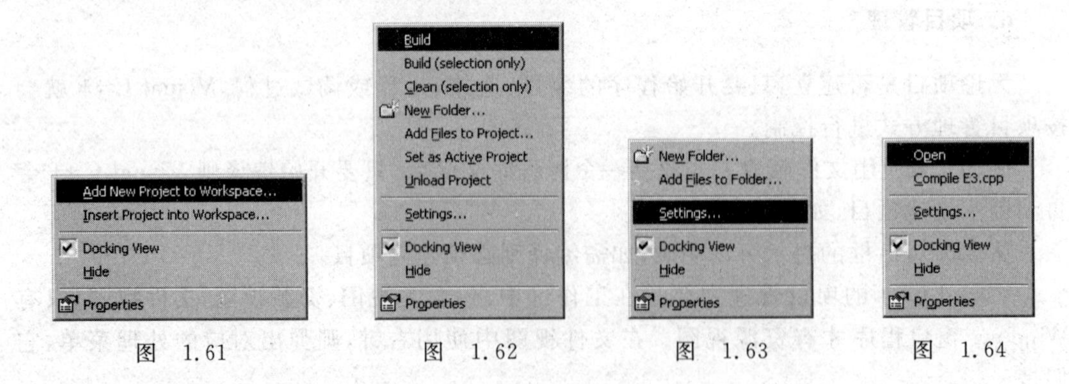

图 1.61　　图 1.62　　图 1.63　　图 1.64

1.2.6 编译、连接和运行

完成程序编辑工作后,就可以进行程序的编译、连接和运行了。图 1.65 是 Visual

C++ 编译和连接的过程示意图。

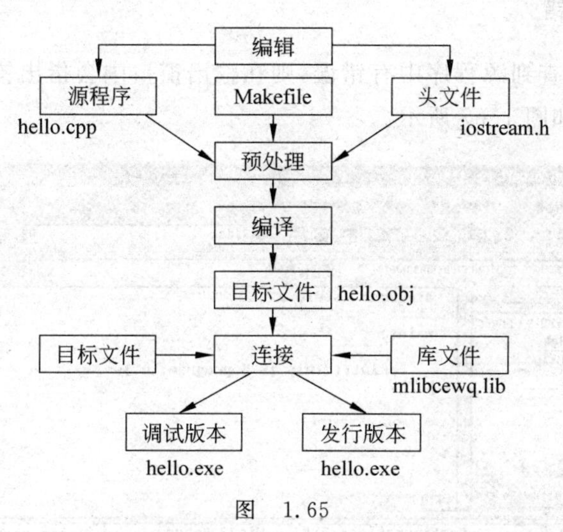

图　1.65

Visual C++ 连接可以产生"调试版本"或者"发行版本"的可执行文件(由 Set Active Configuration 选择),"调试版本"可执行文件是指带调试信息的可执行文件,而"发行版本"的可执行文件是指没有任何冗余信息的优化后的可执行文件,通常调试阶段选择"调试版本",而正式的程序结果选择"发行版本"。"发行版本"的可执行文件可以独立运行,而"调试版本"脱离 Visual C++ 环境后有时不能运行。

1. 程序的编译和连接

在编辑和保存源程序(或项目)文件后,若需要对该程序进行编译,则单击主菜单栏中的 Build(建立)菜单,选择 Compile,则 Visual C++ 开始对程序进行编译,如图 1.66 所示。

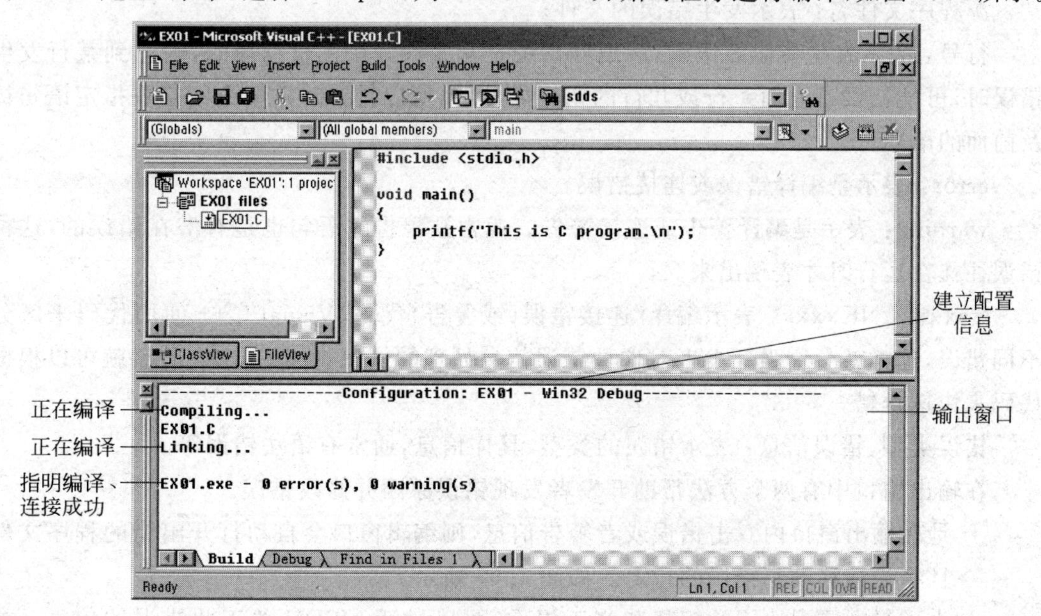

图　1.66

2. 编译、连接排错

如果编译系统检查到源程序中有错误，则在输出窗口中会指出错误的位置和性质，帮助开发者快速排错，如图 1.67 所示。

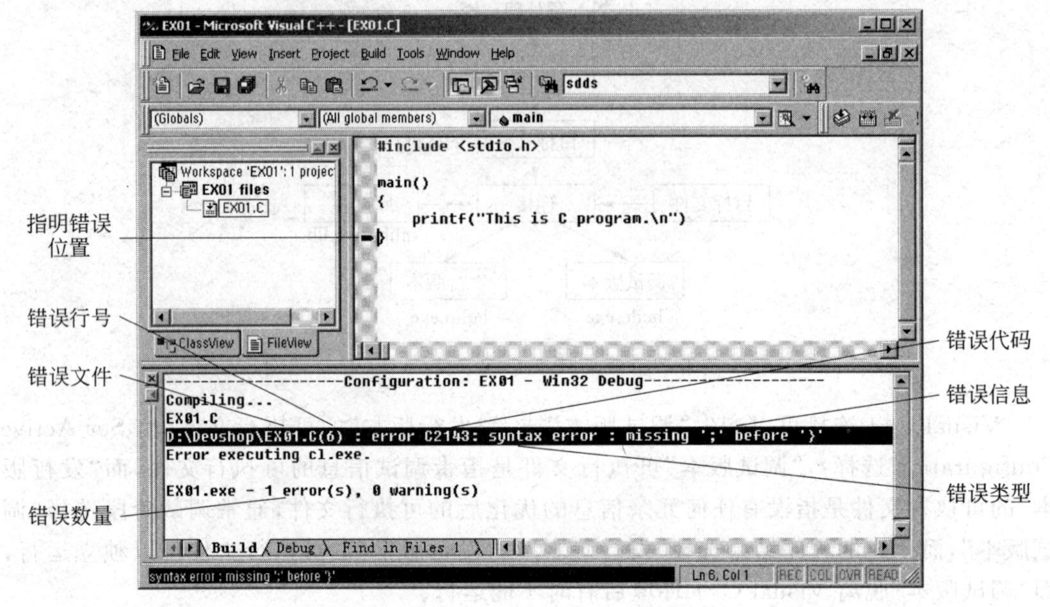

图 1.67

Visual C++ 错误提示有如下格式：

源程序文件名(行号)：error/warning Cxxxx/LNKxxxx：错误类型：错误信息。

源程序文件名：表示发生错误的文件。

行号：表示发生错误的语句行；编译系统是从文件开始逐行编译的，因此到某行发生错误时，可能错误是上面一行或几行的错误导致的，所以排错时需要全面检查指定语句行及前面的语句行；

error：表示是编译错误或连接错误。

warning：表示是编译警告或连接警告。通常被警告的语句也是有潜在错误的，这种错误往往在运行时才表现出来。

Cxxxx/LNKxxxx：表示编译/连接错误(或警告)代码，Visual C++ 使用代码来区分不同错误，这样就会增强开发者对这种错误信息处理的认识，积累一定经验后就可以根据代码来快速排错。

错误类型、错误信息：表示错误的类型、具体信息，通常有语法错误等。

在输出窗口中有两个方法帮助开发者发现错误原因并修改错误。

- 是在输出窗口内双击错误或者警告信息，则编辑窗口会自动打开出错的程序文件且将光标移动到错误的行上。如图 1.67 所示。
- 为了得到错误原因的解释和修正提示，可以激活 MSDN 关于此错误的信息。方法是在输出窗口内单击选中错误或者警告信息代码,然后按 F1 键则打开联机帮助显示有关信息,如图 1.68 所示。

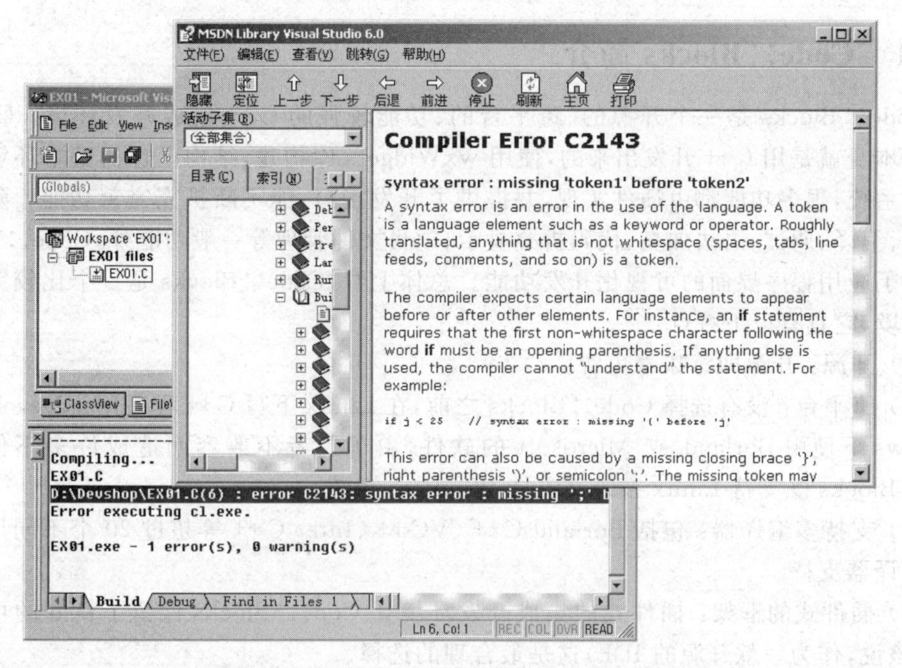

图　1.68

本书在附录 A 中列出了 Visual C++ 常用编译错误的信息。

3. 程序的运行

在产生可执行文件后,就可以直接执行程序文件了,选择 Build(建立)菜单,执行 Execute 命令,可以得到程序的运行结果。特别地,如果是控制台程序,程序运行结果窗口是 DOS 提示符窗口,为让开发者能看清结果,该窗口会停留直到按任何键操作,如图 1.69 所示。

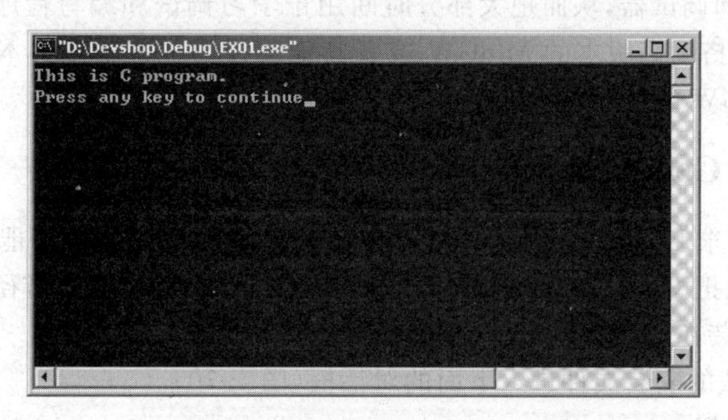

图　1.69

1.3 Code::Blocks+GCC+GDB 开发环境及上机操作

1.3.1 Code::Blocks 简介

Code::Blocks 是一个开源的、跨平台的、功能较强的 C++ 集成开发环境。Code::Blocks 本身就是用 C++ 开发出来的，使用 wxWidgets 库构建，结构上包括基本环境和一个插件系统，很多功能都由插件实现，并提供了开发接口，能不断扩充完善功能。除常见的编辑、编译、调试、语法加亮、代码折叠显示、项目文件管理等一般功能外，Code::Blocks 还提供了应用程序界面的可视化开发功能。总体上看，Code::Blocks 是一个比较完整的 IDE 环境，它具有以下特点：

(1) 开源：开源即意味着免费。

(2) 跨平台：没有选择 Code::Blocks 之前，在 Linux 下写 C++ 程序用 KDevelop，在 Windows 下使用 Borland 或 Microsoft 的软件，由于二者不兼容而造成许多不便。而 Code::Blocks 既支持 Linux 系统又支持 Windows 系统。

(3) 支持多编译器：包括 Borland C++、VC++、Inter C++ 等超过 20 个不同厂家或版本编译器支持。

(4) 插件式的框架：插件式的集成开发环境让 Code::Blocks 保留了良好的可扩展性，应该说，作为一款开源的 IDE，这是最合理的选择。

(5) C++ 扩展库支持：通过 Code::Blocks 的一个用以支持 Dev C++ 的插件，可以下载大量 C++ 开源的扩展库。比如网络操作、图形算法、压缩、加密等。

1.3.2 下载 Code::Blocks

安装 Code::Blocks IDE，首先需要下载它们。如果用户使用的是 Windows 2000、Windows XP、Windows Vista 或 Windows 7 操作系统，可以从下面这个官方网站地址下载 Code::Blocks 8.02：http://www.codeblocks.org/downloads/26#windows。

本书的作者建议初学 C/C++ 的同学下载内置 MinGW 的版本，这样不至于花费太多时间配置编译器和调试器，从而把大部分时间用于学习调试和编写程序。待将来熟悉了 Code::Blocks，再搭配高版本的 MinGW 或者其他编译器一起使用。本书后面的例子都是基于内置 MinGW 的 8.02 版。

1.3.3 安装 Code::Blocks

由于 GDB 要求 Code::Blocks 的安装路径及程序的存放路径不能有空格和中文字符，所以我们不能把 Code::Blocks 安装在 C:\Program Files 这个路径下。这里我们把 Code::Blocks 安装在 C:\Dev\CB 这个路径下。安装步骤如下：

(1) 运行下载的安装文件进入下面的对话框(图 1.70)。

单击 Next 按钮。

(2) 阅读下面对话框(图 1.71)中的相关协议，单击 I Agree 按钮。

(3) 选中下面对话框(图 1.72)中的所有选项，单击 Next 按钮。

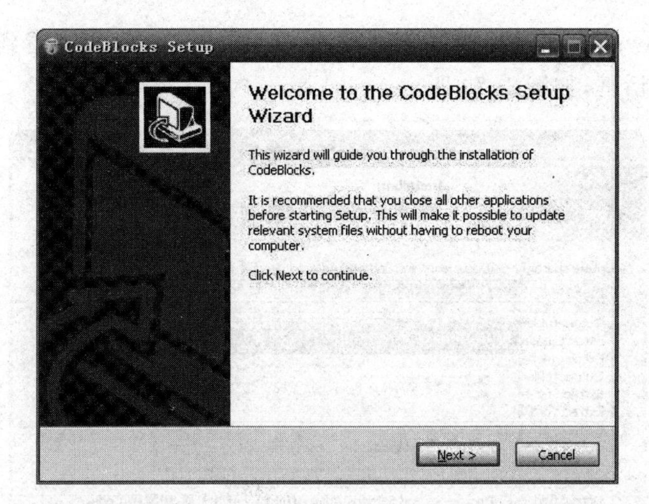

图　1.70

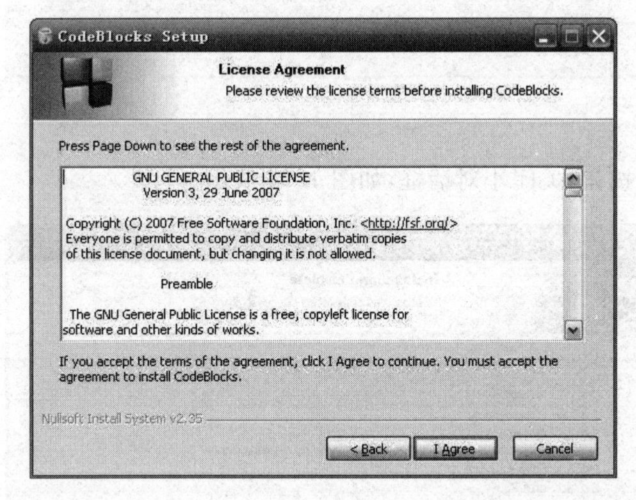

图　1.71

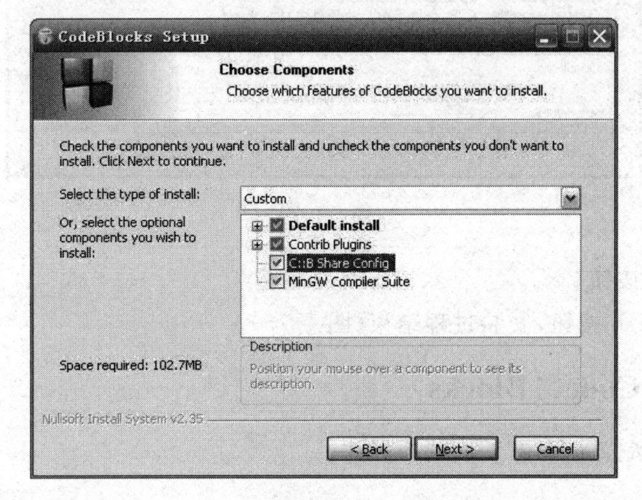

图　1.72

(4) 单击 Browse 按钮选择好安装路径,单击 Install 按钮,可以看到安装过程正在进行,并弹出一个对话框,如图 1.73 所示。

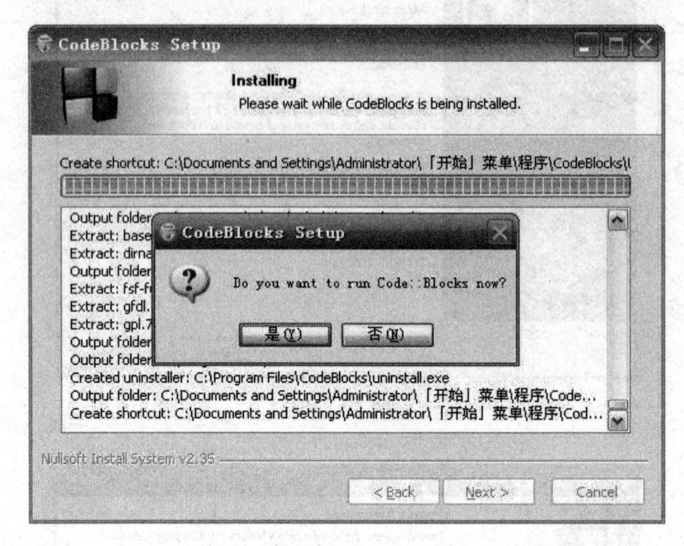

图 1.73

(5) 单击"否"按钮,关闭小对话框,如图 1.74 所示。

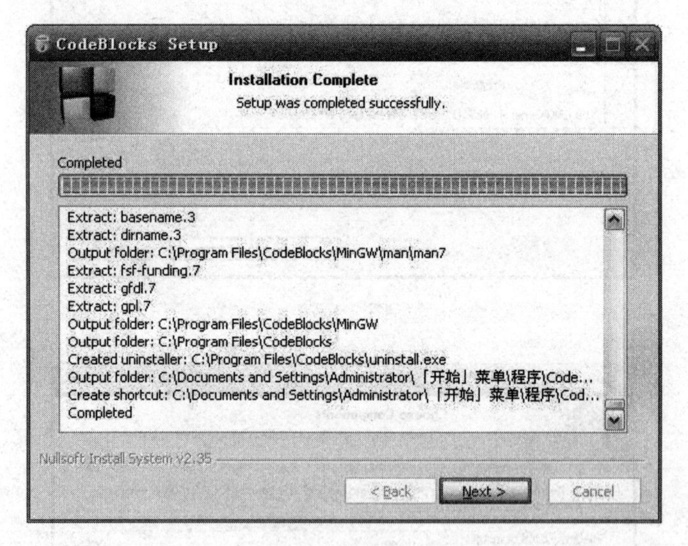

图 1.74

再单击 Next 按钮。

(6) 单击 Finish 按钮,安装过程结束(图 1.75)。

1.3.4 配置 Code::Blocks

Code Blocks 配置主要有下面三个操作。

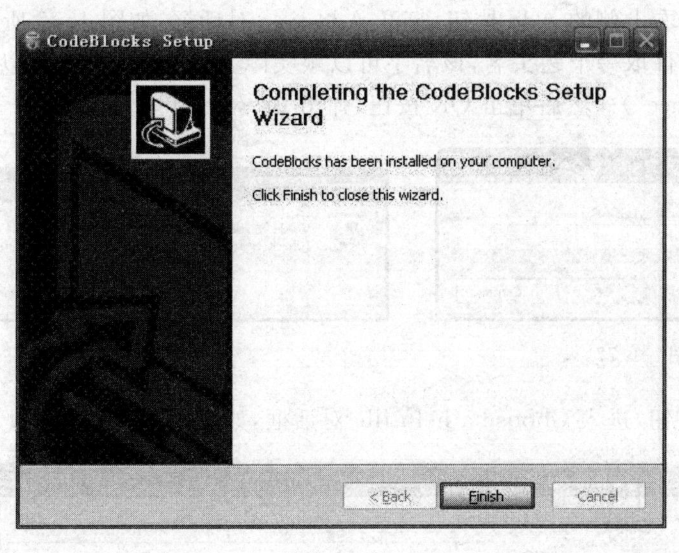

图 1.75

1. 配置帮助文件

下载 C++ Reference 帮助文件 cppreference.chm 并放到 Code Blocks 目录下(也可放在别的目录下)。

选择 Settings 菜单下的 Environment 选项,调出 Environment Settings 对话框。拖动滚动条,用鼠标选择 Help files 图标,如图 1.76 所示。

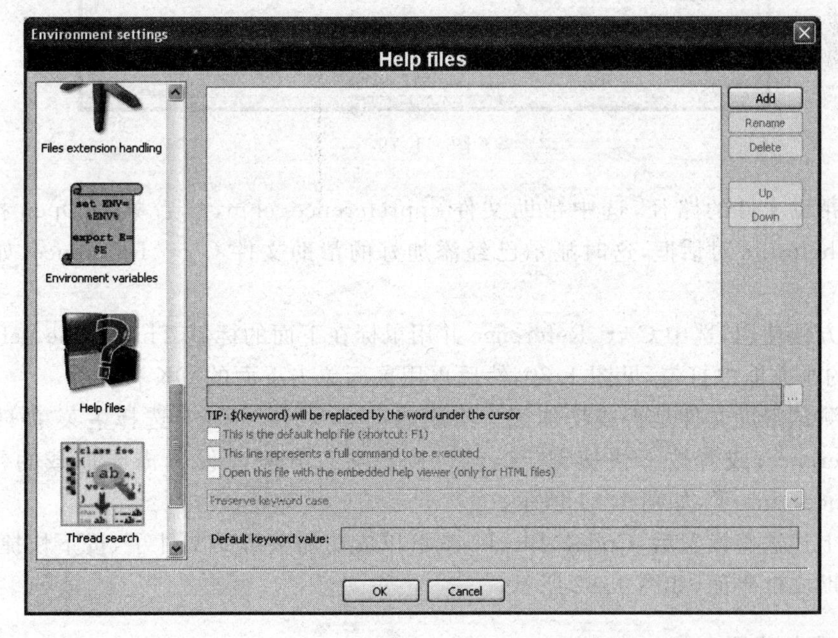

图 1.76

用鼠标单击右上侧的 Add 按钮，打开 Add title 对话框，如图 1.77 所示。

给添加的文件取一个题头名，该名字可以跟实际文件名相同，也可以不同（如题头名为“C++ Reference”）。然后单击 OK 按钮，弹出 Browse 对话框，如图 1.78 所示。

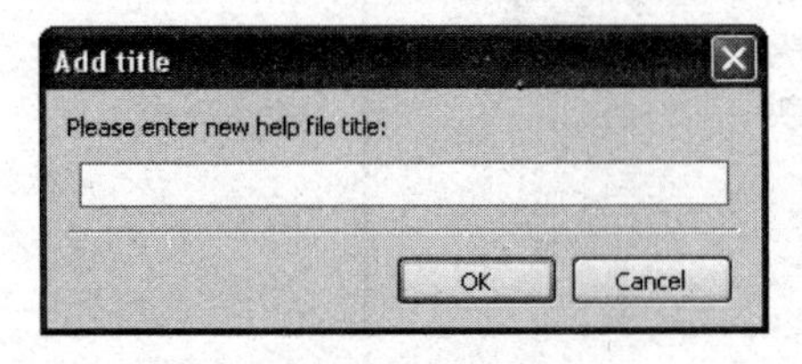

图 1.77

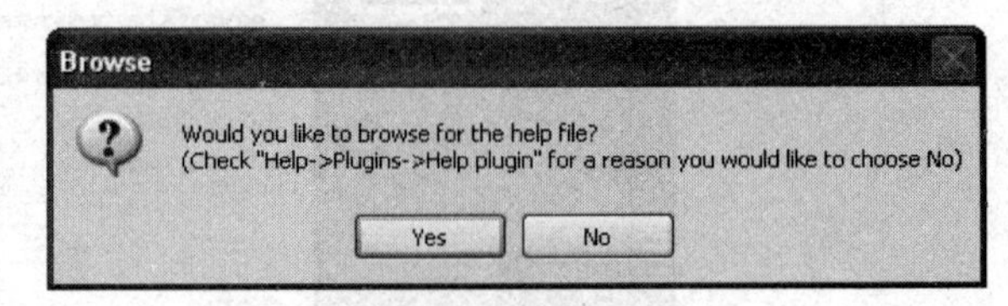

图 1.78

单击 Yes 按钮，进入 Choose a help file 对话框，如图 1.79 所示。

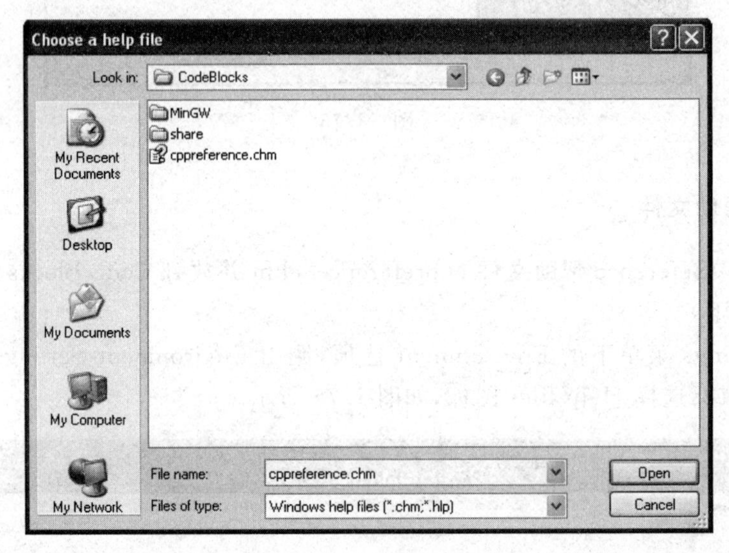

图 1.79

找到帮助文件的路径，选中帮助文件 cppreference.chm，然后单击 Open 按钮回到 Choose a help file 对话框，这时显示已经添加好的帮助文件 C++ Reference，如图 1.80 所示。

为了方便使用，选中 C++ Reference 并用鼠标在下面的标签 This is the default help file 前面的小方框中打勾，见图 1.80，然后再用鼠标单击下面的 OK 按钮。

最后测试帮助文件是否成功加载。重新启动 Code::Blocks，选择主菜单 Help 下的 C++ Reference，或者按下快捷键 F1，就可以成功打开刚才设置需要加载的帮助文件 cppreference.chm 了，如图 1.81 所示。

经过上述这些设置后，Code::Blocks 就可以成功加载帮助文件了，按下快捷键 F1 就会弹出帮助文件界面，如图 1.82 所示。

2. 设置编辑器

编辑器主要用来编辑程序的源代码，Code::Blocks 内嵌的编辑器界面友好，功能比

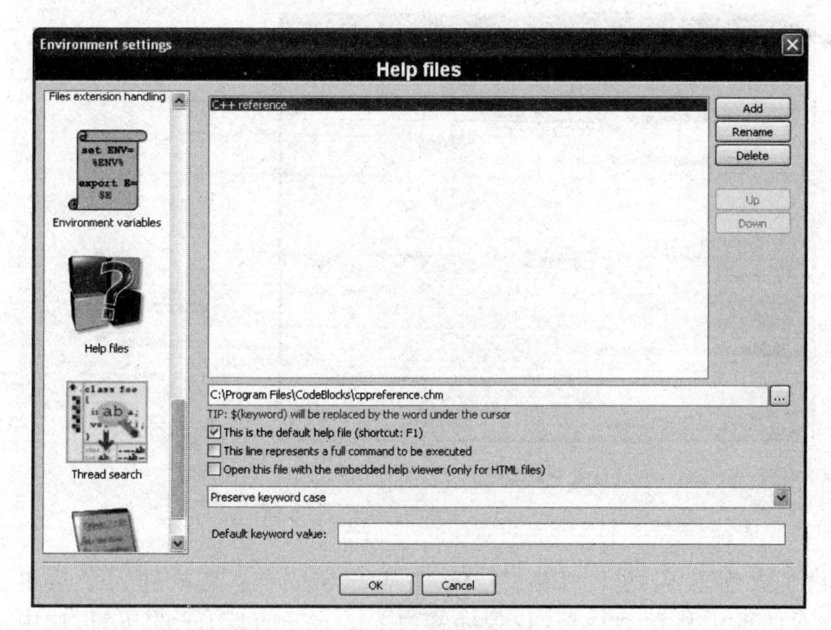

图　1.80

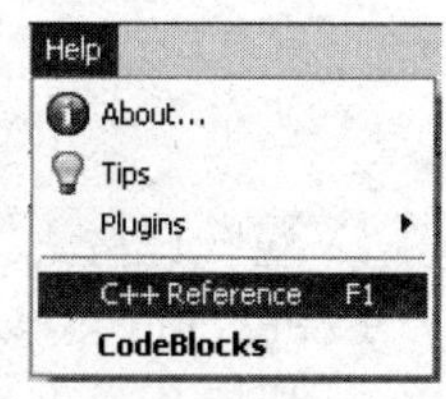

图　1.81

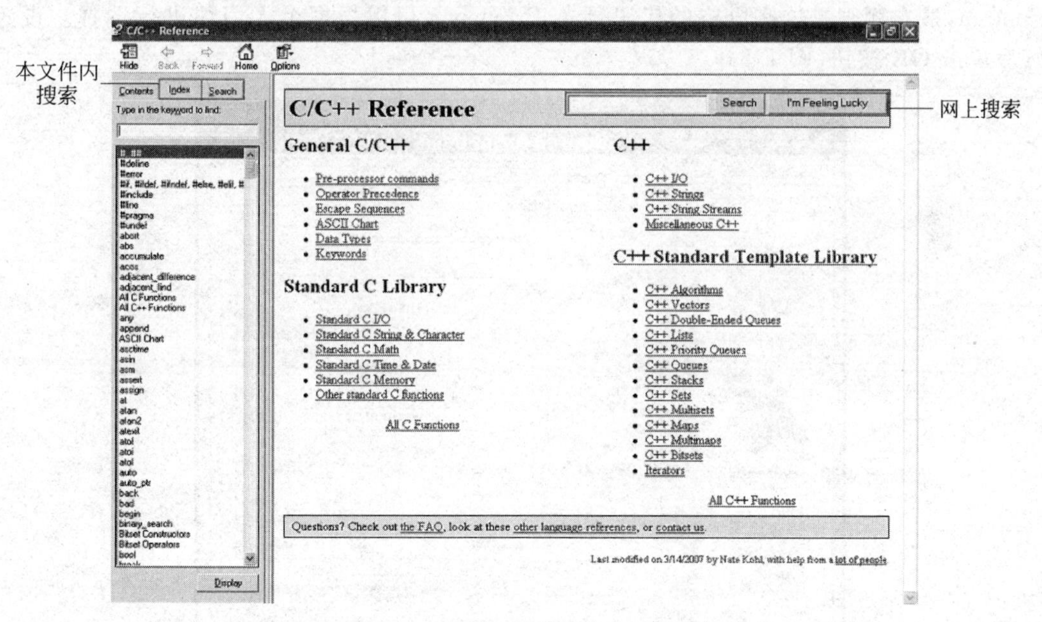

图　1.82

较完备，操作也很简单。

1）通用设置

启动 Code::Blocks，选择主菜单 Settings 下的子菜单 Editor 会弹出一个 Configure editor 对话框，默认通用设置 General settings 栏目，单击右上角的 Choose 按钮，弹出“字体”对话框进行字体的设置，如图 1.83 所示。

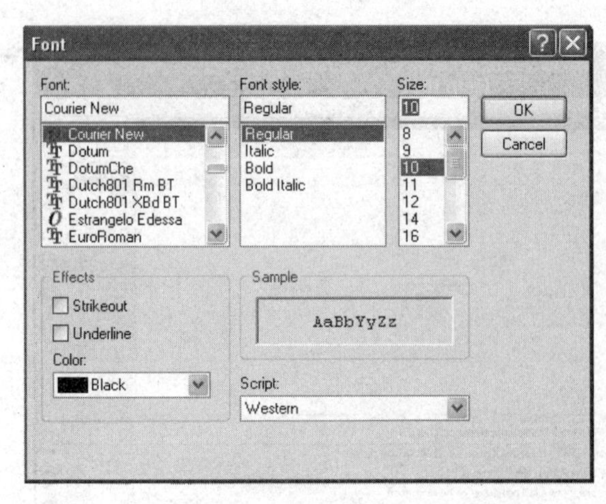

图 1.83

2）源代码格式

Code::block 提供了几种代码的书写格式。首先从 Settings 主菜单进入子菜单 Editor，然后从弹出的对话框中移动滚动条，找到标签为 Source formatter 的按钮，选中它，可以看到右侧 Style 菜单下有几种风格分别为 ANSI、K&R、Linux、GNU、Java、Custom，最右侧则是这些风格的代码预览 Preview。可以根据个人习惯进行选择。设置好后单击 OK 按钮（图 1.84）。

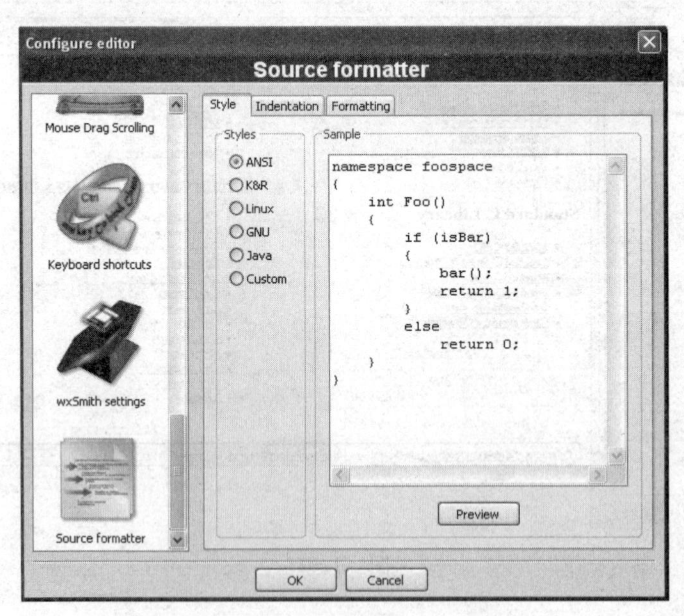

图 1.84

3. 编译器和调试器设置

编译器和调试器设置非常重要，因为编写的源代码需要转换成机器可以识别的二进制才能执行，而且编写程序时，很难保证一次正确。这里主要讲述一下，编译器和调试器的全局配置，这些配置的每个选项都会影响到将来建立的每个工程。

选择主菜单 Settings 下的选项 Compiler and debugger，弹出 Compiler and debugger settings 对话框，如图 1.85 所示，这就是编译器和调试器的配置界面。

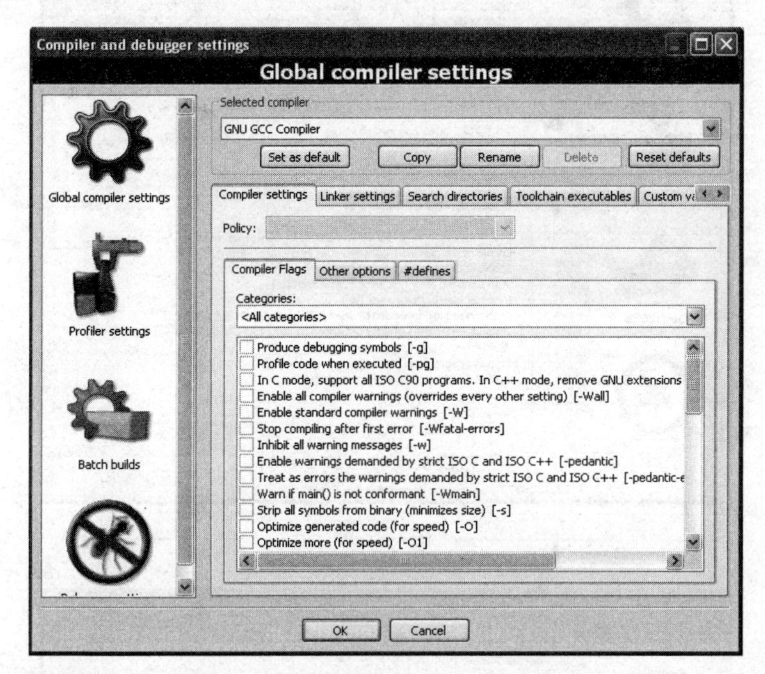

图 1.85

在界面上方的 Select compiler 选项下选择“GNU GCC Compiler”(Code∷Blocks 支持多种编译器，默认编译器为 GNU GCC Compiler，也可以选择其他的编译器，前提是需要事先安装好您想用的编译器)。

打开 Compiler Settings 菜单下的 Compiler Flags 选项卡，选中其中两个选项，Produce debugging symbols [-g]和 Enable standard compiler warnings [-W]，也可以什么都不选，如图 1.86 所示。

然后选择 Toolchain executables 子菜单，会出现如图 1.87 所示的界面。

单击右侧的 Auto-detect 按钮，一般而言能自动识别编译器的安装路径，如图 1.88 所示。

如果不能自动识别编译器安装的路径，就需要单击按钮[...]进行手工配置该路径。并且也要配置好 C compiler、C++ compiler、Linker for dynamic libs、Linker for static libs、Debugger、Resource compiler、Make program 这几个选项的文件名，如图 1.89 所示中用方框框起来的部分。

最后用鼠标单击最下方的 OK 按钮，编译器和调试器基本配置完毕。

4. 安装中文语言包

下载中文语言压缩包，将中文语言包解压缩后，将 locale 文件夹直接复制到路径为“C:\Dev\CB\CodeBlocks\share\CodeBlocks”的文件夹中。然后选择 Settings 主菜单下

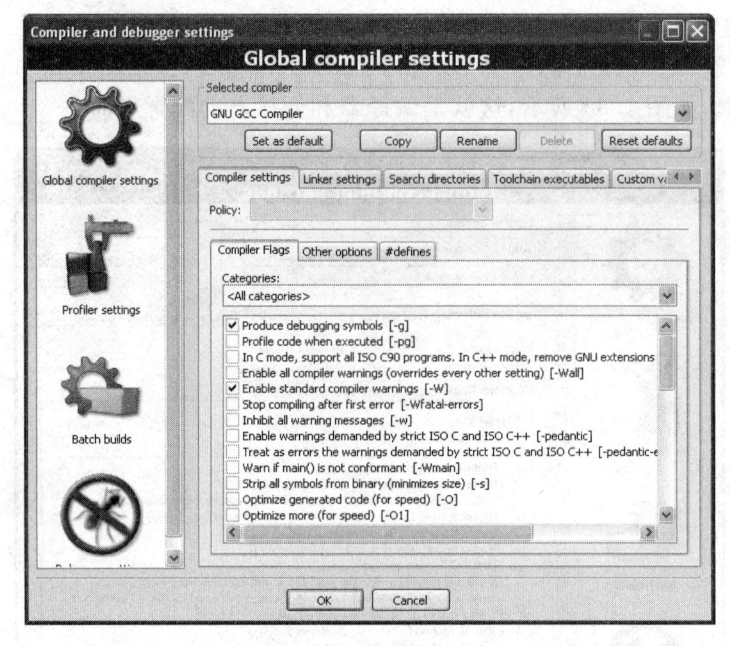

图 1.86

图 1.87

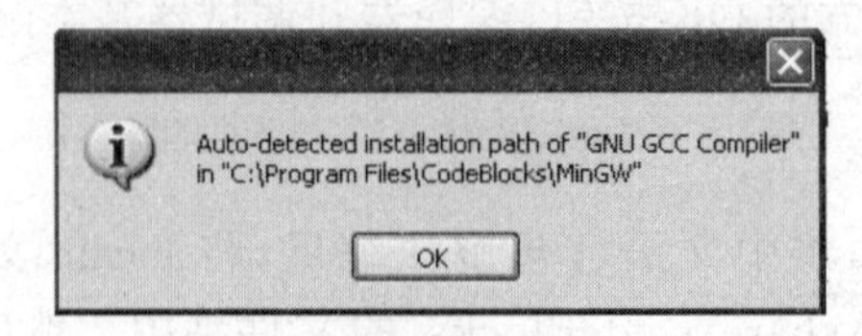

图 1.88

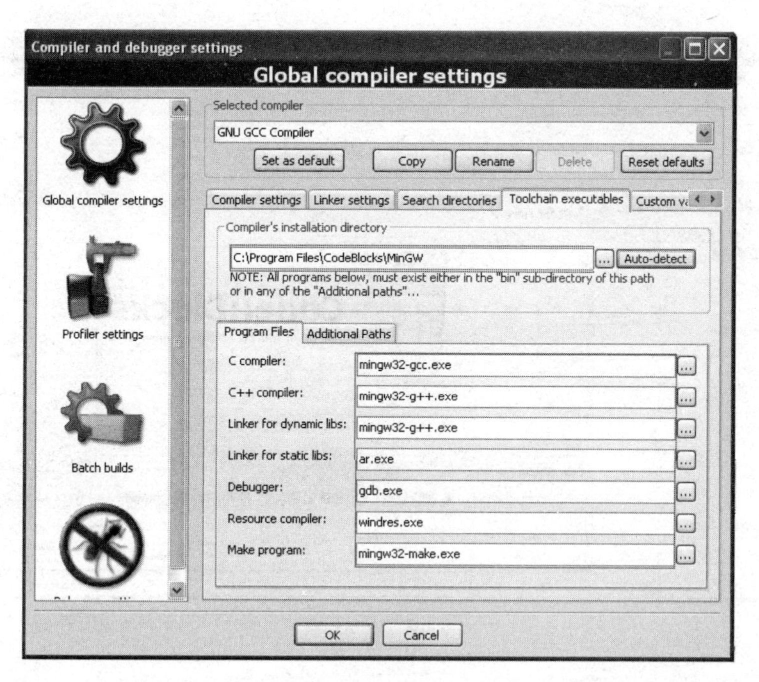

图 1.89

的 Enviornment 选项，切换到 View 视图，在 Internationalization (needs restart)中选择 Chinese (Simplified)，如图 1.90 所示。

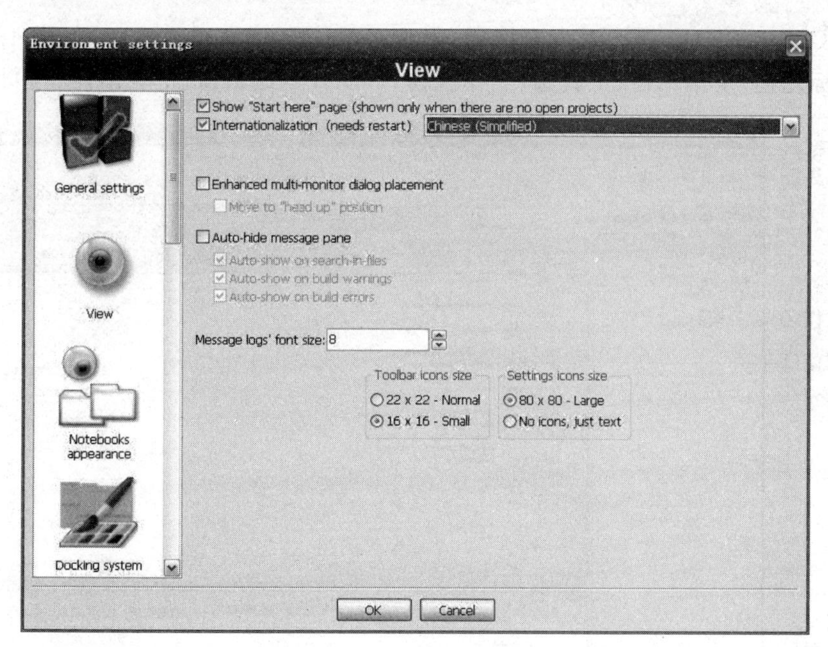

图 1.90

重新启动 Code Blocks 即完成中文版的设置，如图 1.91 所示。

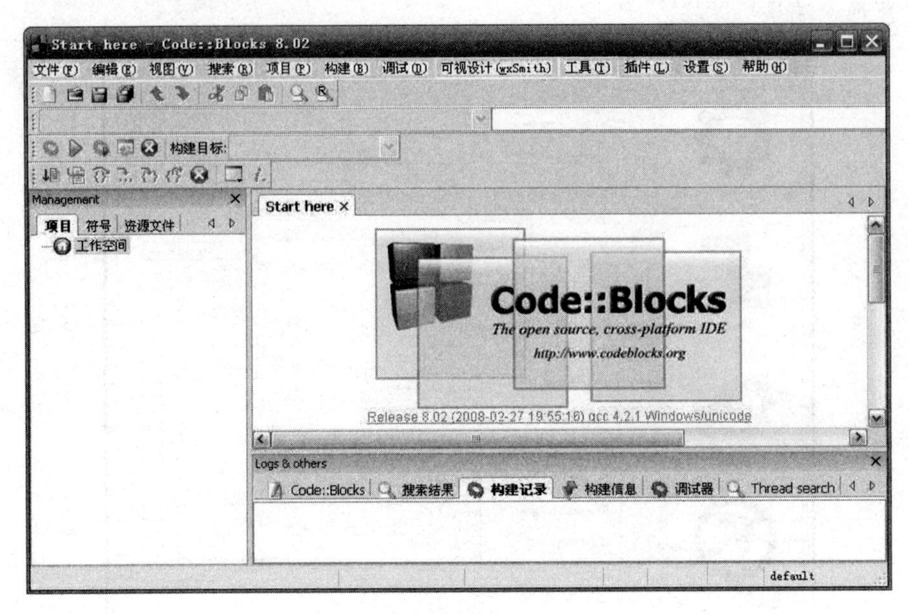

图 1.91

1.3.5 Code::Blocks 开发环境和基本操作

1. Code::Blocks 主窗口

启动 Code::Blocks 进入开发环境后，出现 Code::Blocks 的主窗口，如图 1.92 所示。其中包括标题栏、主菜单栏、工具条、工作区窗口、源代码编辑窗口、输出窗口和状态栏。

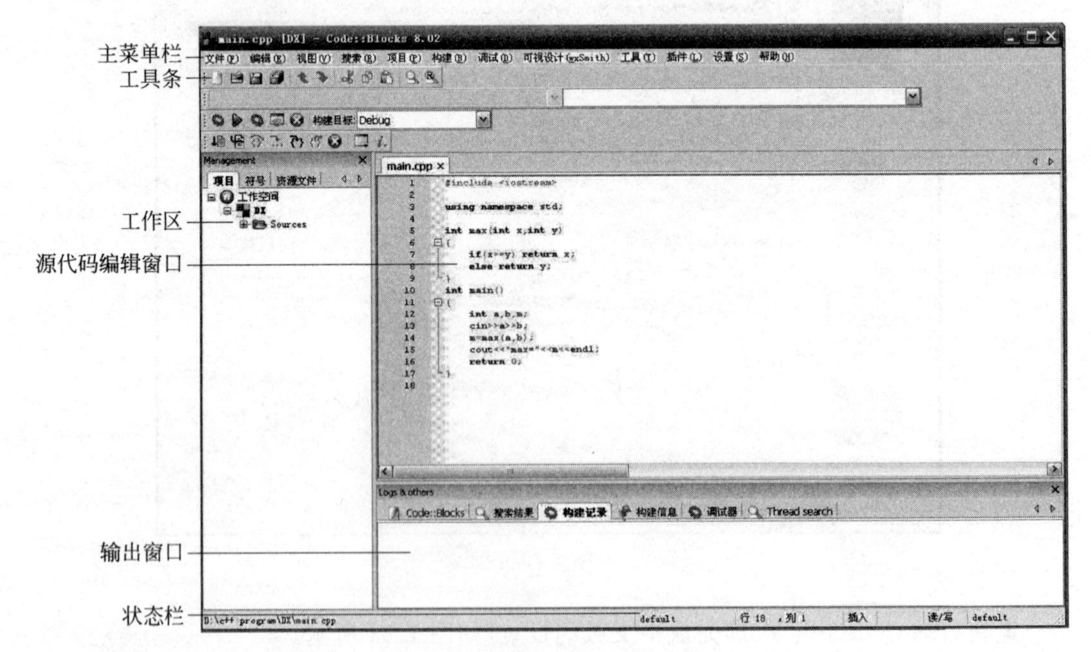

图 1.92

屏幕最上端是标题栏，用于显示应用程序名和所打开的文件名。标题栏下方为主菜单栏和工具条，工具条中包含了常用的功能按钮。工具条的下面是工作区窗口和源代码窗口。再下面是输出窗口，用于显示项目建立过程中产生的错误信息。屏幕最底下是状态栏，它给出当前操作或所选择命令的提示信息。

2. 建立 Code::Blocks 源程序

1) 建立 Code::Blocks 工程的步骤

(1) 选择“文件”菜单下的“新建”|“项目”(或者单击工具栏的按钮，选择“项目”选项)，打开“数据模板新建”对话框，如图 1.93 所示。这个窗口中含有很多带有标签的图标，代表不同种类的工程。我们最常用的就是 Console application，用来编写控制台应用程序。其他的是一些更高级的应用。

图 1.93

选择 Console application，表示要建立控制台应用程序。然后单击“出发”按钮。

(2) 在欢迎页面中的“下次跳过本欢迎页面”前的复选框中打勾，目的是下次建立项目时不出现此对话框。单击“下一步”按钮，如图 1.94 所示。

(3) 在图 1.95 所示的对话框中选择 C++，表示建立一个 C++ 控制台应用程序，单击“下一步”按钮。

(4) 在“工程名和路径”对话框中有 4 个需要填写文字的地方，如图 1.96 所示。

“项目标题”中填写该项目的名称，如 EX01。“新项目所在的父文件夹”中填写项目存放的路径，可以单击按钮，在“浏览文件夹”对话框中选择路径，如图 1.97 所示。

当“项目标题”和“新项目所在的父文件夹”设置好后，“项目文件名”和“结果文件名”也已经自动生成了。最后单击“下一步”按钮。

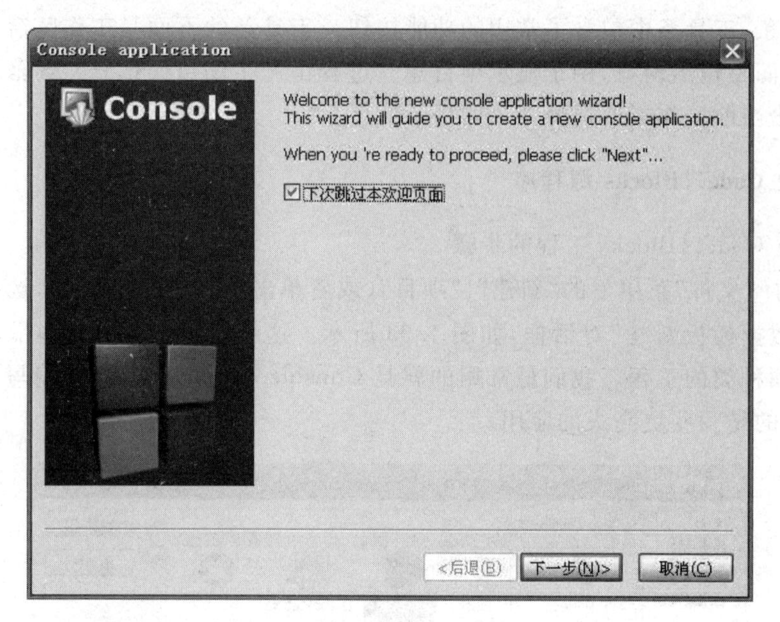
Console application
Console
Welcome to the new console application wizard!
This wizard will guide you to create a new console application.
When you 're ready to proceed, please click "Next"...
下次跳过本欢迎页面
<后退(B)
下一步(N)>
取消(C)

图 1.94

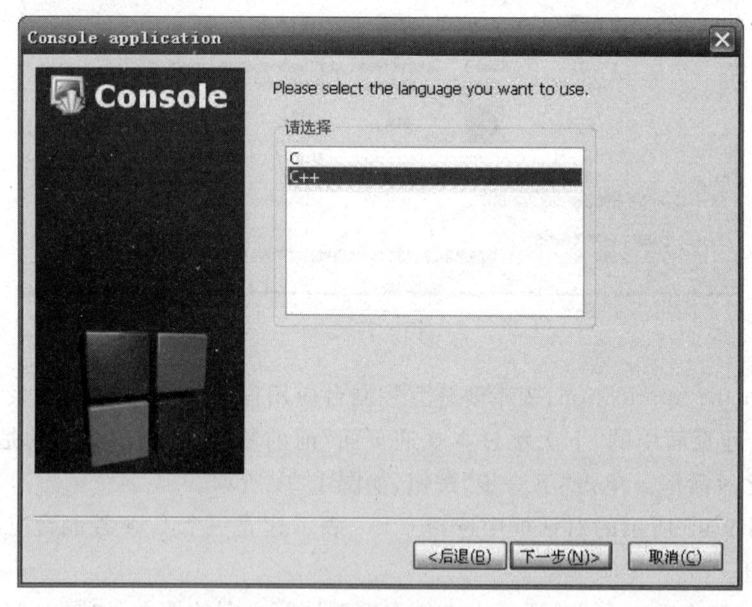
Console application
Console
Please select the language you want to use.
请选择
C
C++
<后退(B)
下一步(N)>
取消(C)

图 1.95

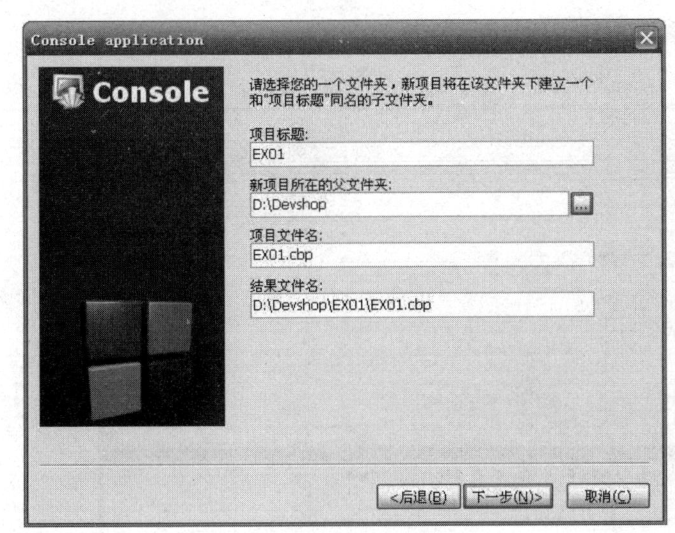

图　1.96

图　1.97

(5) 进入"编译器配置"对话框(图 1.98)。编译器选项仍旧选择默认的编译器，剩下的全部打勾，如图 1.98 所示。然后选择"完成"按钮，则创建了一个名为 EX01 的工程。

图　1.98

(6) 观察工作区窗口，我们已经创建了一个名为 EX01 的工程。用鼠标单击逐级⊞使之变成⊟，依次展开工作区窗口中的 EX01、Sources、main. cpp。双击"main. cpp"文件，在源代码编辑窗口中显示文件的源代码，我们可以对已有的代码进行添加和修改，如图 1.99 所示。

2) 打开已有工程文件的方法

方法一：在"我的电脑"或"资源管理器"中找到工程文件(. cbp 扩展名)，双击该文件

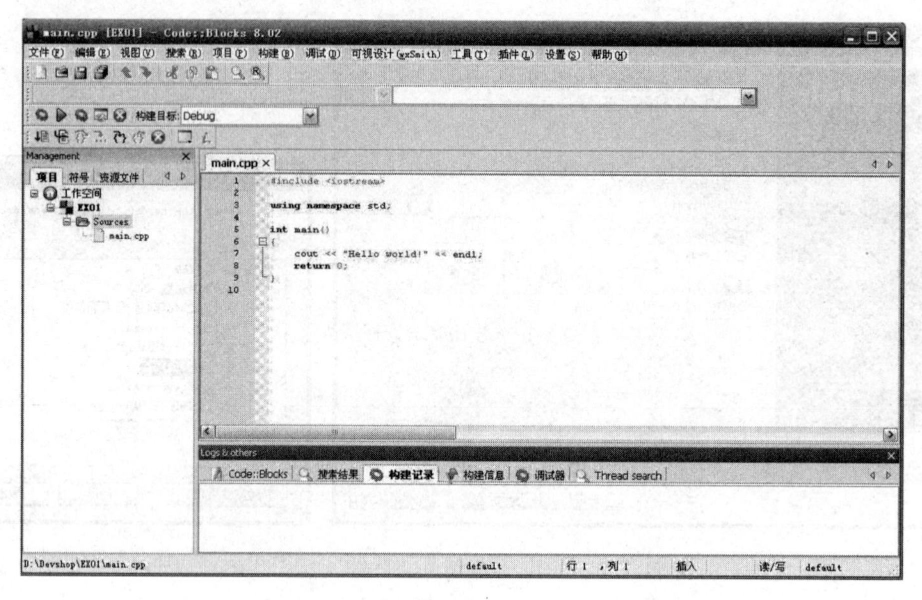

图 1.99

名打开该工程文件。

方法二：启动Code∷Blocks，选择“文件”菜单中的“打开”选项。弹出“打开文件”对话框，如图1.100所示。找到工程文件(如EX01.cbp)并选择它，单击“打开”按钮。

图 1.100

3）关闭工程文件的方法

单击“文件”菜单下的“关闭工作空间”按钮即可。

4）给工程中添加文件的方法

(1) 打开要添加文件的工程。

(2) 选择所添加文件的方法有两种：

方法一：用鼠标选中工程题头(如 EX01)，按下鼠标右键，弹出一个快捷菜单，选择快捷菜单中的“添加文件”选项，如图 1.101 所示。

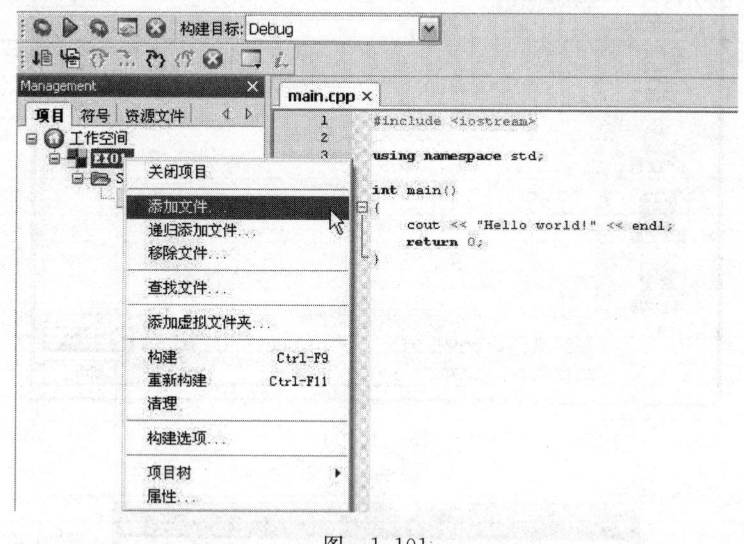

图 1.101

菜单上还有几个选项，“关闭项目”用来关闭当前工程，“移除文件”用来从当前工程中删除文件。“构建”用来编译当前工程，“重新构建”用来重新编译当前工程，“清理”用来清除编译生成的文件。

方法二：单击“项目”主菜单选择下拉菜单中的“添加文件”选项，如图 1.102 所示。

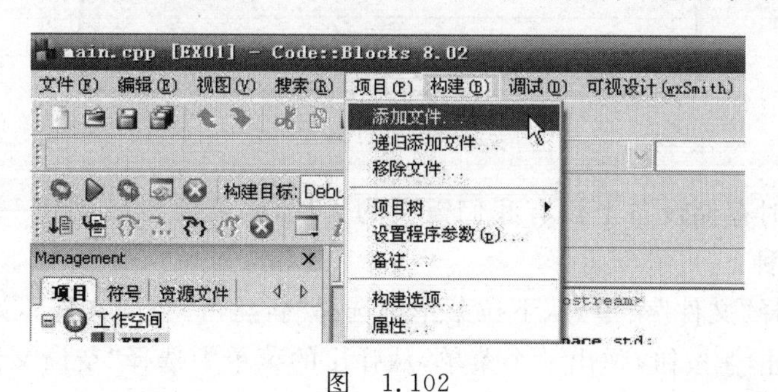

图 1.102

(3) 打开“添加文件到项目…”对话框后，用鼠标选择要添加的文件(如 output.cpp)，单击“打开”按钮，如图 1.103 所示。

弹出一个“多项选择”对话框，把 Debug 和 Release 全部选中，然后选择“确定”按钮，则 output.cpp 文件被添加到了工程 EX01 中，如图 1.104 所示。

一个目标文件是编译后的文件，可以为 debug 或者 release。debug 版本的目标文件允许使用调试器对该文件进行测试。一般而言，debug 版本的目标文件通常较大，因为它包含了一些用于测试的额外信息，release 版本的目标文件一般较小，因为它不包含调试信息。当您的程序编译完毕，应该交付 release 目标文件。

图 1.103

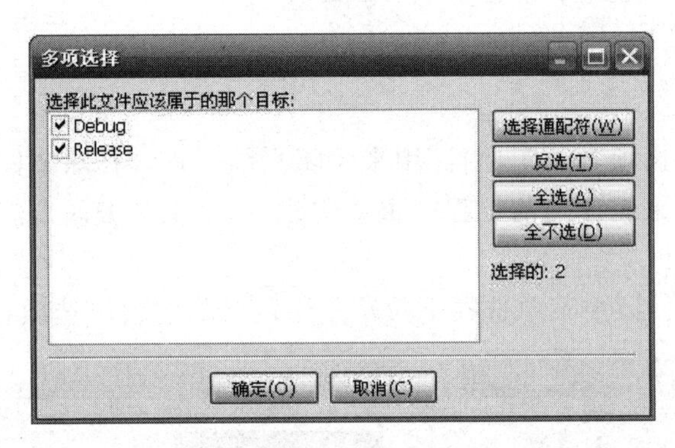

图 1.104

(4) 如果此时存储设备上没有我们需要的文件,则需要自己创建一个。常见的创建文件的方法有两种:

方法一:选择"文件"菜单,从下拉菜单中选择"新建"|"空白文件",如图 1.105 所示。

方法二:单击按钮,弹出一个菜单,从弹出的菜单中选择"空白文件"。

(5) 选择"空白文件"后,则 Code::Blocks 会询问是否要把这个新文件添加到当前打开的工程中,如图 1.106 所示。

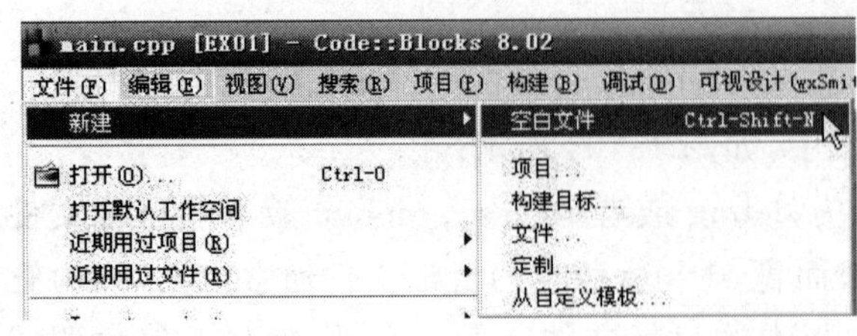

图 1.105

图 1.106

如果选择“否”，则此文件不会被添加到工程中。如果选择“是”，则该文件被添加到工程中，还会弹出一个新的对话框，让用户给新建的这个文件命名并保存，如图 1.107 所示。

图 1.107

我们假设把这个文件取名为 sample.hpp，把它保存到 EX01 文件夹下面。当用鼠标单击“保存”按钮后，又弹出一个对话框，询问目标文件属于哪种类型，选中 Debug 和 Release，然后选择“确定”按钮，如图 1.108 所示。

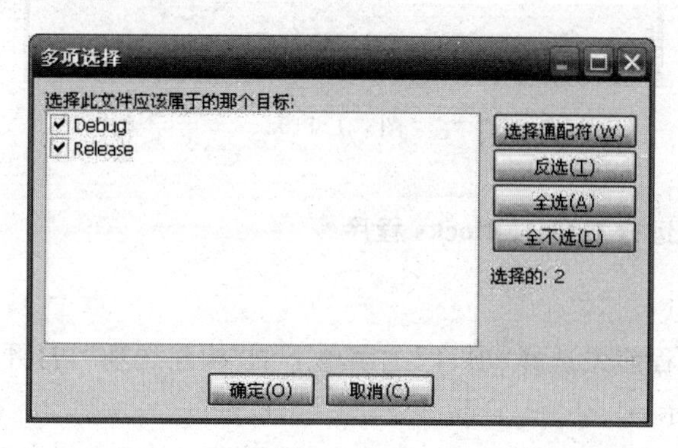

图 1.108

这样我们就可以编辑 sample.hpp 文件了(文件名后缀为.hpp 或者.h 的是头文件)，系统可以自动把它归为头文件。

5) 从工程中删除文件的方法

方法一：打开要删除文件的工程。在工作区内用鼠标选中要删除的文件(如 sample.hpp)。按下鼠标右键在弹出的快捷菜单中选择“从项目里移除文件”，则 sample.hpp 就不再隶属于 EX01 工程了，如图 1.109 所示。

方法二：选择主菜单“项目”的下拉菜单中的“移除”选项，这样会弹出一个删除文件

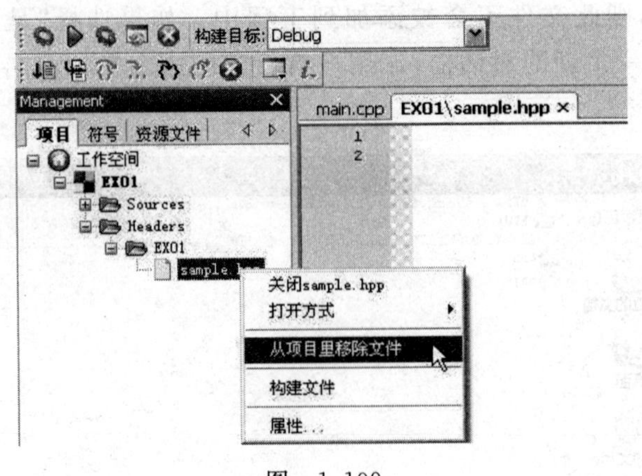

图 1.109

对话框,对话框中列举出当前所打开工程 EX01 中的所有文件。选中需要删除的文件,然后选择“确定”按钮则所选文件就不再隶属于该工程了,如图 1.110 所示。

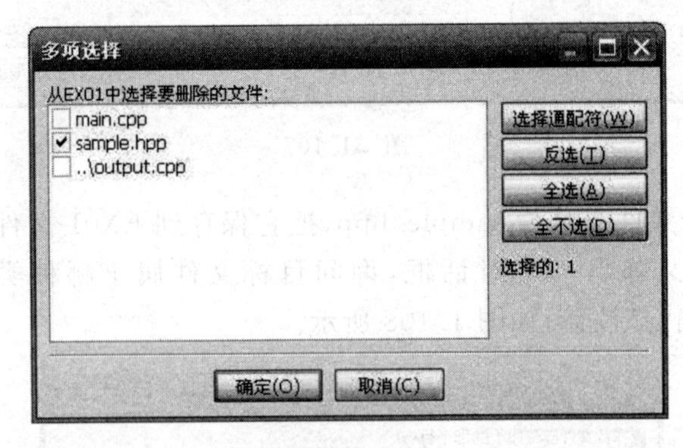

图 1.110

3. 编译、链接和运行 Code::Blocks 程序

1) 配置编译信息

(1) 编译一个工程前先选择“项目”主菜单下的“构建选项”,打开“项目 Build 选项”对话框,如图 1.111 所示。

(2) 配置 Debug 选项。一般而言,只关注“编译器标志”选项卡下的两项,“产生调试符号 [-g]”和“启用标准的编译器警告 [-W]”。前者表示产生调试信息,后者意味着给出标准的编译警告信息,如图 1.111 所示。

(3) 配置 Release 选项。从 debug 切换到 Release 会弹出一个对话框,选择“是”,如图 1.112 所示。

配置 Release,选择“编译器标志”下的“优化”选项,对于普通的应用,选择其中两项足矣,分别是“从二进制文件里 strip 所有的符号(最小化尺寸) [-s]”和“完全优化(速度) [-O3]”,如图 1.113 所示。

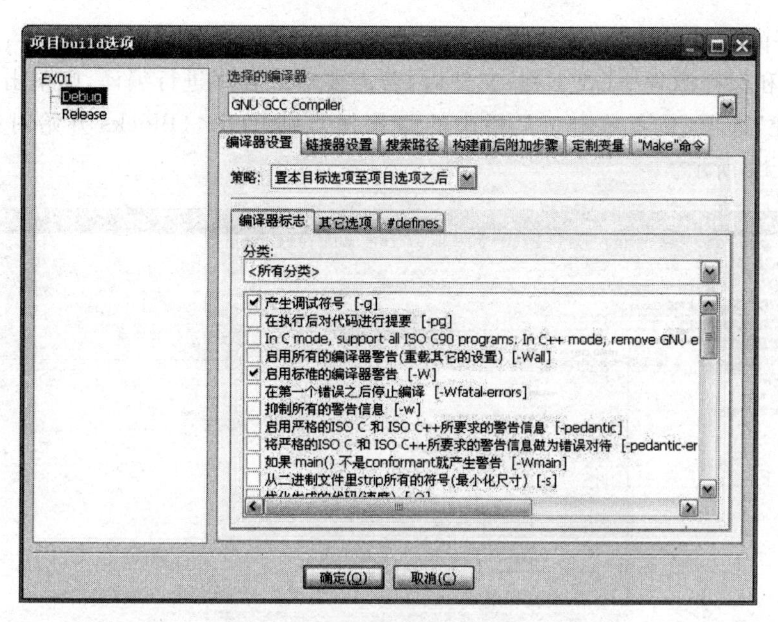

图　1.111

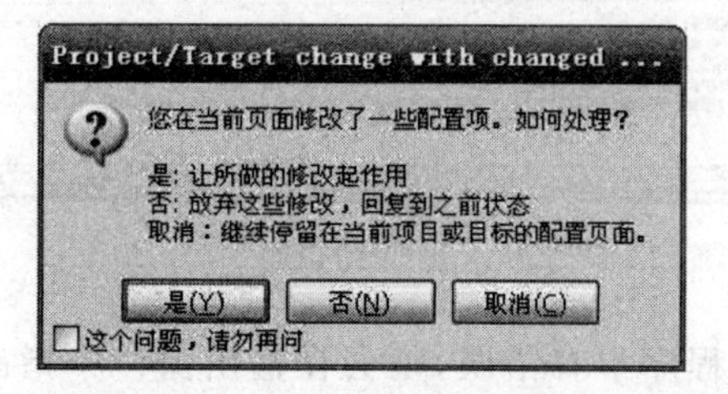

图　1.112

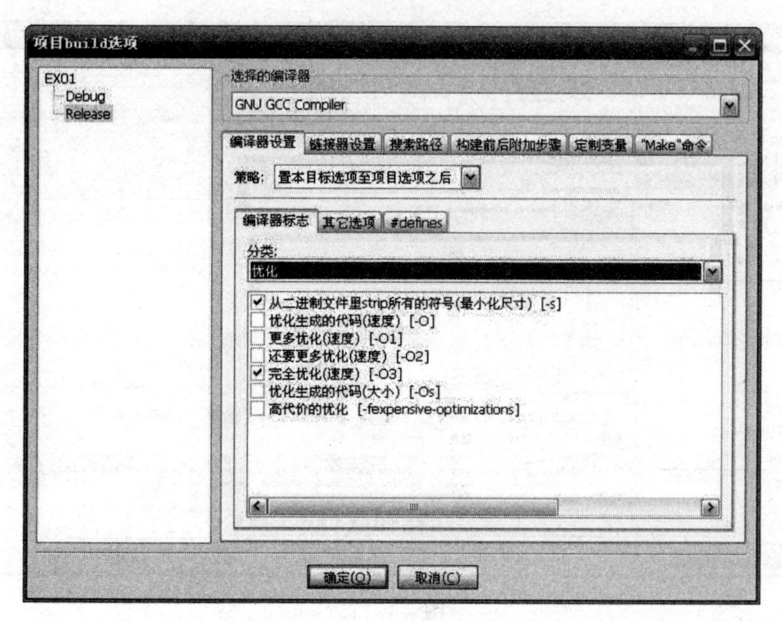

图　1.113

2）程序的编译和链接

在编辑和保存源程序（或工程）文件后，若需要对该程序进行编译，则单击“构建”主菜单下的“构建”选项（或者单击工具栏中的按钮），则 Code::Blocks 开始对程序进行编译，如图 1.114 所示。

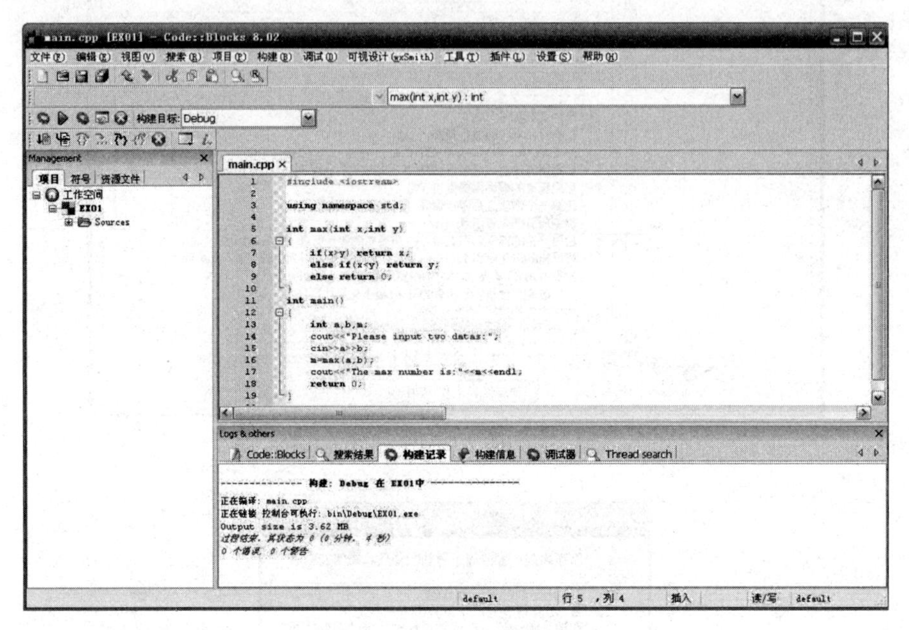

图 1.114

如果编译系统检查到程序中有错误，则会在输出窗口中指出错误的位置和性质，帮助开发者快速排错，如图 1.115 所示。

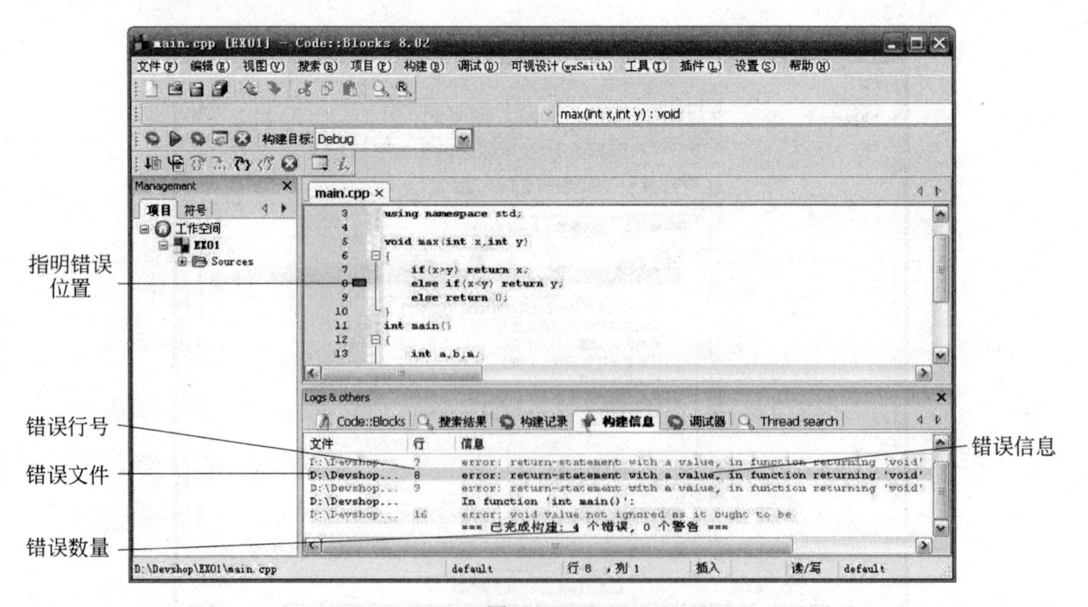

图 1.115

Code::Blocks 错误提示有如下信息：

- 错误文件名：表示发生错误的文件以及它的存放路径。
- 错误行号：表示发生错误的语句行。编译系统是从文件开始逐行编译的，因此到某行发生错误时，可能错误是上面一行或几行的错误导致的，所以排错时要全面检查指定错误行以及附近前后的语句。
- 错误信息：错误的具体内容。

3）程序的运行

当排除了程序的所有错误，程序编译无错后，就可以运行程序了。选择“构建”主菜单下的“运行”选项（或者单击工具栏中的▶按钮），即可以看到程序的运行结果。如果是控制台程序，程序运行结果窗口是 DOS 提示符窗口，如图 1.116 所示。

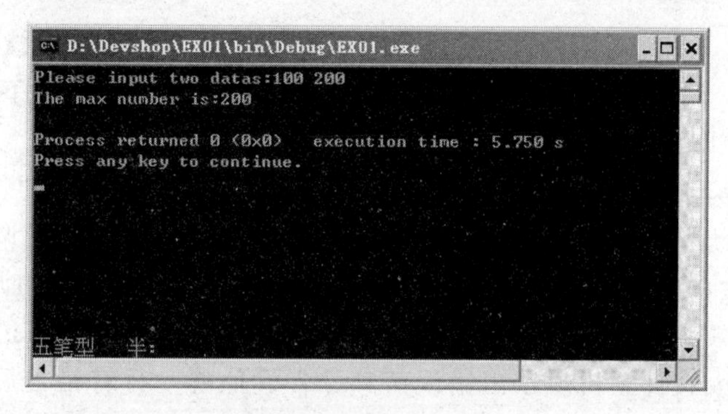

图 1.116

第2章 程序调试技术

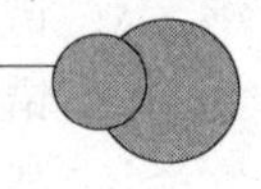

2.1 概述

程序调试是一个程序员最基本的技能，其重要性甚至超过学习一门语言。不会调试的程序员意味着他即使会一门语言，也不能编制出好的软件。

对程序员来说，不仅要会编写程序，还要上机调试通过。初学者的程序往往不是一次就能顺利通过，即使一个有经验的程序员也常会出现某些疏忽。上机调试的目的不仅是验证程序的正确性，还要掌握程序调试的技术，提高动手能力。程序的调试具有很强的技术性和经验性，其效率高低在很大的程度上依赖于程序员的经验。有经验的人很快就能发现错误，而有的人在计算机显示出错误信息并告诉他哪一行有错之后还找不出错误所在。所以初学者调通一个程序往往比编写程序花的时间还要多。调试程序的经验固然可以借鉴他人的，但更重要的是靠实践来积累。调试程序是程序设计课程的一个重要环节。上机之前要做好程序调试的准备工作。程序调试的准备工作包括熟悉程序的运行环境和各个程序设计阶段为程序调试所做的准备。

1. 上机前要先熟悉程序运行的环境

程序设计过程中要为程序调试做好准备，其中包括：

(1) 采用模块化、结构化方法设计程序。

(2) 编程时要为调试程序提供足够的灵活性。

(3) 适当地在程序中放置一些调试用的程序代码(如输出中间结果)，在完成后将其屏蔽。

(4) 精心地准备调试程序所用的数据。

2. 调试程序的基本方法

程序调试主要有两种方法，即静态调试和动态调试。程序的静态调试就是在程序编写完以后，由人工"代替"或"模拟"计算机，对程序进行仔细检查，主要检查程序中的语法规则和逻辑结构的正确性。实践表明，有很大一部分错误可以通过静态检查来发现。通过静态调试，可以大大缩短上机调试的时间，提高上机的效率。程序的动态调试就是实际上机调试，它贯穿在编译、连接和运行的整个过程中。根据程序编译、连接和运行时计算机给出的错误信息进行程序调试，这是程序调试中最常用的方法，也是最初步的动态调试。在此基础上，通过“分段隔离”、“设置断点”、“跟踪打印”进行程序的调试。实践表明，对于查找某些类型的错误来说，静态调试比动态调试更有效，对于其他类型的错误来说刚好相反。因此静态调试和动态调试是互相补充、相辅相成的，缺少其中任何一种方法都会使查找错误的效率降低。

3. 静态调试

1）对程序语法规则进行检查

• 语句正确性检查。

• 语法正确性检查。

2）检查程序的逻辑结构

• 检查程序中各变量的初值和初值的位置是否正确。

• 检查程序中分支结构是否正确。

• 检查程序中循环结构的循环次数和循环嵌套的正确性。

• 检查表达式的合理与否。

程序的静态调试是程序调试非常重要的一步。初学者应培养自己静态检查的良好习惯，在上机前认真做好程序的静态检查工作。

4. 动态调试

在静态调试中可以发现和改正很多错误，但由于静态调试的特点，有一些比较隐蔽的错误还不能检查出来。只有上机进行动态调试，才能够找到这些错误并改正它们。

1）编译过程中的调试

通常只要开始编译，编译器会检查程序的语法等内容，如果出错则会将错误显示出来。

在编译过程中系统发现的错误主要有两类：基本语法错误和上下文关系错误。这些错误都在表面上，可以直接看得见。也是比较容易弄清，比较容易解决的。关键是需要熟悉C语言的语法规定和有关上下文关系的规定，按照这些规定检查程序正文，看看存在什么问题。

编译中系统发现错误都能指出错误的位置。不同编译系统在这方面的能力有差异，在错误定位的准确性方面有所不同。有的系统只能指明发现错误的行，有的系统还能够指明行内位置。

一般说，系统指明的位置未必是真实错误出现的位置。通常情况是错误出现在前，而系统发现错误在后，因为它检查到实际错误之后的某个地方，才能确认出了问题，因此报出错误信息。要确认第一个错误的原因，应该从系统指明的位置开始，在那里检查，并从那里开始向前检查。

系统的错误信息中都包含一段文字，说明它所认定的错误原因。应该仔细阅读这段文字，通常它提供了有关错误的重要线索。但也应该理解，错误信息未必准确，有时错误确实存在，但系统对错误的解释也可能不对。也就是说，在查找错误时，既要重视系统提供的错误信息，又不应为系统的错误信息所束缚。

发现了问题，要想清楚错误的真正原因，然后再修改。不要蛮干。在这时的最大诱惑就是想赶快改，看看错误会不会消失。但是蛮干的结果常常是原来的错误没有弄好，又搞出了新的错误。

另一个值得注意的地方是程序中的一个语法错误常常导致编译系统产生许多错误信息。如果改正了程序中一个或几个错误，下面的弄不清楚了，那么就应该重新编译。改正一处常常能消去许多错误信息行。

2）连接过程中的调试

编译通过后要进行连接。连接的过程也有查错的功能，它将指出外部调用、函数之间的联系及存储区设置等方面的错误。如果连接时有这类错误，编译系统也会给出错误信息，用户要对这些信息仔细判断，从而找出程序中的问题并改正之。连接时较常见的错误有以下几类：

(1) 某个外部调用有错，通常系统明确提示了外部调用的名字，只要仔细检查各模块中与该名字有关的语句，就不难发现错误。

(2) 找不到某个库函数或某个库文件，这类错误是由于库函数名写错、疏忽了某个库文件的连接等。

(3) 某些模块的参数超过系统的限制。如模块的大小、库文件的个数超出要求等。

引起连接错误的原因很多，而且很隐蔽，给出的错误信息也不如编译时给出的直接、具体。因此，连接时的错误要比编译错误更难查找，需要仔细分析判断，而且对系统的限制和要求要有所了解。

3）运行过程中的调试

运行过程中的调试是动态调试的最后一个阶段。这一阶段的错误大体可分为两类：

(1) 运行程序时给出出错信息。

运行时出错多与数据的输入、输出格式有关，与文件的操作有关。如果给出数据格式有错，这时要对有关的输入输出数据格式进行检查，一般容易发现错误。如果程序中的输入输出函数较多，则可以在中间插入调试语句，采取分段隔离的方法，很快就可以确定错误的位置了。如果是文件操作有误，也可以针对程序中的有关文件的操作采取类似的方法进行检查。

(2) 运行结果不正常或不正确。

2.2 程序调试的方法

程序调试中的难点是如何解决程序的运行错误。这种错误往往导致运行结果不正常或不正确，产生这种错误的原因很多，因此很难得出解决此类问题的通解。

程序动态调试的方法主要有两个：单步法和断点法。这两种方法的共同点都是在程序运行中观察程序内部状况，从而发现错误原因并纠正错误。

2.2.1 单步法

单步调试方法的基本思路是逐步地执行程序中的语句，在执行过程中程序员可以观察各种变量的值、寄存器的值以及函数调用关系，语句执行顺序等内容，从而反向得出程序的控制流程和结果，进一步推论出错误原因及解决办法。

例如下面的程序求两个数中的最大值。

```
#include <stdio.h>
void main()
{
    float a, b, c ;
    scanf("%d%d" , &a , &b);
    c=a>b ? a : b ;
    printf("c=%d\n" , c);
}
```

经过编译、连接过程，程序没有任何编译错误，然而当运行输入任何两个值后，得到的结果总是 0。这时可以采用单步法，例如在 Visual C++ 6.0 中如图 2.1 所示。

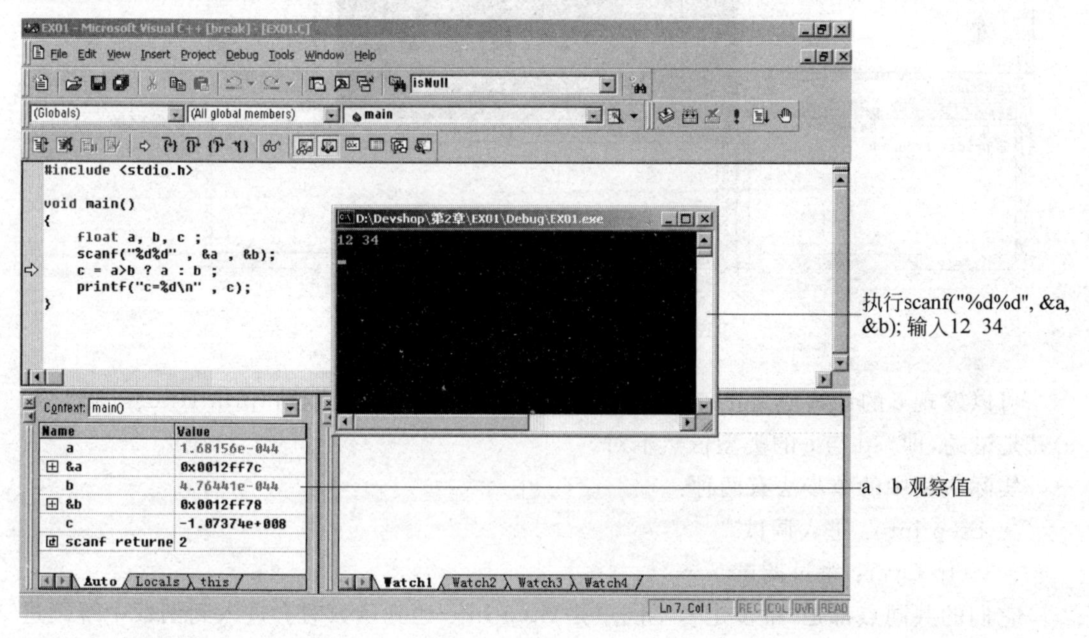

图　2.1

当程序运行完“scanf("%d%d", &a, &b);”语句后，a 和 b 的值并不是期待的 12 和 34，再继续往下单步，会发现 c 的值计算错误，结果自然就是错的，因此能判断出“scanf("%d%d", &a, &b);”是错误的，再利用静态检查方法就会发现，%d 与浮点类型不对应。这时停止调试将程序改正如下。

```
#include <stdio.h>
void main()
{
    float a, b, c ;
    scanf("%f%f" , &a , &b);
```

```
    c=a>b?a:b;
    printf("c=%d\n" , c);
}
```

再次编译、连接后，当运行输入任何两个值后，得到的结果还是 0。这时又是什么错误影响结果呢？依然采用单步法，如图 2.2 所示。

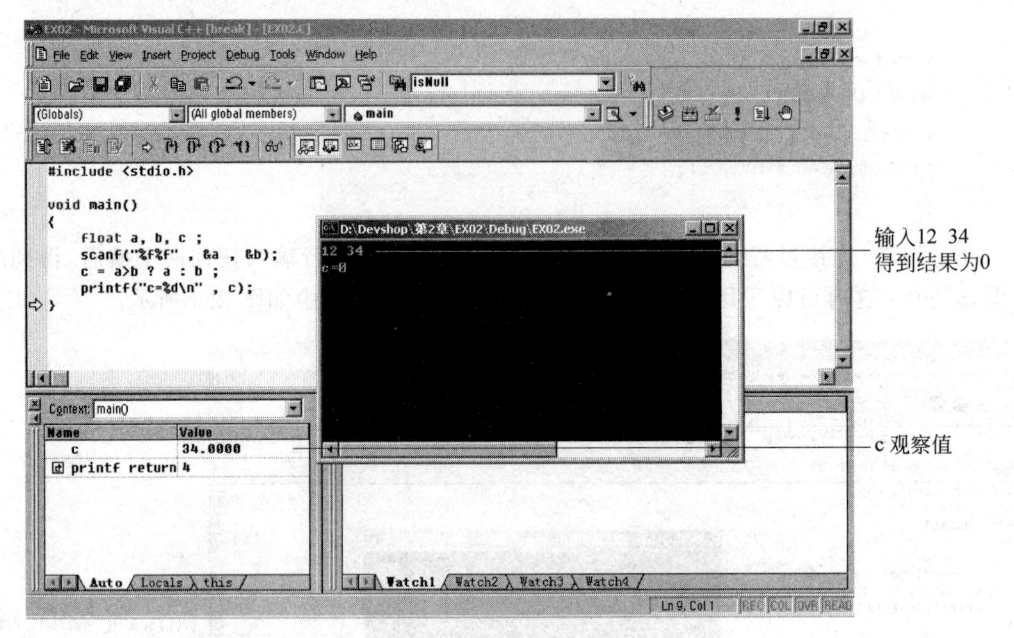

图 2.2

可以发现 c 的计算值是正确的，而输出结果是错误的，因此判断“printf("c=%d\n", c);”是错的，即%d 与 c 的类型依然不对。

实际应用中的单步法有两种：

- Step Into：进入调试。
- Setp Over：跳过调试。

它们的共同点都是“单步走”，不同点是 Step Into 遇到函数时会进入到函数中继续进行函数内部指令的调试，而 Setp Over 会把函数当作“一步”来看待，直接运行函数，而不会进行函数内部指令的调试。

2.2.2 断点法

采用单步法可以有效地发现错误原因，但程序很大时或执行的步骤较多时，单步法就会显得麻烦。这时就得结合断点法。

断点调试方法的基本思路是在程序中若干语句上设置断点，在执行过程中程序连续运行下去，直到遇到断点程序或断点条件满足时停下来。从停下的地方程序员可以采用单步法来调试程序。

断点法有效地提高了单步的效率，能快速地达到调试目的。当然在什么地方正确设置断点又是一个难题，这只能依赖于程序员的调试经验了。例如：下面的程序输出不大于 m 的 3 的倍数。

```
1     #include <stdio.h>
2     void main()
3     {     int i, m, a;
4           scanf("%d" , &m);
5           for(i=1 ; i<=m ; i++) {
6              a=i %3 ;
7              if (a=0)
8 ●            printf("%d" , i);
9           }
10    }
```

经过编译、连接过程，程序没有任何编译错误，然而当运行输入任何值后，总是得不到结果。这时就应该判断“printf("%d ",i);”可能没有起作用，由于程序采用循环语句，单步调试较麻烦，这时就可以在“printf("%d ",i);”上设置断点。然后开始运行程序，注意在 Visual C++ 中启动调试运行使用的是 Go(F5)，而 Execute(Ctrl+F5)是不会进行调试的，如图 2.3 所示。

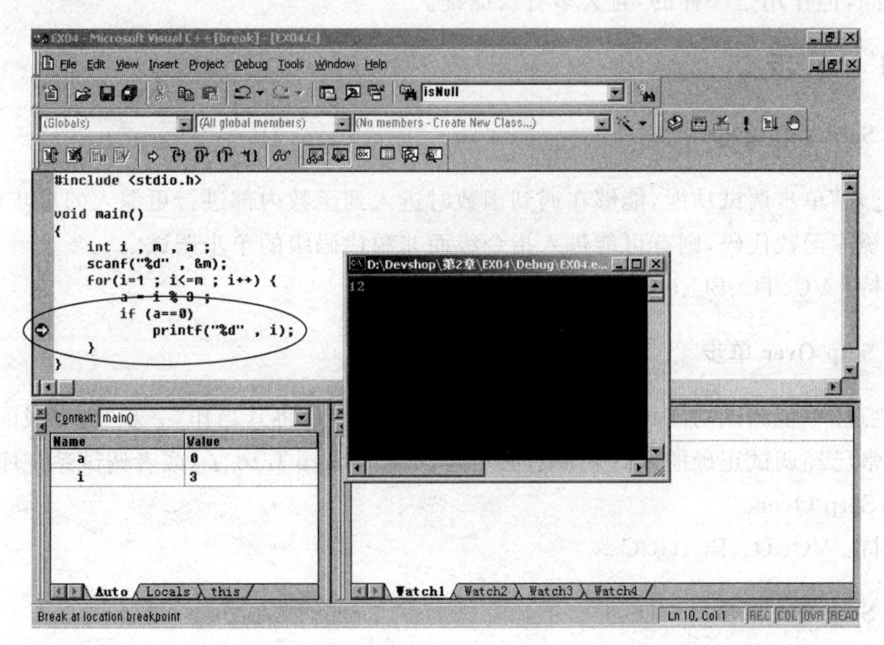

图　2.3

在运行后可以看出，尽管设置了断点，但程序不曾中断就结束运行了，故判断“printf("%d ",i);”从未执行过，因而也得不到结果，而“printf("%d ",i);”语句又是由 if(a=0)决定运行的，因此一定是条件有问题，再利用静态检查方法就会发现 a=0 错误，应该为 a==0。这时停止调试将程序改正如下。

```
1    #include <stdio.h>
2    void main()
3    {    int i , m , a ;
4             scanf("%d" , &m);
5             for(i=1 ; i<=m ; i++) {
6             a=i %3 ;
7             if (a==0)
8 ●                printf("%d" , i);
9             }
10   }
```

经过编译、连接过程，运行后可以看出，程序运行到断点后停下来了，如图 2.3 所示。

2.3 常见编译系统调试功能

下面给出常见编译系统的调试功能，这些编译系统包含 Visual C++ (VC)、Turbo C (TC)、Borland C++ (BC)和 GCC(GDB)等。这些调试功能在各个编译系统中名称叫法不尽相同，但作用是一样的，且大多有快捷键。

2.3.1 单步

1. Setp Into 单步

"进入"单步调试功能，能够在遇到函数时进入到函数内部进行更深入的单步调试，如果是系统库函数代码，则有可能进入指令级而非源代码级的单步调试。

支持：VC、TC、BC、GCC。

2. Setp Over 单步

"跳过"单步调试功能，在遇到函数直接运行该函数，将其当作"一步"来完成的单步调试。通常已经调试正确的函数就没有必要再次使用 Setp Into 了，或者调试系统库函数代码使用 Setp Over。

支持：VC、TC、BC、GCC。

3. Setp Out 单步

"跳出"单步调试功能，在函数内部执行 Setp Out，程序将会"一步"执行剩余的语句，且转到该函数被调用处的下一语句。Setp Out 能快速结束函数细致的调试。

支持：VC、GCC。

4. Setp Into Function 单步

"函数"单步调试功能是指程序执行遇到某个特定的函数时，开始单步调试。

支持：VC、GCC。

2.3.2 断点

断点是调试器设置的一个代码位置。当程序运行到断点时，程序中断执行，回到调试器。断点是最常用的技巧。调试时，只有设置了断点并使程序回到调试器，才能对程序进行在线调试。

1. 设置断点设置

在光标所处的代码行上设置一个断点。

支持：VC、TC、BC、GCC。

2. 删除断点设置

在光标所处的代码行上删除一个断点。

支持：VC、TC、BC、GCC。

3. Breakpoints 断点管理器

断点管理器是指管理多个断点的对话框界面，在这里可以完成断点设置、删除等功能。

支持：VC、TC、BC、GCC。

4. 条件断点

可以为断点设置一个条件，这样的断点称为条件断点。对于新加的断点，可以为断点设置一个表达式。当这个表达式发生改变时，程序就被中断。另外也可以设置让程序先执行多少次然后才到达断点。

支持：VC、GCC。

5. 数据断点

数据断点先给出一个表达式，当这个表达式的值发生变化时，数据断点就到达。一般情况下，这个表达式应该由运算符和全局变量构成。

支持：VC、GCC。

6. 异常断点

当程序发生异常时（例如错误的指针操作时），断点就到达。

支持：VC、GCC。

7. 消息断点

Windows 程序可以对 Windows 消息进行截获。它有两种方式进行截获：窗口消息处理函数和特定消息中断。输入消息处理函数的名字，那么每次消息被这个函数处理时，断点就到达。

支持：VC。

8. 线程断点

在 Windows 程序中，当指定的线程执行时，断点就到达。

支持：VC。

2.3.3 观察

无论使用单步或者断点，程序中断后其目的都是通过对程序各种信息的观察来判断错误原因，观察功能多的编译系统其调试功能也强大。

1. 变量观察

对程序中的变量、表达式进行观察。此时观察的方便性是很重要的，VC 在这方面更胜一筹。

支持：VC、TC、BC、GCC。

2. 内存观察

对全局中的内存(按存储地址)进行观察，方便观察数组和数据结构等。

支持：VC、TC/BC(使用 TD)、GCC。

3. 寄存器观察

显示当前的所有寄存器的值，方便观察指令级代码。

支持：VC、TC/BC(使用 TD)、GCC。

4. 堆栈观察

调用堆栈反映了当前断点处函数是被哪些函数按照什么顺序调用的。

支持：VC、TC、BC、GCC。

5. 汇编观察

汇编观察将按指令形式显示程序语句，提供更低级的面向 CPU 的调试。

支持：VC、TC/BC(使用 TD)、GCC。

6. 输出观察

输出观察是指在程序中增加对变量、表达式等的观察程序，这些程序在调试过程中会将结果输出到调试器的跟踪窗口上显示出来，在发行版本时无任何作用。输出观察已成为 C++ 标准的一部分，常用的输出观察宏如表 2.1 所示。

表 2.1

宏名/函数名	说　明
TRACE	使用方法和 printf 完全一致，它在输出框中输出调试信息
ASSERT	它接收一个表达式，如果这个表达式为 TRUE，则无动作，否则中断当前程序执行。对于系统中出现这个宏导致的中断，应该认为函数调用未能满足系统调用此函数的前提条件
VERIFY	和 ASSERT 功能类似，所不同的是，在发行版本中，ASSERT 不计算输入的表达式的值，而 VERIFY 计算表达式的值

2.3.4 控制

1. 启动调试

启动调试过程，回到调试状态。

支持：VC、TC、BC、GCC。

2. 结束调试

结束调试过程，回到编辑状态。

支持：VC、TC、BC、GCC。

3. 运行到光标

启动调试过程，且执行程序直到运行到光标所处的语句行上。

支持：VC、TC、BC、GCC。

4. 程序重置

重新将程序设置到尚未运行状态，以便准备新的一次调试。

支持：VC、TC、BC、GCC。

5. 远程调试

远程调试是指将本机进入调试状态，调试另外一台计算机上的程序。程序进入调试状态后会回到 IDE 环境中，而有些程序例如实时控制软件不允许在运行时，其硬件设备(屏幕、键盘等)被别的过程(调试器)所使用，一旦使用会导致这些程序不能很好地工作了，因此此时的调试器必须通过放置在另外一台电脑上来完成，即进行远程调试。

支持：VC、TC、BC、GCC。

2.4 Visual C++ 6.0 调试方法

本节主要讨论 Visual C++ 6.0 的调试方法，其他开发工具的调试方法与此相似，这里不再赘述。

2.4.1 语法排错

当在 Visual C++ 6.0 环境中编写完 C 源程序后，可以对其进行编译和连接。如果程序中有语法错误，则出现编译或连接错误，如图 2.4 所示。

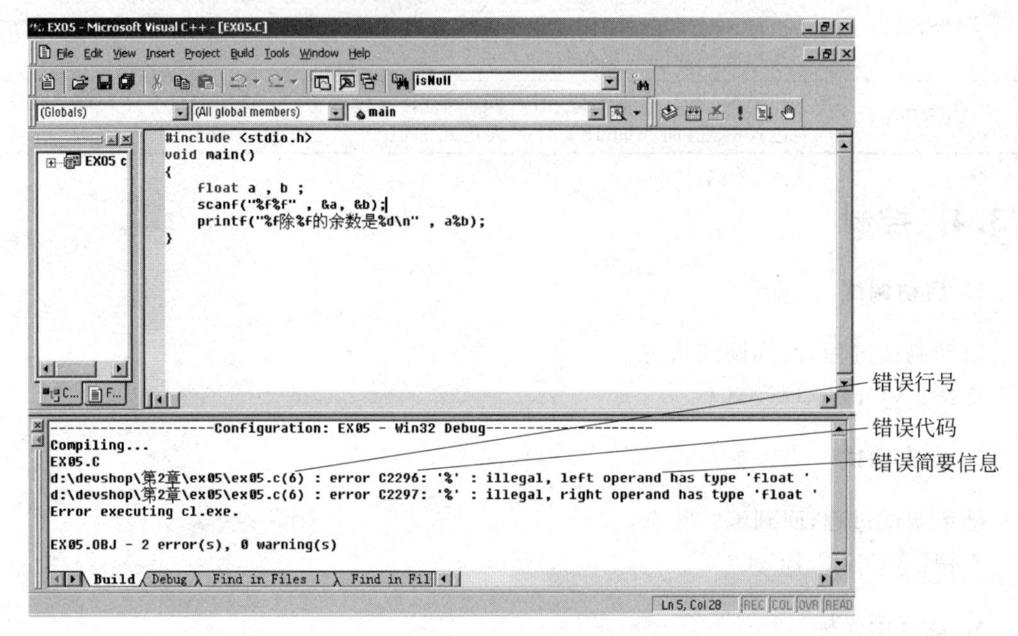

图 2.4

解决语法错误，首先需要判断错误出在哪里，出现了什么错误，再结合程序要求和编程经验来处理错误。

1. 判断错误发生的地方

Visual C++ 6.0 能够指出错误出现的大致地方。如图 2.4 所示，可以判断出错的地方是源程序中的第 6 行。但是，有些错误发生在 Visual C++ 6.0 所指明的那行的前面几行。例如下面程序编译时 Visual C++ 6.0 指出第 6 行出现错误，实际错误是第 5 行缺少分号。

```
#include <stdio.h>
void main()
{   float a, b, c ;
    scanf("%f%f" , &a , &b);
    c=a>b ? a : b
    printf("c=%d\n" , c);
}
```

之所以出现错误在前几行，是因为 Visual C++ 6.0 是从源程序文件头开始向后编译的，编译中如果出现了错误，则 Visual C++ 6.0 尽可能地“忍让”这个错误向后继续编译

(即假定这个错误在后面可能会得到修正),直到最后“忍无可忍”时才报错。

2. 了解错误信息和错误性质

Visual C++ 6.0 指明错误时,也指明了该错误的错误代码和简要信息,如图 2.4 所示。随着程序员处理该类错误的经验越来越丰富,错误代码有利于程序员能快速处理该错误;因此初学者在处理错误时,应尽量记住这些错误代码,以便将来“按代码处理错误”。错误简要信息给出了该错误的基本信息,一般情况下根据这个信息就可以处理错误了。如果需要更详细的信息,可以将光标移动到 Build 信息框中错误信息行上按 F1 键激活 MSDN 帮助信息。

Visual C++ 6.0 提供的错误信息是英文的,对于中文初学者来说是个不小的障碍,本书作者利用 Visual C++ 2005 的中文错误信息编制了一个小工具,利用这个工具可以将中文的错误信息聚合到 Visual C++ 6.0 的“MSDN 帮助”中,如图 2.5 所示,具体内容参见本书附录 A。

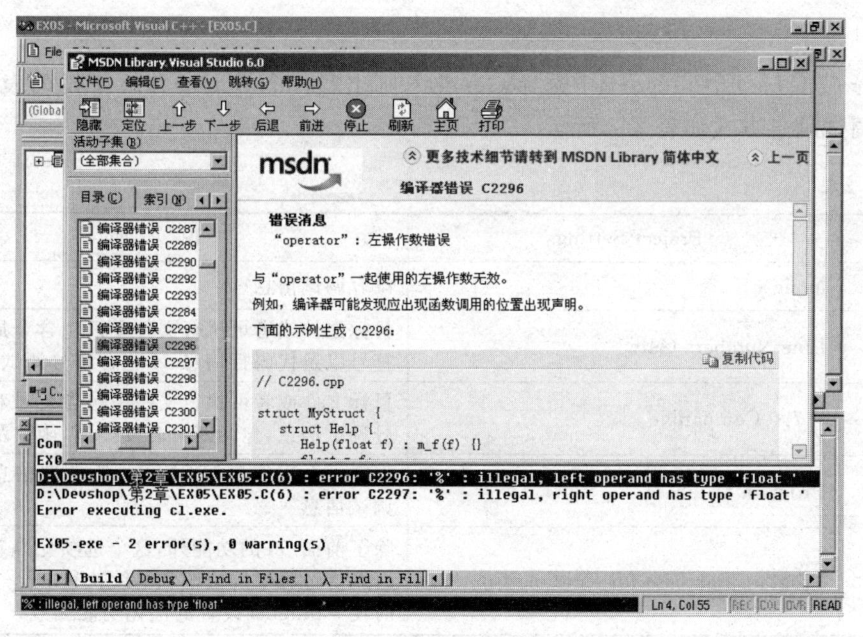

图　2.5

2.4.2　调试设置

使用 Visual C++ 6.0 动态调试一个程序,首先必须使程序包含调试信息。一般情况下,一个从 AppWizard 向导创建的工程中包含的 Debug Configuration 已经自动包含调试信息,也即“调试版本”中自动包含调试信息。

但是 Debug 版本并不是程序包含调试信息的决定因素,程序设计者可以在任意的 Configuration 中增加调试信息,包括 Release 版本。为了增加调试信息,可以按照下述步骤进行:

打开 Project Settings 对话框(可以通过快捷键 Alt+F7 打开,也可以通过 IDE 菜单的 Project|Settings 打开),如图 2.6 所示。

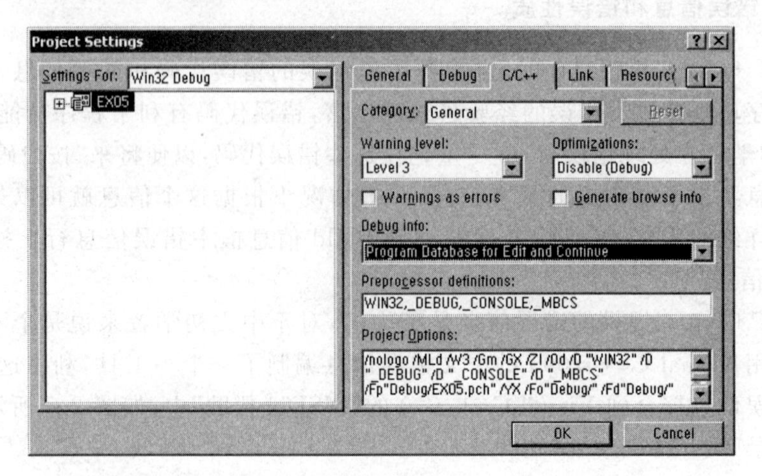

图 2.6

选择 C/C++ 页,Category 中选择 General,则出现一个 Debug Info 下拉列表框,可供选择的调试信息方式如表 2.2 所示。

表 2.2

命令行	Project Settings	说　明
无	None	没有调试信息
/Zd	Line Numbers Only	目标文件或者可执行文件中只包含全局和导出符号以及代码行信息,不包含符号调试信息
/Z7	C 7.0-Compatible	目标文件或者可执行文件中包含行号和所有符号调试信息,包括变量名及类型,函数及原型等
/Zi	Program Database	创建一个程序库(PDB),包括类型信息和符号调试信息
/ZI	Program Database for Edit and Continue	除了前面/Zi 的功能外,这个选项允许对代码进行调试过程中的修改和继续执行。这个选项同时使 # pragma 设置的优化功能无效

选择 Link 页,选中复选框 Generate Debug Info,这个选项将使连接器把调试信息写进可执行文件和 DLL。

如果 C/C++ 页中设置了 Program Database 以上的选项,则 Link incrementally 可以选择。选中这个选项,将使程序可以在上一次编译的基础上被编译(即增量编译),而不必每次都从头开始编译。

在 Visual C++ 6.0 中调试程序可以使用单击菜单的方式,也可以使用单击工具栏的方式;然而为了提高调试速度,一般使用快捷键,Visual C++ 6.0 的调试快捷键如下:

- F5:开始调试。
- Shift+F5:停止调试。

• Ctrl＋Shift＋F5：重新开始调试。
• F10：单步调试到下一句，不进入函数内部。
• F11：单步调试到下一句，跟进到有代码的函数内部。
• Shift＋F11：从当前函数中跳出。
• Ctrl＋F10：调试到光标所在位置。
• F9：设置（取消）断点。
• Alt＋F9：高级断点设置。

2.4.3　单步调试

1. Setp Over 单步

启动 Setp Over 单步调试的方法是使用快捷键 F10。操作一次 F10 使得程序运行往后“走一步”，即执行一行，如图 2.7 所示。

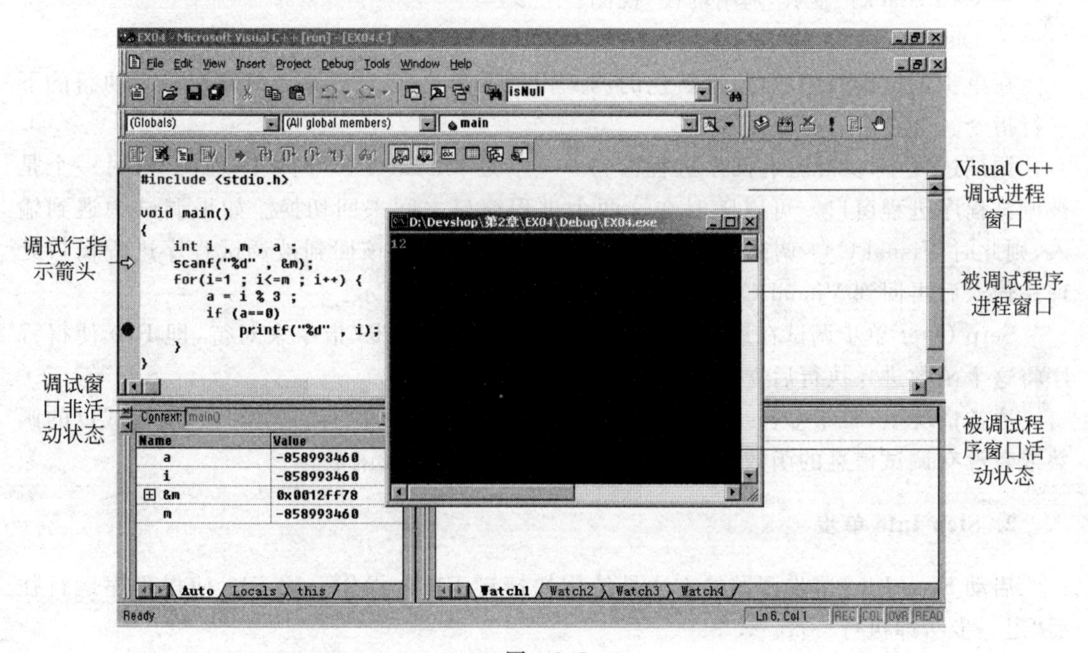

图　2.7

进入单步调试后，Visual C++　6.0 的界面会多出一个调试工具栏，如图 2.8 所示。

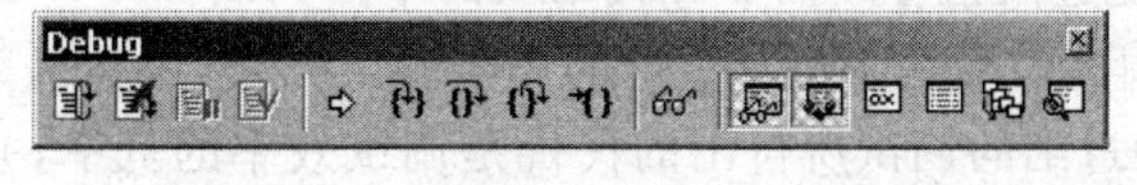

图　2.8

自左向右的含义分别为：
• Restart：重新开始调试。
• Stop Debugging：停止调试。

- Break Execution：执行到断点。
- Apply Code Changes：代码修改。
- Show Next Statement：显示下面将要执行的语句。
- Step Into："进入方式"单步调试。
- Step Over："跳过方式"单步调试。
- Step Out：从当前函数中跳出。
- Run to Cursor：调试到光标所在位置。
- QuickWatch：快速查看。
- Watch：显示"调试观察"视图。
- Variables：显示"调试变量"视图。
- Registers：显示"调试寄存器"视图。
- Memory：显示"调试存储器"视图。
- Call Stack：显示"调用堆栈"视图。
- Disassembly：显示"指令/代码"方式。

在单步调试界面中，有一个黄色的调试行指示箭头"＝＞"，表示调试时将要执行的下一行指令。

调试过程中，实际上有两个进程窗口：一个是 Visual C++ 调试进程窗口，另一个是被调试程序进程窗口。可以随时在这两个进程窗口之间来回切换。如果调试中遇到输入，则此时 Visual C++ 调试进程窗口变成非活动状态，应该回到被调试程序进程窗口处理完输入后再回到 Visual C++ 调试进程窗口，如图 2.7 所示。

Setp Over 单步调试在遇到函数时会将函数当成"一步"指令来对待，即 F10 使得程序将这个函数进入执行后立即返回。

通常情况下，Setp Over 单步调试用来跳过函数而快步执行，适用于已经调试过的函数或者没有调试信息的函数，例如标准系统函数、非源码级函数。

2. Step Into 单步

启动 Step Into 单步调试的方法是使用快捷键 F11。操作一次 F11 使得程序运行往后"走一步"，即执行一行。

多数情况下，执行 Step Into 单步调试与 Step Over 单步调试是一样的。只有在遇到函数时，Step Into 单步调试会进入到函数内部以便进行更深入的单步调试。如果是系统库函数代码，则有可能进入指令级而非源代码级的单步调试。

Step Into 单步调试的确是"一步一步"的单步调试方式，这样函数内部的细节也可以得到调试。然而这种过细的调试所付出的代价是调试效率的低下，并且可能导致调试时一头雾水，因此当函数内部细节已经调试完成后，就不要再使用这种单步方式。

无论是 Step Into 单步或者是 Step Over 单步，在 Visual C++ 中单步的含义就是指一行代码。由于在一行中可以写多个语句，因此一个单步可能是多个语句，这样形式的单步调试是无意义的，所以建议每个语句尽量写在一行中，多个语句尽量写在多行中。

采用单步调试程序，其作用是控制程序的执行，跟踪程序执行的流程，而要得到调试的更多内容需要观察调试中的程序信息。

2.4.4 快步调试

使用单步调试，其执行是“一步一步”的，对于源代码较多的程序来说，调试效率是低下的。而且对于已经调试过的代码，没有必要再次进行单步调试。Visual C++ 提供了加快调试速度的方法。

1. 运行直到光标位置(Run to Cursor)

启动 Run to Cursor 快步调试的方法是使用快捷键 Ctrl＋F10。先将光标移到指定的程序行，操作一次 Ctrl＋F10 使得程序自当前正在停留的程序行开始运行，直到运行到光标所处位置的程序行为止。显而易见，Run to Cursor 将中间的若干程序行一次执行完，执行相当于跨了一大步，加快了调试速度。

需要注意的是，Run to Cursor 快步调试可能使得运行不能停下来，这是因为程序开始快步调试后，不能运行到光标所处位置的程序行。例如下面程序由于第 7 行误将“a＝＝0”写成“a＝0”，则第 8 行将永远得不到执行，如果在这里启动 Run to Cursor 快步调试。程序执行完也不会停留到光标所处位置。

```
#include <stdio.h>
void main()
{    int i , m , a ;
     scanf("%d" , &m);
     for(i=1 ; i<=m ; i++) {
         a=i %3 ;
         if (a=0)
         ____  printf("%d" , i);
     }
}
```

2. 从当前函数中跳出(Step Out)

启动 Step Out 快步调试的方法是使用快捷键 Shift＋F11。在函数中调试时，这个操作会立即执行该函数后面的程序，并返回到调用函数停下来。同样的，Step Out 快步调试也加快了调试速度。

使用 Visual C++ 的快步调试方式可以加快调试速度，一般情况下，程序员会根据实际需要来使用单步调试方法和快步调试方法。

2.4.5 断点调试

上述中的单步或快步调试是按程序流程方式进行的，它假定程序的执行按某个流程进行。然而更多的程序其执行流程是可变的，例如选择结构、多分支结构、循环结构、递归结构的程序，这种假定有时由于太多而无法确定，从而使得单步或快步调试容易陷入到杂乱无章的调试陷阱中，使得程序员调试时茫然不知所措。

Visual C++ 允许断点调试，所谓断点是调试器设置的一个代码位置。当程序运行到断点时，程序中断执行，回到调试器。断点是最常用的技巧。调试时，只有设置了断点并使程序回到调试器，才能对程序进行在线调试。

设置断点可以通过下面两个方法设置。

首先把光标移动到需要设置断点的代码行上，然后按 F9 快捷键弹出 Breakpoints 对话框，方法是按快捷键 Ctrl＋B 或 Alt＋F9，或者通过菜单 Edit|Breakpoints 打开。打开后单击 Break at 编辑框的右侧的箭头，选择合适的位置信息，如图 2.9 所示。一般情况下，直接选择 line xxx 就足够了，如果想设置不是当前位置的断点，可以选择 Advanced，然后填写函数、行号和可执行文件信息，如图 2.10 所示。

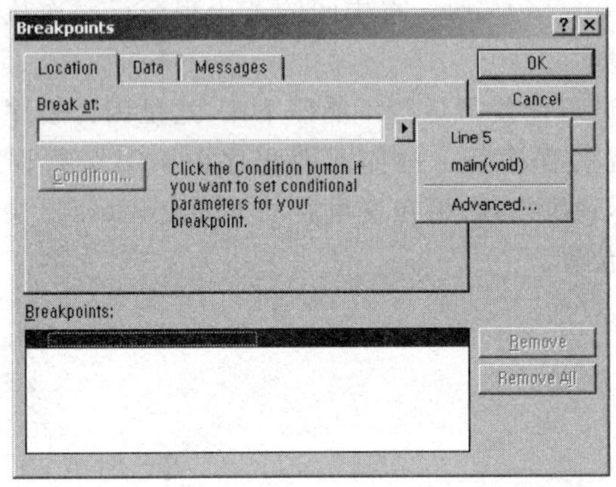

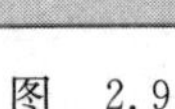
图 2.9

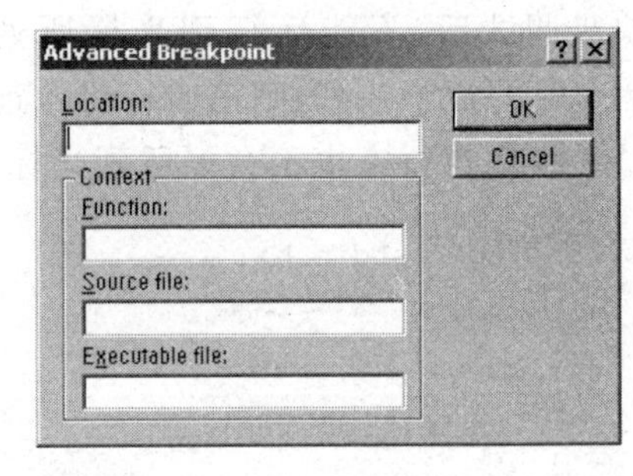

图 2.10

断点设置完成后，对应程序行的前面有一个红色“●”，表示已经设置断点。

去掉断点的方法是把光标移动到给定断点所在的行，再次按 F9 键就可以取消断点。或者打开 Breakpoints 对话框后，也可以按照界面提示去掉断点。

Visual C++ 允许设置不限数目的断点，当断点设好以后，使用 Go(快捷键 F5)按调试方式启动程序或继续程序运行，当执行到断点程序行时，程序停下来，这时再结合单步或快步调试。

断点调试可以使得程序员根据需要进行调试，这样便于控制整个调试过程，从而得心应手地进行调试。

2.4.6 动态调试

断点是设置在程序行上的，因此断点调试是依赖源程序的，换句话说断点调试是静态的。Visual C++ 允许在程序运行时进行调试，由于是在运行时发生的，因此调试是动态的。Visual C++ 动态调试包含：条件调试、数据调试、消息调试。

1. 条件断点

可以为断点设置一个条件，这样的断点称为条件断点。设置方法如下：

按快捷键 Ctrl+B 或 Alt+F9，或者通过菜单 Edit|Breakpoints 打开 Breakpoints 对话框。打开后单击 Break at 编辑框的右侧的箭头，选择合适的位置信息。一般情况下，直接选择 line xxx 就足够了，如果想设置不是当前位置的断点，可以选择 Advanced，然后填写函数、行号和可执行文件信息。

对于新加的断点，可以单击 Condition 按钮，为断点设置一个表达式。当这个表达式为“真”时，程序就被中断。第 1 项设置条件表达式，这里的表达式允许使用 C 语言的关系表达式和逻辑表达式，只要结果为“真”或“假”均可。第 2 项设置“观察数组或者结构的元素个数”，可以设置观察表达式是否有效的内存元素的大小。表示当在此范围内的元素如果使得表达式为“真”，则断点起效。第 3 项设置可以让程序先执行多少次然后才到达断点。如图 2.11 所示。

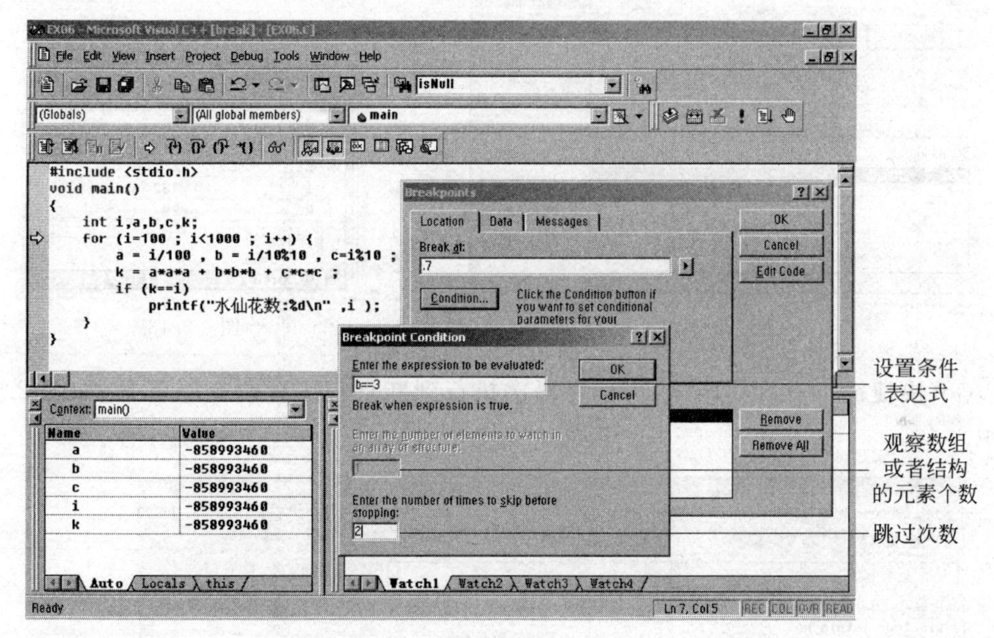

图 2.11

假定有“求水仙花数”的程序如下：

```
#include <stdio.h>
void main()
{
    int i,a,b,c,k;
    for (i=100 ; i<1000 ; i++) {
        a=i/100 , b=i/10%10 , c=i%10 ;
        k=a*a*a +b*b*b +c*c*c ;
        if (k==i)
            printf("水仙花数:%d\n" ,i );
    }
}
```

在程序第7行设置断点，打开Breakpoints对话框设置断点条件为：b==3，并且设置断点跳过次数为2，如图2.12所示。

表示在程序第7行设置了条件断点，当条件为“真”时，也即变量b为3时，并且这样的条件已经发生过两次时则程序在断点处停下来。从程序上分析，变量b是三位数的十位，从100开始该三位数每次增加1，则十位为3的情形分别是130,131,132,133,…,23x,33x,…,跳过前两次程序行执行，则当i为132时，此时的a为1,b为3,c为2。如图2.13所示为此时的变量观察窗口。

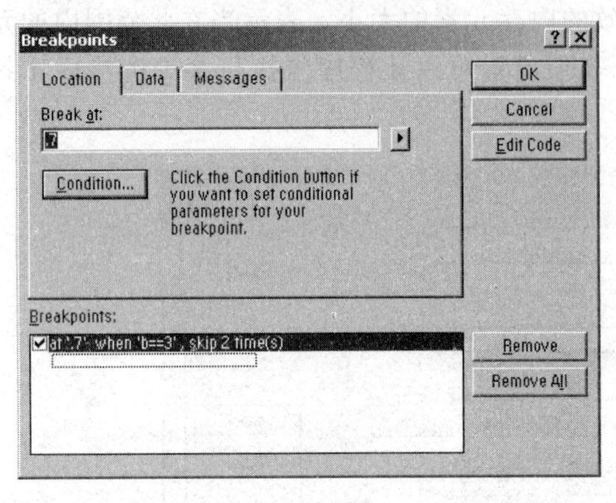

图 2.12

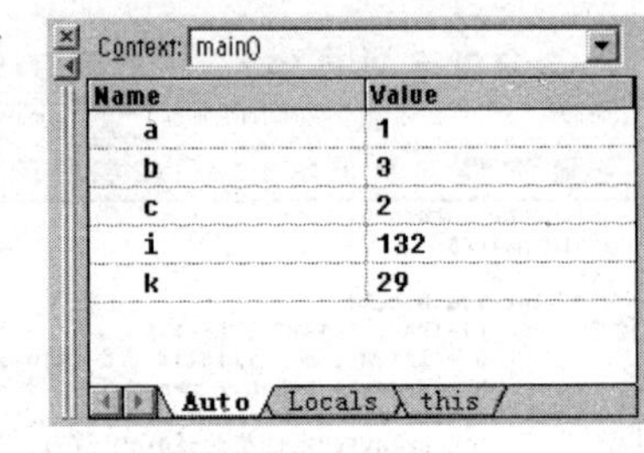

图 2.13

Go(快捷键F5)启动调试，当程序再次执行到断点程序行时会停下来，如图2.14所示。

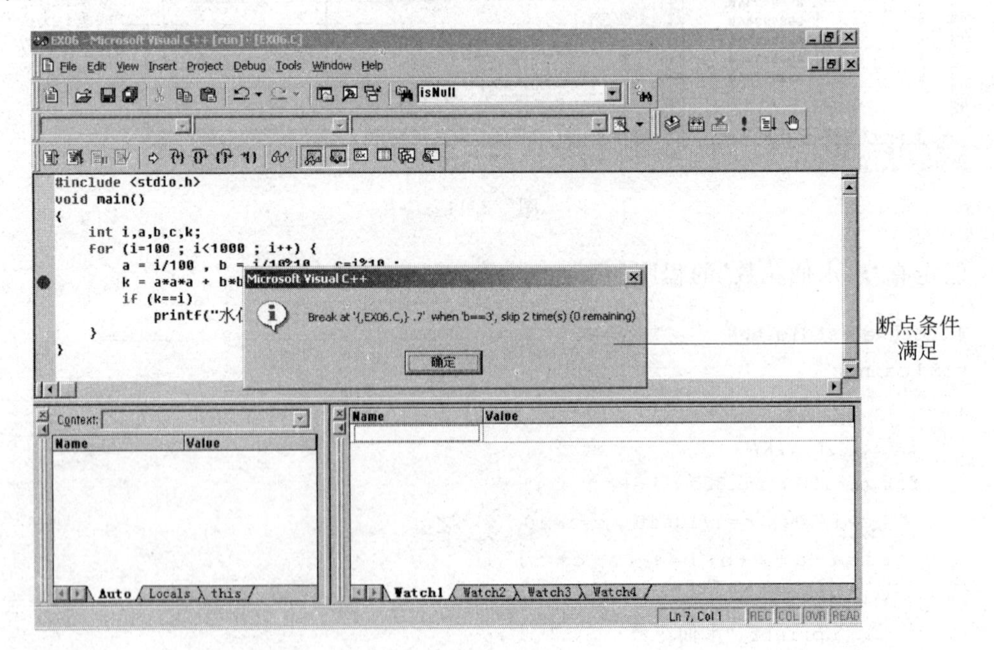

图 2.14

显而易见,条件断点使得程序员设置断点时具有更大的灵活性。

2. 数据断点

数据断点只能在 Breakpoints 对话框中设置。选择 Data 页,就显示了设置数据断点的对话框。在编辑框中输入一个表达式,当这个表达式的值为“真”时,数据断点就到达。一般情况下,这个表达式应该由运算符和全局变量构成,如果是局部变量,则在该局部变量尚未分配内存空间时,是不能设置包含该局部变量的表达式的,解决这个问题的办法是先调试到该局部变量所在的函数开始,则该局部变量有效,再设置其表达式。

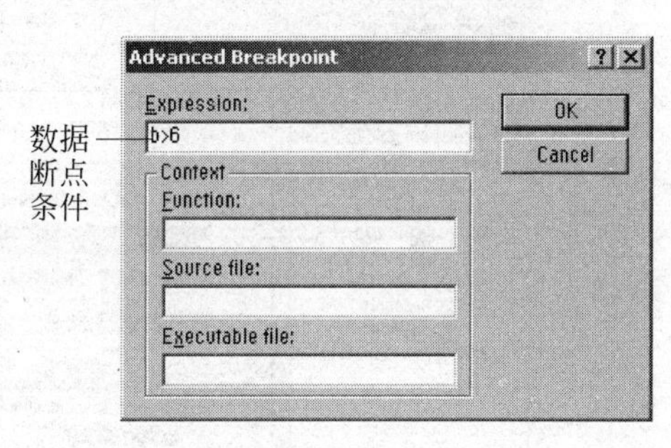

图 2.15

如上述“求水仙花数”的程序中,设置数据断点条件表达式如图 2.15 所示。

Go(快捷键 F5)启动调试,当程序执行到数据断点条件满足时会停下来,如图 2.16 所示。

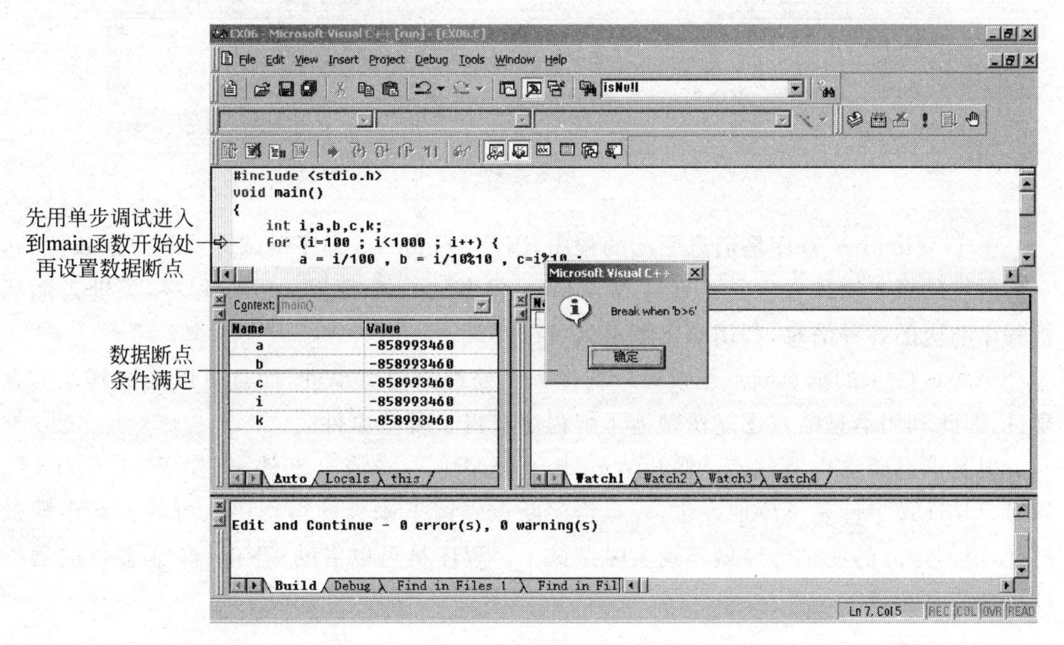

图 2.16

另外,本例中要观察的变量 b 即属于局部变量,要设置它的数据断点,需要用单步调试进入到 main 函数开始处,才能设置断点。

3. 消息断点

Visual C++ 支持对 Windows 消息进行截获。有两种方式进行截获:窗口消息处理函数和特定消息中断。在 Breakpoints 对话框中选择 Messages 页,就可以设置消息断点。如果在第 1 项编辑框中写入消息处理函数的名字，那么每次消息被这个函数处理，断点就到达。如果在第 2 项下拉列表框中选择一个消息，则每次这种消息到达，程序就中断，如图 2.17 所示。

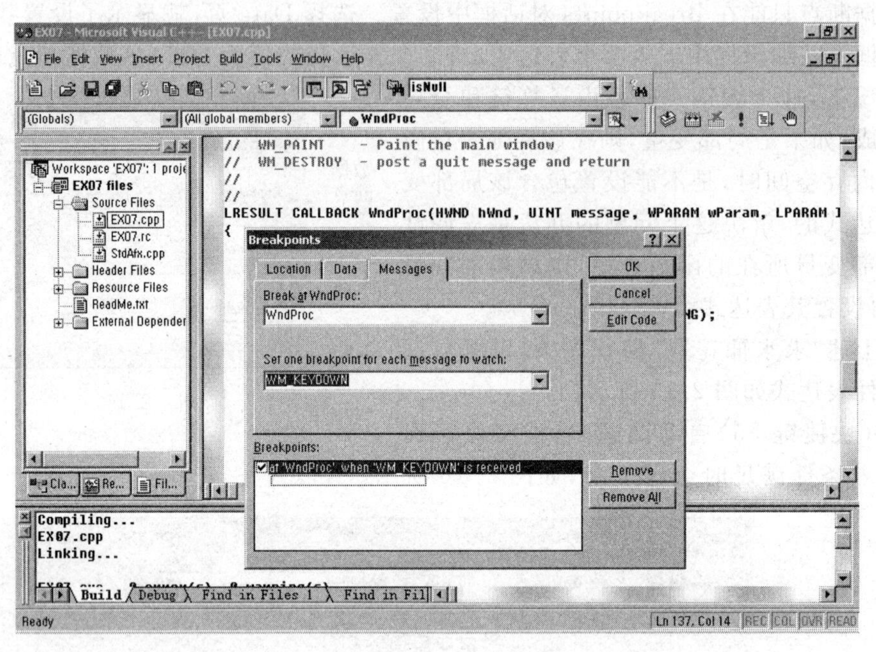

图 2.17

由于 Windows 程序是消息驱动的程序，因此 Windows 程序调试方式是非常独特的，一些常规的单步调试方法是不适应 Windows 程序的。调试 Windows 程序，关键是能捕捉程序响应的各种消息，利用消息断点就可以实现。

Visual C++ 的消息断点不仅可以捕捉程序处理的消息事件，而且可以捕捉其他消息事件，因此利用消息断点还能清楚地了解程序获得了哪些事件。

但是消息断点也有缺点，由于 Windows 程序中一些消息事件，例如 WM_PAINT、WM_TIMER 事件是不停地发生，一旦程序断点停留下来会使得程序执行的正常步骤被打乱，因而这时的调试已经做不到实时调试了。程序员可以借助 Visual C++ 提供的远程调试功能来调试。

2.4.7 数据观察

通过单步或者断点，可以使程序运行在指定的程序行上停下来，这时就可以利用 Visual C++ 提供的多种数据观察方法来了解程序运行期间的各种信息，从而判断程序运行错误的原因。

1. 查看(Watch)

Visual C++ 支持查看变量、表达式和内存的值。所有这些观察都必须是在断点中断的情况下进行。观察变量的值很简单，当断点到达时，把光标移动到这个变量上，停留一会就可以看到变量的值。要观察表达式，当断点到达时，用光标选择该表达式，停留一会儿就可以看到表达式的值，如图 2.18 所示。

2. 定制查看（QuickWatch）

Visual C++ 提供一种被称为 Watch 的机制来观看变量和表达式的值。在断点状态下，在变量上单击右键，选择 QuickWatch，就弹出一个 QuickWatch 对话框，显示这个变量的值。可以在 QuickWatch 对话框中定制任意表达式来观察，但这个表达式不能有副作用，例如++运算符绝对禁止用于这个表达式中，因为这个运算符将修改变量的值，从而导致程序的逻辑被破坏，如图 2.19 所示。

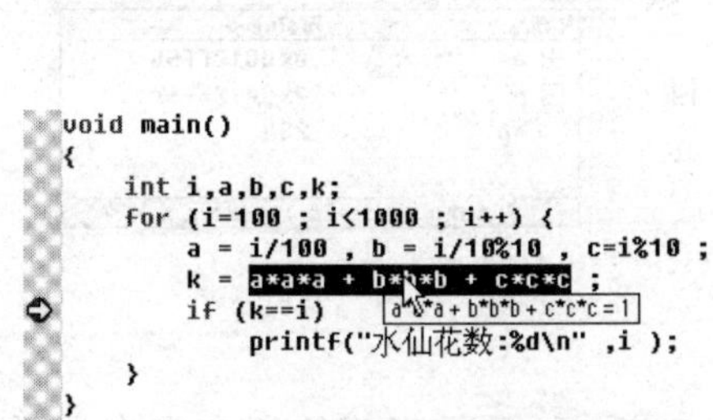

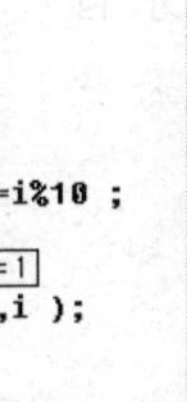

图　2.18

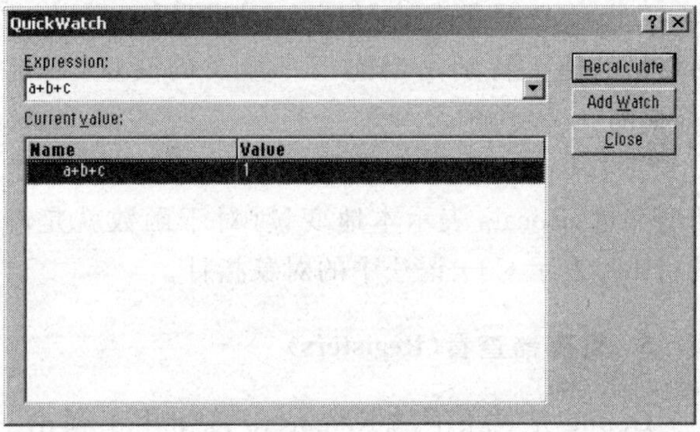

图　2.19

单击 Debug 工具条上的 Watch 按钮，就出现一个 Watch 视图（Watch1，Watch2，Watch3，Watch4），在该视图中输入变量或者表达式，就可以观察变量或者表达式的值，如图 2.20 所示。

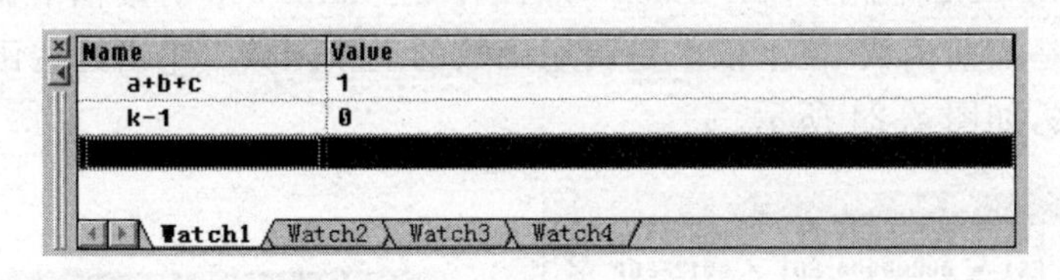

图　2.20

3. 内存查看（Memory）

由于指针指向的数组，Watch 只能显示第一个元素的值。为了显示数组的后续内容，或者要显示一片内存连续的内容，可以使用 memory 功能。在 Debug 工具条上单击 Memory 按钮，就弹出一个对话框，在其中输入地址或者数组名称，就可以显示该地址指向的内存的内容，如图 2.21 所示。

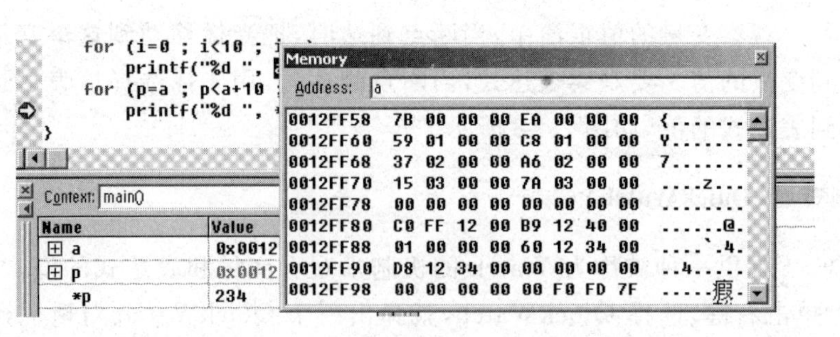

图 2.21

4. 变量查看(Varibles)

Debug 工具条上的 Varibles 按钮用于弹出一个框，显示所有当前执行上下文中可见的变量的值。特别是当前指令涉及的变量，以红色显示，如图 2.22 所示。

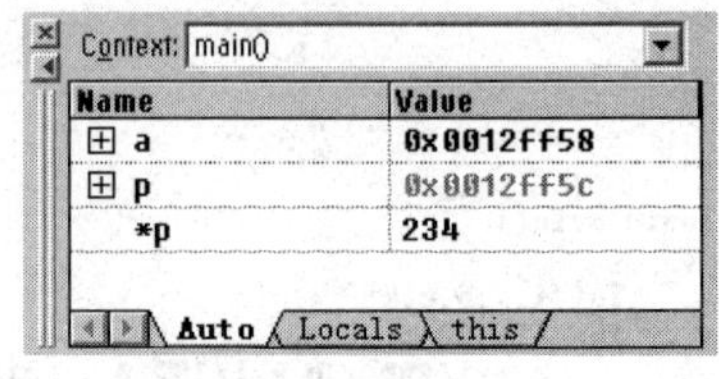

图 2.22

其中 Context 用来指明上下文位置，Auto 表示自动型变量，Locals 表示本地变量（对于函数就是静态变量），this 表示 C++ 语法中的对象指针。

5. 寄存器查看(Registers)

Debug 工具条上的 Reigsters 按钮用于弹出一个对话框，显示当前的所有寄存器的值，如图 2.23 所示。

6. 调用堆栈(Call Stack)

调用堆栈反映了当前断点处函数是被哪些函数按照什么顺序调用的。单击 Debug 工具条上的 Call stack 就显示 Call Stack 对话框。在 CallStack 对话框中显示了一个调用系列，最上面的是当前函数，往下依次是调用函数的上级函数。单击这些函数名可以跳到对应的函数中去，如图 2.24 所示。

图 2.23

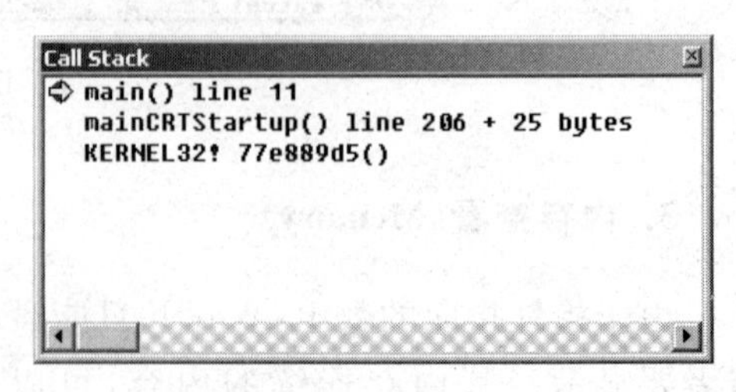

图 2.24

7. 反汇编视图(Disassembly)

反汇编视图能够将当前的 C 源程序代码按汇编指令的方式显示出来，这个功能对于调试系统级的程序非常有用，同时也有助于程序员控制代码的优化处理，如图 2.25 所示。

```
11:              printf("%d ", *p);
004010B0   mov          ecx,dword ptr [ebp-30h]
004010B3   mov          edx,dword ptr [ecx]
004010B5   push         edx
004010B6   push         offset string "%d " (0042201c)
004010BB   call         printf (00401110)
004010C0   add          esp,8
004010C3   jmp          main+8Fh (0040109f)
12:     }
004010C5   pop          edi
004010C6   pop          esi
```

图　2.25

2.4.8　远程调试

调试那些屏幕变化非常快或者响应要求非常急迫的程序，例如游戏程序，用通常的数据观察方法会使得变化阻塞，从而影响程序进一步的运行。

Visual C++ 允许远程调试，即将调试信息发送到另外的计算机上，这样调试时就不会影响当前正在运行的程序。下面介绍具体的方法。

首先将调试工作的计算机称为“本地机”，要调试的程序在远方计算机上，叫“远程机”；双方要设好 IP 地址，例如用 ping 都能看到对方。

“远程机”上建立一个共享可读可写的目录，将“本地机”上可执行程序复制至“远程机”；例如：“本地机”可以看到“远程机”的目录为：\\远程机名称\debug\test. exe。

在“远程机”上运行 msvcmon. exe 调试程序，设置 IP 为“本地机”的 IP 地址；启动该调试程序，出现一个 disconnect…对话框，等待直到“本地机”调试程序时消失。

“本地机”上运行 Visual C++，执行 Build/Debugger Remote Connection（远程链接调试程序）菜单，选择使用 NetWork（TCP/IP），设置对方的 IP 号为“远程机”的 IP 地址；如图 2.26 所示。

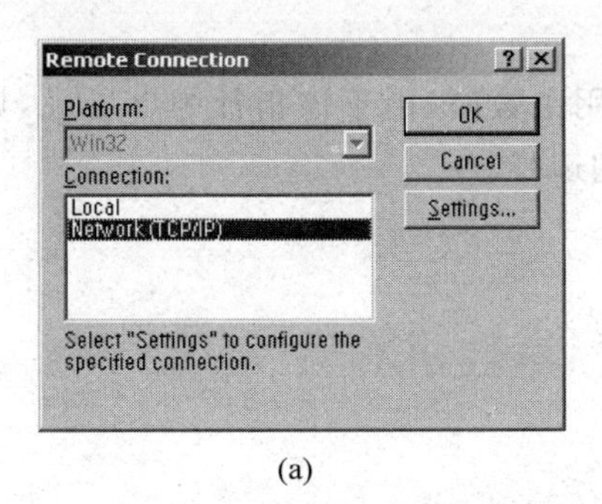

(a)

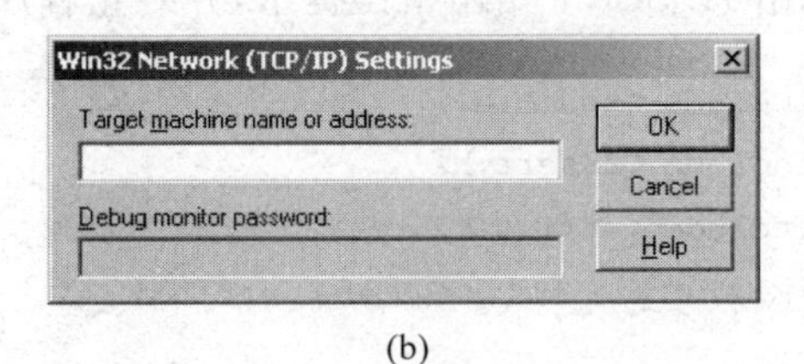

(b)

图　2.26

设置“本地机”的 VC 工程配置中，Debug 选项栏中“常规可执行调试编辑框”及“远程可调试路径及文件名编辑框”均设置为：\\远程机名称\debug\test. exe，如图 2.27 所示。

现在就可以在“本地机”上按常规方式调试程序了。如果“本地机”的输出目录不是到

“远程机”上，那么每次重新编译运行，需要将新生产的文件复制至“远程机”的相应目录上。

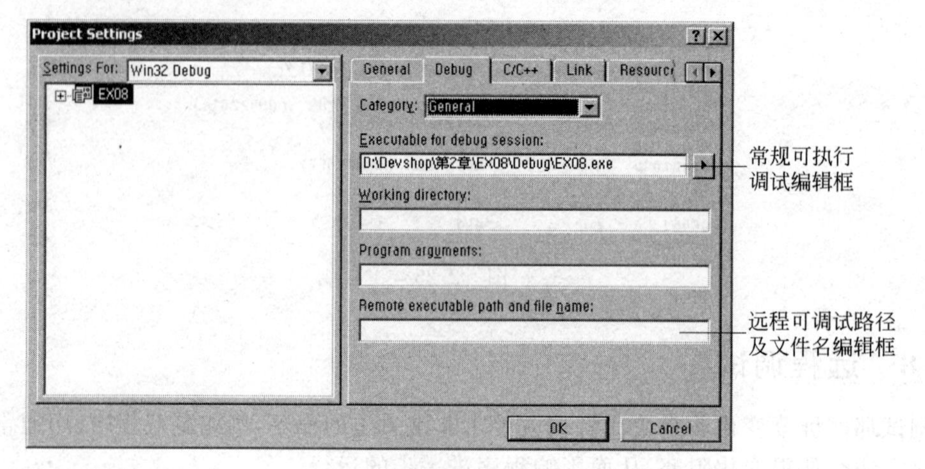

图 2.27

2.4.9 宏调试

Visual C++ 为程序员提供了用于源码级的宏调试方法，它们是 ASSERT、VERIFY、TRACE、_RPT 和_RPTF。

1. ASSERT 宏

ASSERT()是一个调试程序时经常使用的宏，在程序运行时它计算括号内的表达式，如果表达式为 FALSE(0)，程序将报告错误，并终止执行。如果表达式不为 0，则继续执行后面的语句。这个宏通常原来判断程序中是否出现了明显非法的数据，如果出现了终止程序以免导致严重后果，同时也便于查找错误。ASSERT 只有在 Debug 版本中才有效，如果编译为 Release 版本则被忽略。

例如下面的程序，当使用 test2 字符指针调用函数时，由于该指针为 NULL，则调用函数时由 ASSERT 给出错误提示，并终止程序的运行。

```
#include <stdio.h>
#include <assert.h>
#include <string.h>
void analyze_string(char * string)
{
  assert(string !=NULL);                    /* 字符串 string 指针不能为 NULL */
  assert(*string !='\0');                   /* 字符串 string 不能为空 */
  assert(strlen(string)>2);                 /* 字符串 string 长度必须大于 2 */
}
void main(void)
{  char  test1[]="abc", *test2=NULL, test3[]="";
```

```
    analyze_string(test1);
    analyze_string(test2);
    analyze_string(test3);
}
```

程序输出结果为：

```
Assertion failed: string !=NULL, file D:\Devshop\第2章\EX09\EX09.C, line 6
```

并且给出如图2.28所示的提示。

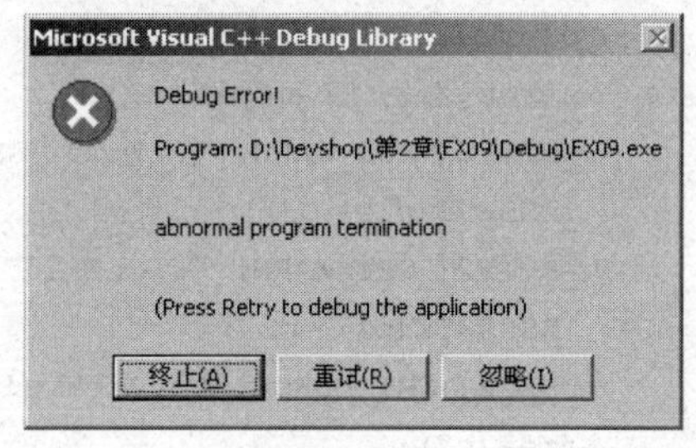

图 2.28

2. VERIFY宏

VERIFY宏与ASSERT宏在Debug模式下作用基本一致，二者都对表达式的值进行计算，如果值为非0，则什么事也不做；如果值为0，则输出诊断信息。

VERIFY宏与ASSERT宏在Release模式下效果完全不一样。ASSERT不计算表达式的值，也不会输出诊断信息；VERIFY计算表达式的值，但不管值为0还是非0都不会输出诊断信息。VERIFY与ASSERT用在程序调试上并无本质上的区别。

3. TRACE宏

TRACE()在程序运行时输出其括号内的表达式结果，TRACE只有在Debug版本中才有效，如果编译为Release版本则被忽略。

```
int i=1;
char sz[]="one";
TRACE("Integer=%d, String=%s\n", i, sz);
```

利用TRACE，程序员可以将中间结果输出，从而判断程序的错误原因。

4. _RPT和_RPTF宏

_RPT()和_RPTF()在程序运行时输出其括号内的表达式结果，_RPT和_RPTF只有在Debug版本中才有效，如果编译为Release版本则被忽略。

例如下面的程序，示例_RPT和_RPTF的用法。

```
#include <stdio.h>
#include <string.h>
#include <malloc.h>
#include <crtdbg.h>
void main()
{   char *p1, *p2;
    /*下面设定异常输出到屏幕上*/
    _CrtSetReportMode(_CRT_WARN, _CRTDBG_MODE_FILE);
```

```
    _CrtSetReportFile(_CRT_WARN, _CRTDBG_FILE_STDOUT);
    _CrtSetReportMode(_CRT_ERROR, _CRTDBG_MODE_FILE);
    _CrtSetReportFile(_CRT_ERROR, _CRTDBG_FILE_STDOUT);
    _CrtSetReportMode(_CRT_ASSERT, _CRTDBG_MODE_FILE);
    _CrtSetReportFile(_CRT_ASSERT, _CRTDBG_FILE_STDOUT);
    /*分配指针*/
    p1=malloc(10);
    strcpy(p1, "I am p1");
    p2=malloc(10);
    strcpy(p2, "I am p2");
    _RPTF2(_CRT_WARN, "\n Will _ASSERT find '%s'=='%s'?\n", p1, p2);
    _ASSERT(p1==p2);
    _RPTF2(_CRT_WARN, "\n\n Will _ASSERTE find '%s'=='%s'?\n", p1, p2);
    _ASSERTE(p1==p2);
    _RPT2(_CRT_ERROR, "\n \n '%s'!='%s'\n", p1, p2);
    free(p2);
    free(p1);
}
```

2.5 Code::Blocks 调试方法

2.5.1 语法排错

当在 Code::Blocks 环境中编写完 C 程序后，就可以对其进行编译和连接了。如果程序中有语法错误，则出现编译或连接错误，如图 2.29 所示。

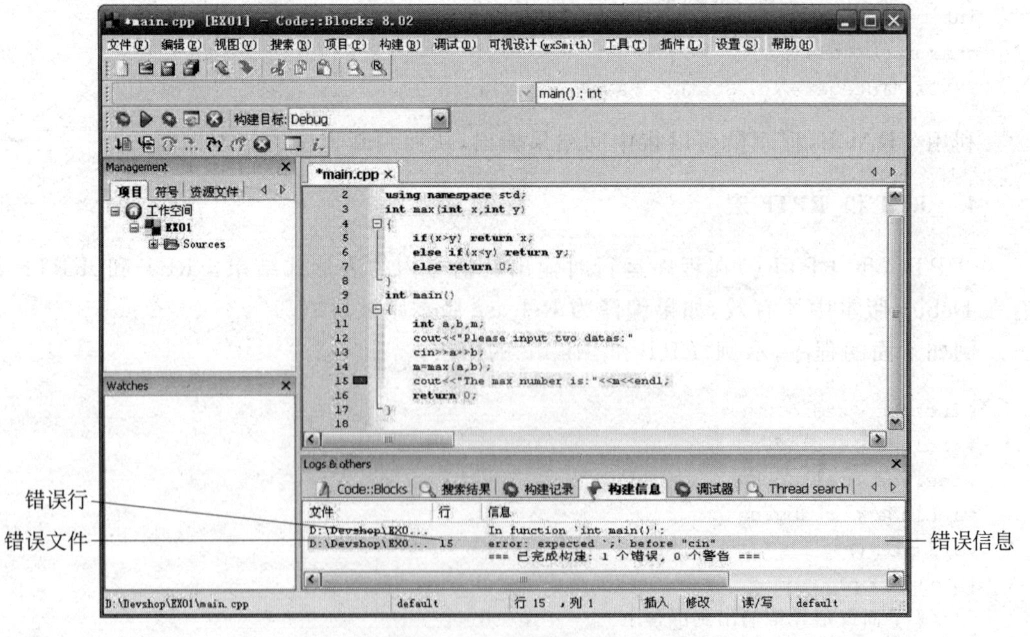

图 2.29

解决语法错误，首先需要判断错误出在哪里，出现了什么错误，再结合程序要求和编程经验来处理错误。

1. 判断错误发生的地方

Code::Blocks 同样能够指出错误出现的大致地方。如图 2.29 所示的例子，可以判断出错的地方是源程序中的第 15 行。但是，这个错误不是真的在第 15 行，而是第 12 行少了一个分号。再例如下面程序编译时 Code::Blocks 指出第 14 行出现错误，实际错误是第 12 行缺少分号。

```
1     #include <iostream>
2     using namespace std;
3     int max(int x,int y)
4     {
5         if(x>y) return x;
6         else if(x<y) return y;
7         else return 0;
8     }
9     int main()
10    {
11        int a,b,m;
12        cout<<"Please input two datas:"
13        cin>>a>>b;
14        m=max(a,b);
15        cout<<"The max number is:"<<m<<endl;
16        return 0;
17    }
```

之所以出现错误在前一行，原因和 Visual C++ 6.0 的原因是一样的，大家可以参考 2.4.1 节的内容。

2. 了解错误信息和错误性质

Code::Blocks 指明错误时，也指明了该错误的简要信息，Code::Blocks 没有自带的 C++ 帮助文件，需要我们自己安装。安装步骤在 1.3.3 节中有详细的介绍，这里就不赘述了。我们可以利用 Code::Blocks 的帮助文件来了解错误信息和错误的性质。

2.5.2 调试设置

伴随着编写的程序愈来愈复杂，我们往往很难一次性编译成功并运行得到我们期望的结果，程序并没有语法错误，但可能有逻辑错误。这时需要对程序进行调试以便定位错误。

调试程序之前，首先要确认已经设置了“产生调试符号 [-g]”选项。设置方法为：选中已经打开的工程名，单击鼠标右键，在快捷菜单中选择“构建选项”，如图 2.30 所示。

在打开的对话框中选中 Debug，在“编译器标志”中的“产生调试符号 [-g]”选项前打勾，最后单击“确定”按钮即可。

因为 Code::Blocks 对程序的调试过程和 Visual C++ 6.0 很相似，所以下面只通过具体的例子简要讲述调试的过程。

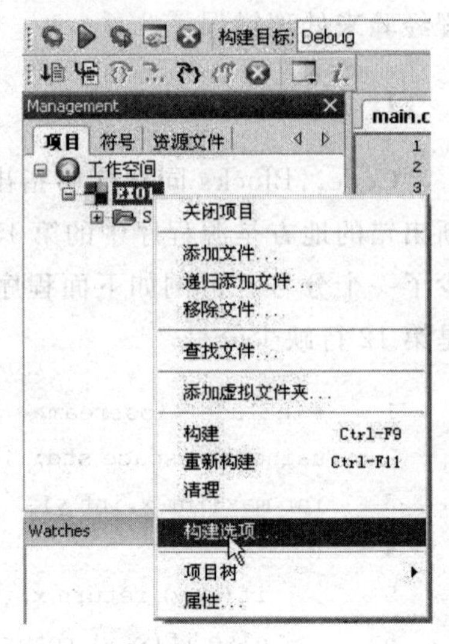

图 2.30

2.5.3 调试举例

1. 包含多个函数的程序的数据观察

编写程序代码如下：

```
#include <stdio.h>
void swap1(int x,int y)
{
    int temp;
    temp=x;
    x=y;
    y=temp;
}
void swap2(char * x,char * y)
{
    char temp;
    temp= * x;
     * x= * y;
     * y=temp;
}
int main()
{
    int i1=10,i2=20;
    char c1='a',c2='b';
    swap1(i1,i2);
    swap2(&c1,&c2);
    printf("i1=%d,i2=%d\n",i1,i2);
    printf("c1=%c,c2=%c\n",c1,c2);
    return 0;
}
```

该程序有两个子函数 swap1 和 swap2，两个函数的作用都是交换两个变量的值。有所不同的是 swap1 是交换两个整型变量的值，而 swap2 是交换两个字符型变量的值。主函数中两个整型变量 i1、i2 的值分别为 10 和 20，用 swap1 函数进行交换。两个字符型变量 c1、c2 的值为“a”和“b”，用 swap2 进行交换。程序运行结果如图 2.31 所示。

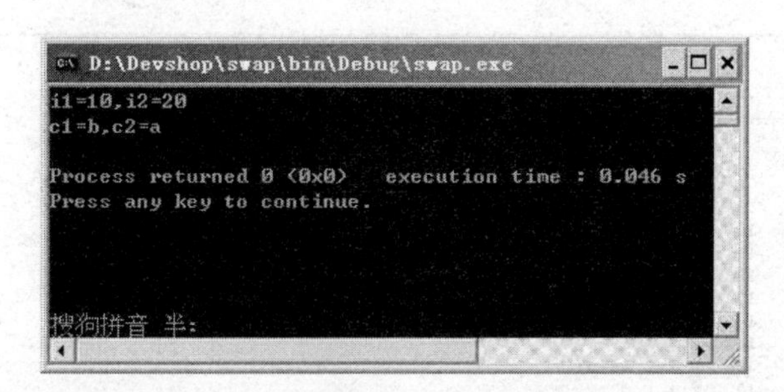

图 2.31

由结果我们可以看出,c1、c2 的值交换成功了,而 i1、i2 的值没有被交换。这是一个逻辑错误,所以我们只能通过调试程序来找到这个错误。下面我们通过对程序的调试来分析原因所在。

我们把光标定位到程序的第 20 行,从第 20 行开始调试。单击“调试”主菜单的“执行到光标处”选项(或者使用快捷键 F4)。于是在程序的第 20 行出现一个黄色的箭头指向这一行,表示调试的进度直接跳过主函数的前两行,执行到了 swap1 调用的这一行,如图 2.32 所示。与此同时也弹出了运行结果界面。

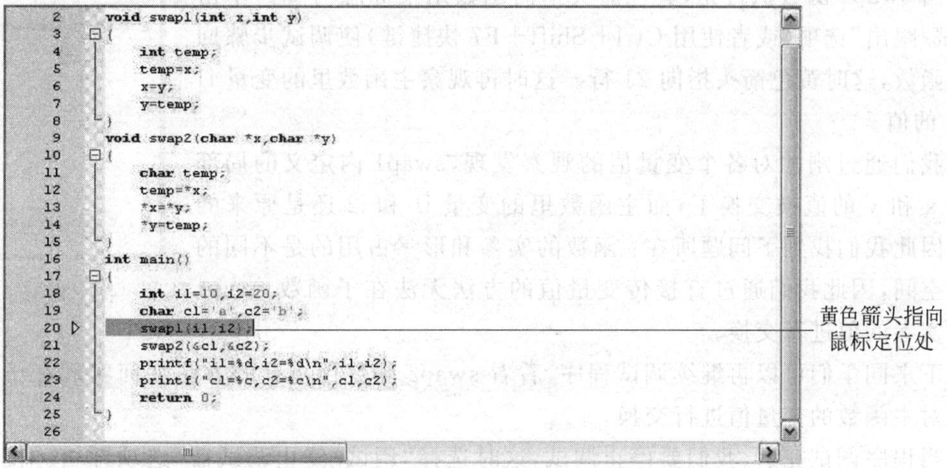

```
2   void swap1(int x,int y)
3   {
4       int temp;
5       temp=x;
6       x=y;
7       y=temp;
8   }
9   void swap2(char *x,char *y)
10  {
11      char temp;
12      temp=*x;
13      *x=*y;
14      *y=temp;
15  }
16  int main()
17  {
18      int i1=10,i2=20;
19      char c1='a',c2='b';
20 ▷    swap1(i1,i2);
21      swap2(&c1,&c2);
22      printf("i1=%d,i2=%d\n",i1,i2);
23      printf("c1=%c,c2=%c\n",c1,c2);
24      return 0;
25  }
26
```

黄色箭头指向
鼠标定位处

图 2.32

这时我们可以在左下角的 Watches 窗口(调出 Watches 窗口的方法为:单击“调试”主菜单的“调试窗口/监视”选项)观察相关变量的值,如图 2.33 所示。

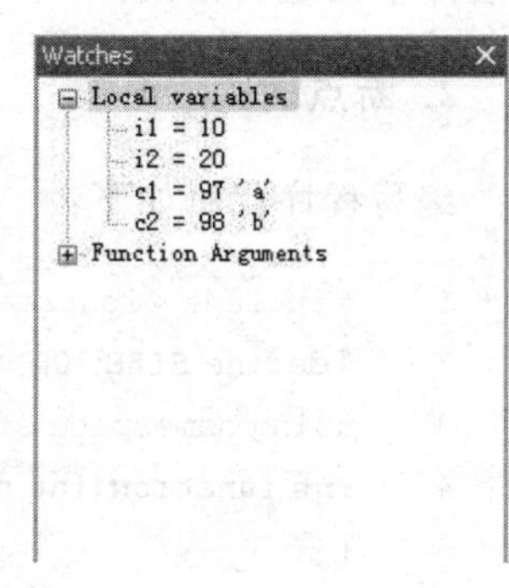

图 2.33

为了解 swap1 函数内部运行情况,我们选择“调试/跟进”选项(或者使用 Shift+F7 快捷键)。这时,程序就运行到了 swap1 函数的内部,我们可以观察 swap1 函数内部变量值的变化。如图 2.34 所示,黄色的箭头指向了 swap1 函数体。

多次单击“调试/下一行”选项(或者使用 F7 快捷键),逐

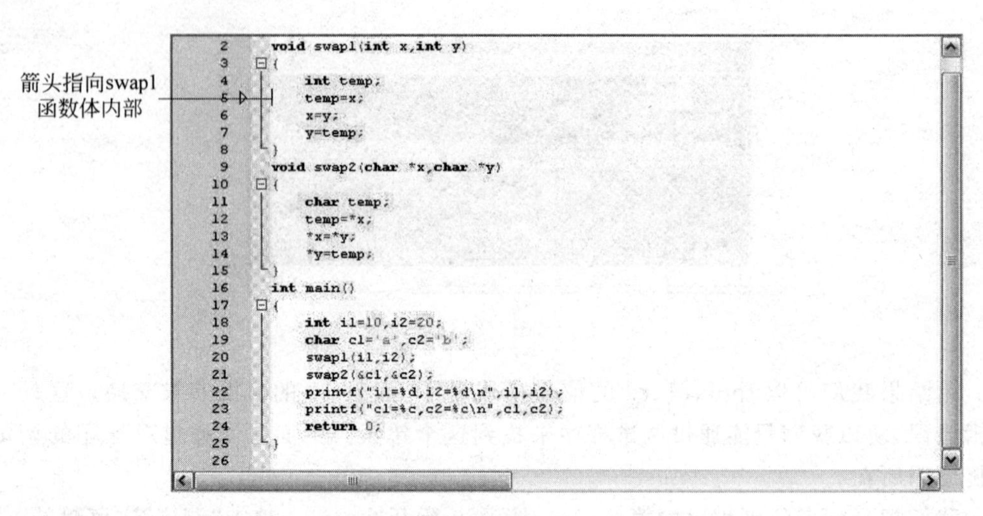

图 2.34

条语句对程序进行调试。这时，我们可以在 Watches 窗口观察 swap1 函数内部各个变量的值，如图 2.35 所示。

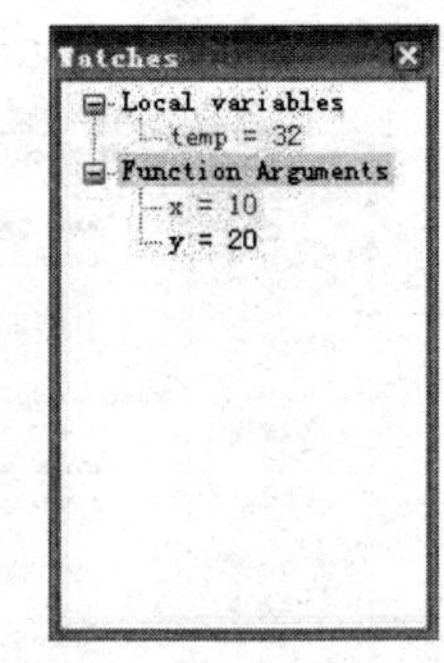

图 2.35

当 swap1 函数执行完，黄色箭头指向函数结束标志“}”时，单击“调试/跟出”选项（或者使用 Ctrl＋Shift＋F7 快捷键）使调试步骤回到主函数，这时黄色箭头指向 21 行。这时再观察主函数里的变量 i1 和 i2 的值。

我们通过刚才对各个变量值的观察发现，swap1 内定义的局部变量 x 和 y 的值被交换了，而主函数里的变量 i1 和 i2 还是原来的值。因此我们找到了问题所在：函数的实参和形参占用的是不同的存储空间，因此我们通过直接传变量值的方法无法在子函数 swap1 内对实参的值进行交换。

下来同学们可以再继续调试程序，看看 swap2 函数用指针的方法如何实现在子函数体内对主函数的变量值进行交换。

当程序调试完后，我们要停止调试，这时选择“调试/停止调试器”选项即可。使用这样的调试方法，我们可以一边观察程序的运行结果，一边监视各个变量值的变化，从而找出程序中的逻辑错误。

2. 断点调试

编写程序代码如下：

```
1    #include <iostream>
2    #define SIZE 100
3    using namespace std;
4    int function(int num1,int num2)
5    {
6        int a,b;
```

```
7       a=num1;
8       b=num2;
9       return a+b;
10  }
11  int main()
12  {
13      int i;
14      int array[SIZE];
15      i=1;
16      for(i=0;i<SIZE;i++)
17          array[i]=i;
18      i=function(7,8);
19      cout<<"i="<<i<<endl;
20      return 0;
21  }
```

把光标停在第 15 行，按 F5 键，这行代码前会出现一个红色的圆点，标志“断点”设置成功，如图 2.36 所示。

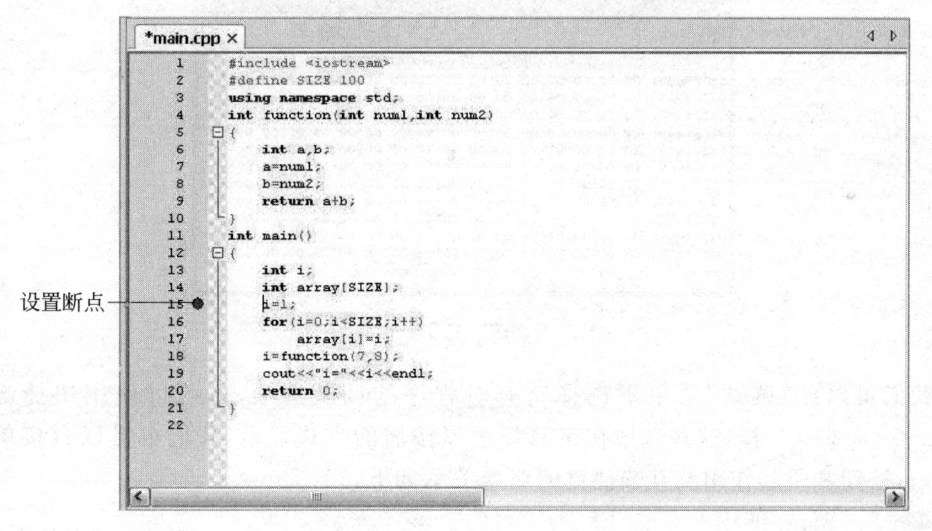

图　2.36

如果想撤销断点，再次按 F5 键即可。

按 F8 键开始调试这个程序，程序直接运行到设置断点的语句处，于是暂停，进入跟踪状态。该条语句前就会出现黄色的箭头，按 F7 键，开始单步执行，黄色箭头随之逐条下行。执行到 for 循环时，黄色箭头循环往复地运动。此循环循环次数为 100 次，我们没有必要一直单步调试直等到循环结束，如果想跳过此循环，可以把光标挪到“i＝function(7,8);”这一行（程序第 18 行），按 F4 键（执行到光标处），黄色箭头即刻跳到这一行，所有循环都已然完成。

按 Shift＋F7 快捷键，单步进入 function 函数体内观察各个变量的变化情况。单击工具栏中的图标，在弹出的菜单中选择“调用栈”选项，打开 Call stack 窗口，如图 2.37 所示。从 Call stack 窗口我们可以看出是 main()调用了 function()函数，两个参数是 7 和 8。在里面的任意一行单击右键，在弹出的菜单中选择“转换到该框架”，可把环境切换到函数的该次调用，进而查看该次调用时各个变量和参数的值，如图 2.37 所示。

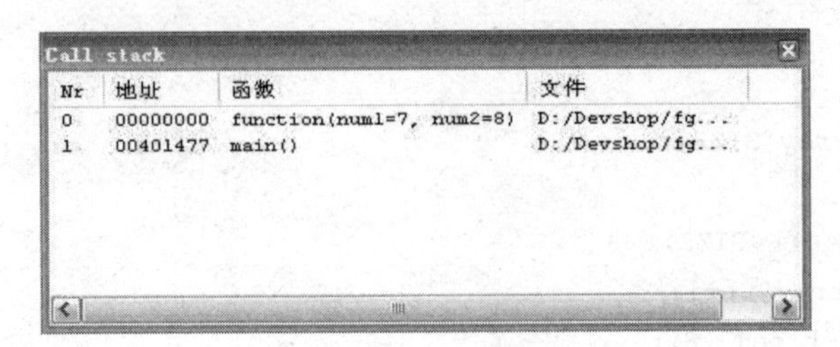

图 2.37

如果想直观地体会数组 array 元素的分布规律，用打开 Call stack 窗口的方法打开“内存崩溃”，弹出 Memory 窗口，在 Address 的后面输入数组名“array”，然后按 Enter 键，从 array 的首地址开始内存中的逐个字节都展现出来了，如图 2.38 所示。

```
Memory
地址: array                              字节: 256   Go
         (例如: 0x401060, 或 &variable, 或 $eax)
0x22fdd0: 00 00 00 00 01 00 00 00|02 00 00 00 03 00 00 00
0x22fde0: 04 00 00 00 05 00 00 00|06 00 00 00 07 00 00 00
0x22fdf0: 08 00 00 00 09 00 00 00|0a 00 00 00 0b 00 00 00
0x22fe00: 0c 00 00 00 0d 00 00 00|0e 00 00 00 0f 00 00 00
0x22fe10: 10 00 00 00 11 00 00 00|12 00 00 00 13 00 00 00
0x22fe20: 14 00 00 00 15 00 00 00|16 00 00 00 17 00 00 00
0x22fe30: 18 00 00 00 19 00 00 00|1a 00 00 00 1b 00 00 00
0x22fe40: 1c 00 00 00 1d 00 00 00|1e 00 00 00 1f 00 00 00
0x22fe50: 20 00 00 00 21 00 00 00|22 00 00 00 23 00 00 00
0x22fe60: 24 00 00 00 25 00 00 00|26 00 00 00 27 00 00 00
0x22fe70: 28 00 00 00 29 00 00 00|2a 00 00 00 2b 00 00 00
```

图 2.38

我们可以在“调试”菜单下选择所有对程序的调试选项，也可以使用快捷键。和 Visual C++ 6.0 一样，这些选项在工具栏里以按钮的方式显示，我们也可以直接单击这些按钮，按钮和所起作用及其快捷键的对应关系如下：

按钮	作用	快捷键
	调试/继续	F8
	执行到光标处	F4
	下一行	F7
	下一条指令	无
	跟进	Shift+F7
	跟出	Ctrl+Shift+F7
	终止调试	无

以上这些按钮的功能和 Visual C++ 6.0 里相应按钮的功能雷同，这里就不再赘述。Code::Blocks 提供的调试命令基本上就这些。虽然不很丰富，但是也足够用了。

第3章

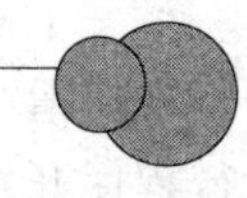

基础实验内容

3.1 实验指导

1. 实验目的

上机实验是学习程序设计语言必不可少的实践环节，特别是C++语言灵活、简洁，更需要通过编程的实践来真正掌握它。对于程序设计语言的学习目的，可以概括为学习语法规定、掌握程序设计方法、提高程序开发能力三部分，这些都必须通过充分的实际上机操作才能完成。

学习C++程序设计语言除了课堂讲授以外，必须保证有不少于课堂讲授学时的上机时间。所以希望读者有效地利用上机实验的机会，尽快掌握用C++语言开发程序的能力，为今后的继续学习打下一个良好的基础。为此，本书结合课堂讲授的内容和进度，安排了10次上机实验。课程上机实验的目的，不仅仅是验证教材和讲课的内容、检查自己所编的程序是否正确，课程安排的上机实验的目的可以概括为如下几个方面。

(1) 加深对课堂讲授内容的理解。

课堂上要讲授许多关于C++语言的语法规则，听起来十分枯燥无味，也不容易记住，死记硬背是不可取的。然而要使用C++语言这个工具解决实际问题，又必须掌握它。通过多次上机练习，对于语法知识有了感性的认识，加深对它的理解，在理解的基础上就会自然而然地掌握C++语言的语法规定。对于一些内容自己认为在课堂上听懂了，但上机实践中会发现原来理解还有些偏差，这是由于大部分学生是初次接触程序设计，缺乏程序设计的实践所致。

学习C++语言不能停留在学习它的语法规则，而是利用学到的知识编写C++语言程序，解决实际问题。即把C++语言作为工具，描述解决实际问题的步骤，由计算机帮助解题。只有通过上机才能检验自己是否掌握C++语言、自己编写的程序是否能够正确地解题。

通过上机实验来验证自己编制的程序是否正确，恐怕是大多数学习者在完成作业时的心态。但是在程序设计领域里这是一定要克服的传统的、错误的想法。因为在这种思想支配下，可能会想办法去“掩盖”程序中的错误，而不是尽可能多地发现程序中存在的问题。自己编好程序上机调试运行时，可能有很多想不到的情况发生，通过解决这些问题，可以逐步加深自己对C++语言的理解从而提高程序开发能力。

(2) 熟悉程序开发环境、学习计算机系统的操作方法。

一个 C++ 语言程序从编辑、编译、连接到运行，都要在一定的外部操作环境下才能进行。所谓“环境”就是所用的计算机系统硬件、软件条件，只有学会使用这些环境，才能进行程序开发工作。通过上机实验，熟练地掌握 C++ 语言开发环境，为以后真正编写计算机程序解决实际问题打下基础。同时，在今后遇到其他开发环境时就会触类旁通，很快掌握新系统的使用。

(3) 学习上机调试程序。

完成程序的编写，绝不意味着万事大吉。认为万无一失的程序，实际上机运行时可能不断出现麻烦。有时程序本身不存在语法错误，也能够顺利运行，但是运行结果显然是错误的。开发环境所提供的编译系统无法发现这种程序运行错误，只能靠自己的上机经验分析判断错误所在。程序的调试是一个技巧性很强的工作，对于初学者来说，尽快掌握程序调试方法是非常重要的。有时候一个要消耗几个小时的时间才能发现的小小错误，有经验的人一眼就能看出错误所在。

经常上机的人见多识广，经验丰富，对出现的错误很快就有基本判断，通过 C++ 语言提供的调试手段逐步缩小错误点的范围，最终找到错误点和错误原因。这样的经验和能力只有通过长期上机实践才能取得。向别人学习调试程序的经验当然重要，但更重要的是自己上机实践，分析、总结调试程序的经验和心得。别人告诉你一个经验，当时似乎明白，当出现错误时，由于情况千变万化，这个经验不一定用得上，或者根本没有意识到使用该经验。只有通过自己在调试程序过程中的经历并分析总结出的经验才是自己的。一旦遇到问题，这些经验自然涌上心头。所以调试程序不能指望别人替代，必须自己动手。分析问题，选择算法，编好程序，只能说完成一半工作，另一半工作就是调试程序、运行程序并得到正确结果。

2. 实验要求

上机实验一般经历上机前的准备(编程)、上机调试运行和实验后的总结三个步骤。

(1) 上机前的准备。

上机前需要预习相关内容和知识，认真阅读实验内容。

根据问题，进行分析，选择适当算法并编写程序。上机前一定要仔细检查程序(称为静态检查)直到找不到错误(包括语法和逻辑错误)。分析可能遇到的问题及解决的对策。准备几组测试程序的数据和预期的正确结果，以便发现程序中可能存在的错误。

上机前没有充分的准备，到上机时临时拼凑一个错误百出的程序，宝贵的上机时间白白浪费了；如果抄写或复制一个别人编写的程序，到头来自己一无所获。

(2) 上机输入和编辑程序，并调试运行程序。

首先调用 C++ 语言集成开发环境，输入并编辑事先准备好的源程序；然后调用编译程序对源程序进行编译，查找语法错误，若存在语法错误，重新进入编辑环境，改正后再进行编译，直到通过编译，得到目标程序(扩展名为 OBJ)。下一步是调用连接程序，产生可执行程序(扩展名为 EXE)。使用预先准备的测试数据运行程序，观察是否得到预期的正确结果。若有问题，则仔细调试，排除各种错误，直到得到正确结果。在调试过程中，要充分利用 C++ 语言集成开发环境提供的调试手段和工具，例如单步跟踪、设置断点、监视变量值的变化等。整个过程应自己独立完成。不要一点小问题就找老师，学会独立思考，勤于分析，通过自己实践得到的经验用起来更加得心应手。

(3) 整理上机实验结果，写出实验总结。

实验结束后，要整理实验结果并认真分析和总结，按要求写出实验总结。实验总结一般包括如下内容：

① 实验内容。

实验题目与要求。

② 算法说明。

用文字或流程图说明。

③ 程序清单。

④ 运行结果。

原始数据、相应的运行结果和必要的说明。

⑤ 分析与思考。

调试过程及调试中遇到的问题及解决办法；调试程序的心得与体会；其他算法的存在与实践等。若最终未完成调试，要认真找出错误并分析原因等。

3.2 实验内容及安排

3.2.1 实验 1 C++ 语言程序初步及输入输出

1. 实验目的和要求

(1) 熟悉 C++ 语言运行环境，掌握 C++ 语言上机步骤，熟悉 C++ 程序的实现过程和方法。

(2) 掌握 C++ 语言程序的书写格式和程序的基本结构。

(3) 掌握定义一个整型、字符型和实型变量，以及对它们赋值的方法。

(4) 学会使用运算符，以及包含这些运算符的表达式。学会根据表达式编写相应程序，验证表达式结果的方法。

(5) 了解常见的两种编译语法错误(Error/Warning)。

(6) 掌握 C++ 语言基本数据类型(整型、实型、字符型)数据的常量表示、变量的定义和使用。掌握 C++ 语言运算符及相应表达式。

(7) 了解数据溢出错误和舍入误差(以字符型、实型数据为例)。

(8) 掌握不同的数据类型之间的计算规律和赋值规律。

(9) 学习 C++ 语言赋值语句和基本输入输出函数的使用。掌握常见格式控制字符的控制作用。

2. 预习内容

(1) 教材第 1～3 章相关知识，包括变量定义、存储形式、赋初值、运算符、表达式及基本的输入输出。

(2) 教材第12章常见错误和程序调试相关知识。

(3) 学习本书第1章的内容,了解 Visual C++ 6.0、Code::blocks 集成开发环境的基本内容,包括主窗口界面、主菜单栏、编辑窗口等。

(4) 编写本次实验内容"设计型实验"题目的源程序,并完成静态检查。

3. 实验内容和步骤

1) 验证型实验

以后实验均保存在 D:\DevShop 或 D:\DevTest 目录上(当然也可以在别的盘和目录上),使用"资源管理器"或"我的电脑"在 D 盘根目录中建立 DevShop 和 DevTest 子目录。

(1) [EXA01]新建 Visual C++ 6.0 单个文件的方式。

```
1    #include<iostream.h>
2    int main()
3    {
4        cout<<"This is a C Program.\n";
5        return 0;
6    }
```

实验步骤:

① 启动 Visual C++ 6.0,执行 File|New 菜单命令,选择 File 标签。

② 选择 C++ Source File,确定 Location 为 D:\DevShop,输入文件名 EXA01,然后单击 OK 按钮。

③ 输入以上程序代码,注意大小写。完成输入后,执行 File|Save(快捷键为 Ctrl+S)保存文件。

④ 执行 Build|Build 命令,且出现 This Build command requires an active project workspace. Would you like to create a default project workspace?(建立命令需要一个项目工作区,是否缺省名称的项目工作区建立?)对话框,选择"是"。

⑤ VC6 开始编译、连接。完成后执行 Build|Execute EXA01.exe 命令可以看到程序运行结果。

(2) [EXA02]新建 Visual C++ 6.0 项目插入已有文件的方式。

实验步骤:

① 启动 Visual C++ 6.0,执行 File|New 菜单命令,选择 Project 标签。

② 选择 Win32 Console Application,确定 Location 为 D:\DevShop,输入项目名 EXA02,然后单击 OK 按钮。

③ 在"Win32 Console Application-step 1 of 1"向导对话框中选择"An empty project.",然后单击 Finish 按钮。

④ 在 File View|Source Files 上右键执行 Add files to Folder,在 Insert Files into project 中插入前面实验的源程序 EXA01.CPP。

⑤ 单击 File View|Source Files 上的源程序 EXA01.CPP，检查 EXA01.CPP。

⑥ 执行 Build|Build EXA02.exe 命令，VC6 开始编译、连接。完成后执行 Build|Execute EXA02.exe 命令可以看到程序运行结果。

(3) [EXA03]在 Visual C++ 6.0 项目中插入新文件的方式。

实验步骤：

① 启动 Visual C++ 6.0，执行 File|New 菜单命令，选择 Project 标签。

② 选择 Win32 Console Application，确定 Location 为 D:\DevShop，输入项目名 EXA03，然后单击 OK 按钮。

③ 在“Win32 Console Application-step 1 of 1”向导对话框中选择“An empty project.”，然后单击 Finish 按钮。

④ 执行 File|New 菜单命令，选择 File 标签。选择 C++ Source File，确定 Location 为 D:\DevShop，Add to project 为 EXA03，输入文件名 EXA03.CPP，然后单击 OK 按钮。

⑤ 在源程序 EXA03.CPP 中输入与 EXA01.CPP 相同的程序代码。完成输入后，执行 File|Save(快捷键为 Ctrl+S)保存文件。

⑥ 执行 Build|Build EXA03.exe 命令，VC6 开始编译、连接。完成后执行 Build|Execute EXA03.exe 命令可以看到程序运行的结果。

(4) [EXA04]打开已有项目修改源程序。

```
1    #include<iostream.h>
2    int main()
3    {
4        int a, b, sum;
5        a=123;
6        b=456;
7        sum=a+b;
8        cout<<"sum is:"<<sum<<endl;
9        return 0;
10   }
```

实验步骤：

① 在“资源管理器”中打开 D:\DevShop 目录中的 EXA02 文件夹，双击 EXA02.DSW 文件。

② 将 EXA02.CPP 的“cout<<"This is a C Program.\n"；”语句删掉，且按以上代码修改程序，完成后执行 File|Save(快捷键为 Ctrl+S)保存文件。

③ 执行 Build|Build EXA02.exe 命令，VC6 开始编译、连接。完成后执行 Build|Execute EXA02.exe 命令可以看到程序运行结果。

(5) [EXA05]打开已有文件修改源程序。

实验步骤：

① 在“资源管理器”打开 D:\DevShop 目录，双击 EXA01.CPP 文件。

② 将 EXA01. CPP 的“cout<<"This is a C Program. \n" ;”语句删掉，且按 EXA04 代码修改程序行，完成后执行 File|Save(快捷键为 Ctrl+S)保存文件。

③ 执行 Build|Build 命令，且出现 This Build command requires an active project workspace. Would you like to create a default project workspace?（建立命令需要一个项目工作区，是否缺省名称的项目工作区建立?）对话框，选择“是”。

④ VC6 开始编译、连接。完成后执行 Build|Execute EXA01. exe 命令可以看到程序运行结果。

通过前面 5 个实验，读者可以获得使用 Visual C++ 6.0 新建文件和项目的主要方法，这些方法在后面的实验中是最基本的，要求读者必须掌握且熟练操作(例如多使用快捷键)，本书将这些操作以后都统称为“新建 VC6 文件或新建 VC6 项目”。

(6) [EXA06]新建 Code::blocks 单个文件方式。

```
1   #include<iostream.h>
2   int main()
3   {
4       cout<<"This is a C++program!"<<endl;
5       return 0;
6   }
```

实验步骤：

① 启动 Code::blocks，执行“文件”|“新建”菜单命令，选择“空白文件”。

② 在源代码编辑窗口输入以上代码。

③ 执行“文件”|“保存”命令，给文件命名为 EXA06. CPP。

④ 执行“构建”|“构建”(快捷键为 Ctrl+F9)命令，开始运行程序。

⑤ 执行“构建”|“运行”(快捷键为 Ctrl+F10)命令，可以看到程序的运行结果。

(7) [EXA07]新建 Code::blocks 工程文件方式。

实验步骤：

① 启动 Code::blocks。

② 执行“文件”|“新建”菜单命令，选择“项目”，打开“数据模板新建”对话框。

③ 选择 Console application，单击“出发”按钮。

④ 选择 C++，单击“下一步”按钮。

⑤ “项目标题”确定为 EXA07，“新项目所在的父文件夹”确定为 D:\Devshop\，单击“下一步”按钮。

⑥ 编译器选择 GNU GCC Compiler，其余选项全部打勾，单击“完成”按钮。

⑦ 在“工作区”窗口的 Sources 资源里双击 main. cpp 文件，打开该文件。在源代码编辑窗口输入与 EXA06 相同的代码。运行程序并查看程序的结果。

通过前面两个实验，读者可以获得启动 Code::blocks、使用 Code::blocks 新建文件和项目的主要方法，这些方法在后面的实验中是最基本的，要求读者必须掌握且熟练操作(例如多使用快捷键)，本书将这些操作以后都统称为“启动 CB，新建 CB 文件或新建 CB 项目”。

(8) [EXA08]Visual C++ 6.0 处理编译错误。

实验步骤：

① 启动 Visual C++ 6.0，按前面的实验方法在 D:\DevShop 目录下新建工程 EXA08 和文件 EXA08.CPP。输入下面的程序。

```
1    #include<iostream.h>
2    void main()
3    {
4        int a;
5        a=123;
6        123=a;
7    }
```

② 执行 Build|Build EXA08.EXE 命令，VC6 开始编译。出现错误，双击输出窗口的错误信息指示第6行有错误：error C2106：'='：left operand must be l-value。

③ 用鼠标单击"C2106"，按 F1 键激活 MSDN 的帮助信息，仔细阅读该并修改这个错误。

④ 打开"Visual C++ 编译连接信息手册.chm"帮助文件还可以得到该错误详细的中文技术说明。

(9) [EXA09]Code::blocks 处理编译错误。

实验步骤：

① 启动 Code::blocks，按前面的实验方法在 D:\DevTest 目录下输入下面的程序 EXA09.CPP。

```
1    #include<iostream.h>
2    int main()
3    {
4        int a;
5        a=123;
6        123=a;
7        return 0;
8    }
```

② 执行"构建"|"构建"命令，CB 开始编译。出现错误，消息窗口的错误信息指示第6行有错误：non-Lvalue in assignment，阅读并修改这个错误。

通过前面两个实验，读者可以学到如何解决 Visual C++ 6.0 和 Code::blocks 编译错误的基本方法，这些方法在后面的实验中是最基本的，要求读者必须逐步掌握且熟练操作，本书将这些操作以后都统称为"获取编译错误帮助信息"。

(10) [EXA10]数据溢出。

实验步骤：

① 新建 VC6 项目和文件，确定 Location 为 D:\DevShop，项目名为 EXA10，文件名

为 EXA10. CPP,控制台应用程序,向导使用“A empty project.”。

② 输入下面的程序。完成输入后,执行 File|Save(快捷键为 Ctrl+S)保存文件。

```
1    #include<iostream.h>
2    int main()
3    {
4        char a, b;
5        a=127;
6        b=a+1;
7        cout<<(int)a<<","<<(int)b<<endl;
8        a=-128;
9        b=a-1;
10       cout<<(int)a<<","<<(int)b<<endl;
11       return 0;
12   }
```

③ 执行 Build|Build EXA10. exe 命令,VC6 开始编译、连接。完成后执行 Build|Execute EXA10. exe 命令可以看到程序运行结果。

④ 仔细分析运行结果及原因。

(11) [EXA11]浮点数舍入误差。

实验步骤:

① 新建 VC6 项目和文件,确定 Location 为 D:\DevShop,项目名为 EXA11,文件名为 EXA11. CPP,控制台应用程序,向导使用“A empty project.”。

② 输入以下程序,完成输入后,执行 File|Save(快捷键为 Ctrl+S)保存文件。

```
1    #include<iostream.h>
2    int main()
3    {
4        float a, b;
5        a=123456.789e5;
6        b=a+20;
7        cout<<b<<endl;
8        return 0;
9    }
```

③ 执行 Build|Build EXA11. exe 命令,VC6 开始编译、连接。完成后执行 Build|Execute EXA11. exe 命令可以看到程序运行结果。仔细分析运行结果及原因。

④ 在本例 a=123456.789e5 会得到编译警告,其原因是 VC6 所有浮点型常量和运算均是 double 型,因此建议以后在 VC6 中不要再使用 float 型。

(12) [EXA12]自增运算符和强制类型转换。

实验步骤:

① 新建 VC6 项目和文件,确定 Location 为 D:\DevShop,项目名为 EXA12,文件名为 EXA12. CPP,控制台应用程序,向导使用“A empty project.”。

② 输入下面的程序。完成输入后，执行 File|Save(快捷键为 Ctrl+S)保存文件。

```
1    int main()
2    {
3        int i, j, r1, r2;
4        float a, b;
5        i=j=5;
6        r1=i++;
7        r2=++j;
8        cout<<"i="<<i<<",j="<<j<<",r1="<<r1<<",r2="<<r2<<endl;
9            i=j=3;
10       r1=(i++)+(++i)+(++i);
11       cout<<"i="<<i<<",r1="<<r1<<endl;
12       cout<<"j++="<<j++<<",++j="<<++j<<endl;
13       a=5.3, b=7.1;
14       i=(int)(a+b);
15       j=(int)a+b;
16       r1=(int)a+(int)b;
17       r2=a+b;
18       cout<<"i="<<i<<",j="<<j<<",r1="<<r1<<",r2="<<r2<<endl;
19       return 0;
20   }
```

③ 执行 Build|Build EXA12. exe 命令，VC6 开始编译、连接。完成后执行 Build|Execute EXA12. exe 命令可以看到程序运行结果。

④ 仔细分析运行结果及原因。

(13) [EXA13]getchar 输入函数。

实验步骤：

① 新建 VC6 项目和文件，确定 Location 为 D:\DevShop，项目名为 EXA13，文件名为 EXA13. CPP，控制台应用程序，向导使用“A empty project. ”。

② 输入下面的程序。完成输入后，执行 File|Save(快捷键为 Ctrl+S)保存文件。

```
1    #include<iostream.h>
2    #include<stdio.h>
3    int main()
4    {
5        char c;
5        c=getchar();
5        cout<<"c="<<c<<endl;
5        return 0;
9    }
```

③ 执行 Build|Build EXA13. exe 命令，VC6 开始编译、连接。完成后执行 Build|Execute EXA13. exe 命令可以看到程序运行结果。

④ 在程序窗口上输入 a↙,观察结果。在程序窗口上输入 ab↙,观察结果。

⑤ 在程序后面将第 5、6 行复制一次。再次编译、连接、运行。

⑥ 在程序窗口上输入 a↙,观察结果。在程序窗口上输入 ab↙,观察结果。

⑦ 在程序后面将第 5、6 行再复制一次。再次编译、连接、运行。

⑧ 在程序窗口上输入 a↙,观察结果。在程序窗口上输入 ab↙,观察结果。

(14) [EXA14]cout 和 cin。

实验步骤:

① 新建 VC6 项目和文件,确定 Location 为 D:\DevShop,项目名为 EXA14,文件名为 EXA14. CPP,控制台应用程序,向导使用"A empty project."。

② 输入下面的程序。完成输入后,执行 File|Save(快捷键为 Ctrl+S)保存文件。

```
1    #include<iostream.h>
2    int main()
3    {
4        int x,y;
5        char ch;
6        cin>>x>>y>>ch;
7        cout<<"x="<<x<<",y="<<y<<",ch="<<ch<<endl;
8        return 0;
9    }
```

③ 执行 Build|Build EXA14. exe 命令,VC6 开始编译、连接。

④ 输入"5 28 36",看程序运行结果。

⑤ 将程序的 6、7 行改为如下形势,同样输入"5 28 36",看程序运行结果。

```
6    cin>>ch>>x>>y;
7    cout<<"ch="<<ch<<",x="<<x<<",y="<<y<<endl;
```

⑥ 将程序的 6、7 行改为如下形势,同样输入"5 28 36",看程序运行结果。

```
6    cin>>x>>ch>>y;
7    cout<<"x="<<x<<",ch="<<ch<<",y="<<y<<endl;
```

(15) [EXA15]cout 和 cin 的格式控制。

实验步骤:

① 新建 VC6 项目和文件,确定 Location 为 D:\DevShop,项目名为 EXA15,文件名为 EXA15. CPP,控制台应用程序,向导使用"A empty project."。

② 输入以下程序,完成输入后,执行 File|Save(快捷键为 Ctrl+S)保存文件。

```
1    #include<iostream.h>
2    int main()
3    {
4        cout.fill('*');
5        cout.width(10);
```

```
6        cout<<123.45<<endl;
7        cout.width(8);
8        cout<<123.45<<endl;
9        cout.width(4);
10       cout<<123.45<<endl;
11       return 0;
12   }
```

③ 执行 Build|Build EXA15.exe 命令，VC6 开始编译、连接。完成后执行 Build|Execute EXA15.exe 命令可以看到程序运行结果。

(16) [EXA16]cout 和 cin 的格式控制。

实验步骤：

① 新建 VC6 项目和文件，确定 Location 为 D:\DevShop，项目名为 EXA16，文件名为 EXA16.CPP，控制台应用程序，向导使用“A empty project.”。

② 输入以下程序，完成输入后，执行 File|Save(快捷键为 Ctrl+S)保存文件。

```
1    #include<iostream.h>
2    #include<iomanip.h>
3    int main()
4    {
5        int i=1000;
6        double d=123.456789;
7        cout<<"1234567890"<<endl;
8        cout<<setw(8)<<i<<endl;
9        cout<<i<<endl;
10       cout<<d<<endl;
11       cout<<setw(10)<<d<<endl;
12       cout<<setw(8)<<setprecision(10)<<d<<endl;
13       cout<<setw(8)<<setprecision(8)<<d<<endl;
14       return 0;
15   }
```

③ 执行 Build|Build EXA16.exe 命令，VC6 开始编译、连接。完成后执行 Build|Execute EXA16.exe 命令可以看到程序运行结果。

2) 设计型实验

(1) [SXA01]编写程序，输出如下图形。

```
**
****
******
********
```

(2) [SXA02]输入并运行下面的程序。

```
1    #include<stdio.h>
```

```
2    void main()
3    {
4        char c1, c2;
5        c1='a';
6        c2='b';
7        printf("%c %c\n", c1, c2);
8    }
```

① 运行此程序。

② 在此基础上增加一个语句：

```
8    printf("%d %d\n",c1,c2);
```

再运行，并分析结果。

③ 将第 4 行改为：

```
4    int c1,c2;
```

再运行，并观察结果。

④ 将第 5、6 行改为：

```
5    c1=a;/*不用单撇号*/
6    c2=b;
```

再编译，分析错误。

⑤ 将第 5、6 行改为：

```
5    c1="a";/*用双撇号*/
6    c2="b";
```

再运行，分析其运行结果。

⑥ 将第 5、6 行改为：

```
5    c1=300;/*用大于 255 的整数*/
6    c2=400;
```

再运行，分析其运行结果。

(3) [SXA03]编写程序，设 int x＝5，输出变量 y(y 是 float 型)的值，并分析输出结果。

```
① y=2.4*x-1/2
② y=x%2/5-x
③ y=(x-=x*10, x/=10)
```

(4) [SXA04]编写程序，已知 a＝2，b＝3，x＝3.9，y＝2.3(a，b 整型，x，y 浮点)，计算表达式(float)(a＋b)/2＋(int)x%(int)y 的值。

(5) [SXA05]编写程序，已知 a＝7，x＝2.5，y＝4.7(a 整型，x，y 浮点)，计算表达式 x＋a%3*(int)(x＋y)%2/4 的值。

(6) [SXA06]根据圆柱体的半径和高，计算圆周长、圆面积、圆柱体表面积、圆柱体体积(结果精确到小数点后3位)。

(7) [SXA07]编写一个程序，输入一个长整数，输出它的十进制、八进制和十六进制表示。

(8) [SXA08]编写一个程序，按以下格式输出数据，其中姓名部分宽度为7，第2列和第3列数据宽度为10：

```
刘莉  154.9-----    ***12345.6
张芳  547.2-----    ***7542.96
钟瑞  458.3-----    ****735464
```

4. 分析与总结

(1) 使用 Visual C++ 6.0 新建一个程序有哪些方法？每个方法的特点是什么？

(2) 如何使用 Code::blocks 新建一个程序？

(3) 如何解决编译错误？

(4) 使用计算机处理数据可能出现溢出错误和舍入误差？这对编制程序有什么要求？

(5) C++ 语言取整是四舍五入，还是截断取整？

(6) 总结赋值转换原则。

(7) 总结 I/O 流在基本输入输出中的规律。

3.2.2 实验2 选择结构

1. 实验目的和要求

(1) 掌握关系、逻辑运算符及其表达式的正确使用。

(2) 掌握 if 语句和 switch 语句的使用。

(3) 掌握选择分支程序设计方法。

(4) 掌握单步调试方法。

2. 预习内容

(1) 教材第2～3章关系和逻辑运算、if 语句和 switch 语句的语法形式。

(2) 学习本书第2章的内容，了解程序调试技术及编译系统调试功能。

(3) 编写本次实验内容“设计型实验”题目的源程序，并完成静态检查。

3. 实验内容和步骤

1) 验证型实验

(1) [EXB01]逻辑值和逻辑表达式。

实验步骤：

① 新建 VC6 项目和文件，确定 Location 为 D:\DevShop，项目名为 EXB01，文件名

为 EXB01. CPP,控制台应用程序,向导使用“A empty project.”。

② 输入下面的程序。完成输入后,执行 File|Save(快捷键为 Ctrl+S)保存文件。

```
1    #include<stdio.h>
2    int main()
3    {
4        int a=0, b=5, i=10, j=10, c, d;
5        c=i++>i++;
6        d=j++>++j;
7          cout<<a==b<<","<<a>b<<","<<a!=b<<","<<a+2||b-5<<endl;
8          cout<<a>=0&&b>=0<<","c<<","<<d<<endl;
9        return 0;
10   }
```

③ 执行 Build|Build EXB01. exe 命令,VC6 开始编译、连接。完成后执行 Build|Execute EXB01. exe 命令可以看到程序运行结果。

④ 仔细分析运行结果及原因。

(2) [EXB02]下面程序按由小到大的顺序输出 a,b,c 三个数。

实验步骤:

① 新建 VC6 项目和文件,确定 Location 为 D:\DevShop,项目名为 EXB02,文件名为 EXB02. CPP,控制台应用程序,向导使用“A empty project.”。

② 输入下面的程序。完成输入后,执行 File|Save(快捷键为 Ctrl+S)保存文件。

```
1    #include<iostream.h>
2    int main()
3    {
4        int a,b,c,t;
5          cin>>a>>b>>c;
6        if (a>b) t=a, a=b, b=t;
7        if (a>c) t=a, a=c, c=t;
8        if (b>c) t=b, b=c, c=t;
9          cout<<"a="<<a<<",b="<<b<<",c="<<c<<endl;
10         return 0;
11   }
```

③ 执行 Build|Build EXB02. exe 命令,VC6 开始编译、连接。完成后执行 Build|Execute EXB02. exe 命令可以看到程序运行结果。

④ 仔细分析运行结果及原因。使用单步调试观察 if 的执行。

(3) [EXB03]下面程序输入两个运算数 x,y 和一个运算符号 op,然后输出该运算结果的值。

实验步骤:

① 新建 VC6 项目和文件,确定 Location 为 D:\DevShop,项目名为 EXB03,文件名为 EXB03. CPP,控制台应用程序,向导使用“A empty project.”。

② 输入下面的程序。完成输入后，执行 File|Save(快捷键为 Ctrl+S)保存文件。

```
1   #include<iostream.h>
2   int main()
3   {
4       float x,y,r;
5       char op;
6         cin>>x>>op>>y;
7       switch(op){
8           case'+':r=x+y;
9           case'-':r=x-y;
10          case'*':r=x*y;
11          case'/':r=x/y;
12    }
13        cout<<r<<endl;
14        return 0;
15  }
```

③ 执行 Build|Build EXB03.exe 命令，VC6 开始编译、连接。完成后执行 Build|Execute EXB03.exe 命令可以看到程序运行结果。

④ 仔细分析程序及运行结果的错误原因。使用单步调试观察 switch 的执行。

在单步调试中，当遇到系统函数时，应该使用 Step Over 功能。在单步调试时应随时观察关键变量的值，一旦与预期不一致就能判断出错误的运算或表达式；另一方面在单步调试时还需要观察程序的运行流程，一旦与预期不一致就能判断出错误的控制语句。

2）设计型实验

(1) [SXB01]有如下函数，要求输入 x 的值，求 y 的值(只能使用表达式)。

$$y=\begin{cases}|x| & x<0\\ x^2 & 0\leqslant x<10\\ \sqrt{x} & x\geqslant 10\end{cases}$$

分别使用数据－5,0,5,10,100 做测试。

(2) [SXB02]输入 1～7 之间的任意数字，程序按照用户的输入输出相应的星期名称。

(3) [SXB03]某单位马上要加工资，增加金额取决于工龄和现工资两个因素：对于工龄大于等于 20 年的，如果现工资高于 2000，加 200 元，否则加 180 元；对于工龄小于 20 年的，如果现工资高于 1500，加 150 元，否则加 120 元。工龄和现工资从键盘输入，编程求加工资后的员工工资。完成表 3.1 的计算。

(4) [SXB04]常见的钟表一般都有时针和分针，在任意时刻时针和分针都形成一定夹角；现已知当前的时刻，编程求出该时刻时针和分针的夹角(该夹角大小≤180°)；输入：当前时刻值，格式为“小时：分”，例如：11:12。

提示：分别计算出某时刻时针和分针应有的角度，再相减。

表 3.1

工龄 y(年)	现工资 S0(元)	调整后工资 S(元)—人工计算结果
25	2200	
22	1900	
18	1700	
16	1400	

(5) [SXB05]比较两个分数的大小(例如 4/5 和 6/7),注意不能用计算这两个分数值的方式来求解。

提示:人工方式下比较分数大小最常用的方法是进行分数的通分后比较分子的大小。

4. 分析与总结

(1) 什么情况下适用条件运算符?

(2) switch 和并列的 if-else 各自的特点是什么?

3.2.3 实验 3 循环结构

1. 实验目的和要求

(1) 掌握 while,do-while,for 循环的语法结构与应用。

(2) 掌握 while,do-while 循环的区别。掌握循环嵌套的使用方法。

(3) 掌握 break,continue 语句。

(4) 掌握循环程序设计方法。

(5) 掌握断点调试方法。

2. 预习内容

(1) 教材第 3 章实验循环结构的三个语句 while、do-while、for。

(2) 循环程序的三要素:初始值、循环控制、循环体。

(3) 学习本书第 2 章的内容,了解程序调试技术及编译系统调试功能。

(4) 编写本次实验内容"设计型实验"题目的源程序,并完成静态检查。

3. 实验内容和步骤

1) 验证型实验

(1) [EXC01]while 循环程序。

实验步骤:

① 新建 VC6 项目和文件,确定 Location 为 D:\DevShop,项目名为 EXC01,文件名为 EXC01.CPP,控制台应用程序,向导使用"A empty project."。

② 输入以下程序代码。完成输入后,执行 File|Save(快捷键为 Ctrl+S)保存文件。

```
1   #include<iostream.h>
2   int main()
3   {
4       int i=1, sum=0;
5   while(i<100)
6   {
7       sum=sum+i;
8       i++;
9   }
10  cout<<sum<<endl;
11      return 0;
12  }
```

③ 执行 Build|Build EXC01.exe 命令,VC6 开始编译、连接。完成后执行 Build|Execute EXC01.exe 命令可以看到程序运行结果。

(2) [EXC02]break 与 continue 语句比较。

实验步骤:

① 新建 VC6 项目和文件,确定 Location 为 D:\DevShop,项目名为 EXC02,文件名为 EXC02.CPP,控制台应用程序,向导使用"A empty project."。

② 输入下面的程序。完成输入后,执行 File|Save(快捷键为 Ctrl+S)保存文件。

```
1   #include<iostream.h>
2   int main()
3   {
4       int n;
5       for(n=100; n<=200; n++){
6           if(n%3==0)
7               continue;
8           cout<<n<<endl;
9       }
10      return 0;
11  }
```

③ 执行 Build|Build EXC02.exe 命令,VC6 开始编译、连接。完成后执行 Build|Execute EXC02.exe 命令可以看到程序运行结果。

④ 将第 7 行修改为"break;",重新编译、连接,分析运行结果及原因。

(3) [EXC03]循环程序断点调试方法。

实验步骤:

① 新建 VC6 项目和文件,确定 Location 为 D:\DevShop,项目名为 EXC03,文件名为 EXC03.CPP,控制台应用程序,向导使用"A empty project."。

② 输入下面的程序。完成输入后,执行 File|Save(快捷键为 Ctrl+S)保存文件。

```
1   #include<iostream.h>
2   int main()
```

```
3    {
4        int i, m;
5        cin>>m;
6        for(i=2; i<=m-1; i++)
7            if(m%i==0)
8                break;
9        if(i>=m)
10           cout<<m<<"是素数"<<endl;
11       else
12           cout<<m<<"不是素数"<<endl;
13
14       return 0;
15   }
```

③ 执行 Build|Build EXC03.exe 命令，VC6 开始编译、连接。完成后执行 Build|Execute EXC03.exe 命令可以看到程序运行结果。

④ 在第 8 行设置断点(F9 快捷键)，使用 Go(F5 快捷键)调试运行，输入 25，观察断点触发。

(4) [EXC04]循环程序数据断点调试方法。

实验步骤：

① 新建 VC6 项目和文件，确定 Location 为 D:\DevShop，项目名为 EXC04，文件名为 EXC04.CPP，控制台应用程序，向导使用“A empty project.”。

② 输入下面的程序。完成输入后，执行 File|Save(快捷键为 Ctrl+S)保存文件。

```
1    #include<iostream.h>
2    int main()
3    {
4        float sum;
5        int i, n1, n2, n;
6        sum=0.0;
7        n1=1; n2=1;
8        for(i=1; i<=20; i++){
9            n=n1;
10           n1=n2;
11           n2=n+n2;
12           cout<<n1<<","<<n2<<endl;
13           sum=sum+(float)n2/n1;
14       }
15       cout<<"sum="<<sum<<endl;
16       return 0;
17   }
```

③ 执行 Build|Build EXC04.exe 命令，VC6 开始编译、连接。完成后执行 Build|Execute EXC04.exe 命令可以看到程序运行结果。

④ 单击 Edit 菜单，执行 Breakpoints 命令（快捷键 Alt＋F9），弹出 Breakpoints 对话框，选择 Data 标签，在 Enter the expression to be evaluated 栏上输入“n1>100”，单击 OK 按钮。

⑤ 使用 Go(F5 快捷键)开始调试运行，由于 n1 为局部变量，因此开始时系统会将上面设置的数据断点禁用，当单步进入到 main 函数后，再次打开 Breakpoints 对话框，将“n1>100”数据断点设置为可用。

⑥ 使用 Go(F5 快捷键)继续调试运行，当 n1 的值出现大于 100 时，VC6 提示中断。此后可采用单步继续调试。

当遇到循环程序时，由于单步程序执行步骤太多而效率低下，这时应采用断点调试。断点方法一般有设置断点、运行到光标处等，当程序运行到断点位置会停下来，这时再结合单步调试来细致观察。

Visual C++ 6.0 更允许数据断点等条件断点，一旦在程序运行过程中，断点的数据（包括变量、变量表达式）成立，立刻会在条件成立时的那行程序位置上停下来，这种完全的动态性能提供了最佳的断点设置功能。

Code::Block 8.02 具有与 VC6 类似的断点调试，只不过操作按键不一样罢了。

2）设计型实验

(1) [SXC01]输入一行字符，分别统计出其中英文字母、空格、数字和其他字符的个数。

(2) [SXC02]有一堆零件(100～200 个之间)，如果以 4 个零件为一组进行分组，则多 2 个零件；如果以 7 个零件为一组进行分组，则多 3 个零件；如果以 9 个零件为一组进行分组，则多 5 个零件。编程求解这堆零件的总数。

提示：用穷举法求解。即零件总数 x 在 100～200 循环试探，如果满足所有几个分组已知条件，那么此时的 x 就是一个解。分组后多几个零件这种条件可以用求余运算获得条件表达式。

(3) [SXC03]编写程序，求任意两个整数之间所有的素数。

提示：判断 m 为素数的方法可以用 2 到 m－1 的数逐一去除 m，如果全不能整除则为素数。

(4) [SXC04]有一个分数数列：$\frac{2}{1},\frac{3}{2},\frac{5}{3},\frac{8}{5},\frac{13}{8},\frac{21}{13},\cdots$ 求出这个数列的前 20 项之和。

提示：后项分母为前项分子，后项分子为前项分子＋前项分母。

(5) [SXC05]在屏幕上用“*”画一个空心的圆。

提示：控制台屏幕输出是按行输出的，光标不能回到前面的字符行上，因此要打印圆可利用图形的左右对称性。根据圆的方程：R*R＝X*X＋Y*Y 可以算出圆上每一点行和列的对应关系。

(6) [SXC06]假设银行整存整取存款不同期限的月息利率分别为：

0.63%　　期限＝1年
0.66%　　期限＝2年
0.69%　　期限＝3年

0.75%　　期限 = 5 年

0.84%　　期限 = 8 年

利息 = 本金 * 月息利率 *12* 存款年限

现在某人手中有2000元钱,请通过计算选择一种存钱方案,使得钱存入银行20年后得到的利息最多(假定银行对超过存款期限的那一部分时间不付利息)。

提示:为了得到最多的利息,存入银行的钱应在到期时马上取出来,然后立刻将原来的本金和利息加起来再作为新的本金存入银行,这样不断地滚动直到满20年为止,由于存款的利率不同,所以不同的存款方法(年限)存20年得到的利息是不一样的。

分析题意,设2000元存20年,其中1年存 l_1 次,2年存 l_2 次,3年存 l_3 次,5年存 l_5 次,8年存 l_8 次,则到期时存款人应得到的本金和利息合计为:

$$2000 * (1+rate1)^{l_1} * (1+rate2)^{l_2} * (1+rate3)^{l_3} * (1+rate5)^{l_5} * (1+rate8)^{l_8}$$

其中rateN为对应存款年限的利率。根据题意还可得到以下限制条件:

$$0 \leqslant i_8 \leqslant 2$$

$$0 \leqslant i_5 \leqslant (20 - 8 * i_8)/5$$

$$0 \leqslant i_3 \leqslant (20 - 8 * i_8 - 5 * i_5)/3$$

$$0 \leqslant i_2 \leqslant (20 - 8 * i_8 - 5 * i_5 - 3 * i_3)/2$$

$$0 \leqslant i_1 \leqslant (20 - 8 * i_8 - 5 * i_5 - 3 * i_3 - 2 * i_2)$$

可以用穷举法穷举所有的 i_8、i_5、i_3、i_2 和 i_1 的组合,代入求本金和利息的公式计算出最大值,就是最佳存款方案。

(7) [SXC07]迭代法是用于求方程或方程组近似根的一种常用的算法设计方法。设方程为f(x)=0,用某种数学方法导出等价的形式x=g(x),然后按以下步骤执行:

① 选一个方程的近似根,赋给变量x0;

② 将x0的值保存于变量x1,然后计算g(x1),并将结果存于变量x0;

③ 当x0与x1的差的绝对值还小于指定的精度要求时,重复步骤②的计算。

若方程有根,并且用上述方法计算出来的近似根序列收敛,则按上述方法求得的x0就认为是方程的根。上述算法用C程序的形式表示为:

```
x0=初始近似根;
do{
    x1=x0;
    x0=g(x1);        /*按特定的方程计算新的近似根*/
}while(fabs(x0-x1)>精度要求);
printf("方程的近似根是%f\n",x0);
```

试用迭代法求 $x=\sqrt{a}$,其迭代公式为:$x_{n+1}=\frac{1}{2}\left(x_n+\frac{a}{x_n}\right)$,写出a为1,2,4,5的结果。

4. 分析与总结

(1) 循环程序可以用三种语句实现,三种语句一般情况可以相互替换。但某些情况下使用某种循环语句会更方便,试总结之。

(2) 穷举法是利用计算机高速计算能力试探搜索求解复杂问题的一种很好的方法。

(3) 程序必要的缩进、对齐有利于改善程序可读性(特别是有多层嵌套结构的程序),便于检查程序中的错误。

3.2.4 实验4 函数与预处理命令

1. 实验目的和要求

(1) 掌握函数定义、返回值、函数参数、函数调用的基本概念和语法。

(2) 掌握函数原型声明。

(3) 掌握函数参数传递的方式,掌握函数的传值、传址调用。

(4) 了解函数嵌套调用、递归调用。

(5) 掌握函数重载、函数的默认参数值。

(6) 了解内联函数的用途。

(7) 掌握函数模板的定义和使用。

(8) 理解全局变量和局部变量、动态变量和静态变量的使用方法。

(9) 掌握多文件程序的实现,了解项目文件管理的方法。

(10) 掌握宏定义的语法和应用,掌握文件包含的处理方式。

(11) 掌握函数调试方法。

2. 预习内容

(1) 教材第4章函数定义、调用、原型声明、参数及参数传递、返回值的语法和概念。

(2) 教材第4章全局变量和局部变量、动态变量和静态变量的相关知识。

(3) 教材第5章宏定义和文件包含预处理命令。

(4) 学习本书第2章的内容,了解程序调试技术及编译系统调试功能。

(5) 编写本次实验内容"设计型实验"题目的源程序,并完成静态检查。

3. 实验内容和步骤

1) 验证型实验

(1) [EXD01]局部变量和全局变量、动态变量和静态变量。

实验步骤:

① 新建VC6项目和文件,确定Location为D:\DevShop,项目名为EXD01,文件名为EXD01.CPP,控制台应用程序,向导使用"A empty project."。

② 输入下面的程序。完成输入后,执行File|Save(快捷键为Ctrl+S)保存文件。

```
1    #include<iostream.h>
2    int a=2, b;
3    int f1(int x, int y)
4    {
5        static int k=1;
```

```
6       k++; a++;
7       return(x+y+k+a+b);
8   }
9   int f2(int x, int y)
10  {
11      int k=1;
12      k++; b++;
13      return(x+y+k+a+b);
14  }
15  int main()
16  {
17      int i, j;
18      for(j=i=0; i<5; i++, j++)
19          cout<<"i="<<i<<","<<f2(f1(j++,a++),f1(++j,++b))<<endl;
20      return 0;
21  }
```

③ 执行 Build|Build EXD01.exe 命令，VC6 开始编译、连接。完成后执行 Build|Execute EXD01.exe 命令可以看到程序运行结果。

④ 启动单步调试(F11 快捷键)，在第 19 行使用 Step Into(F11 快捷键)进入到函数 f1、f2 中单步调试。

⑤ 在第 6 行设置断点，使用 Go(F5 快捷键)开始调试运行直到在第 5 行中断，之后单步调试。

(2) [EXD02]带默认形参值的函数。

实验步骤：

① 新建 VC6 项目和文件，确定 Location 为 D:\DevShop，项目名为 EXD02，文件名为 EXD02.CPP，控制台应用程序，向导使用“A empty project.”。

② 输入下面的程序。完成输入后，执行 File|Save(快捷键为 Ctrl+S)保存文件。

```
1   #include<iostream.h>
2   int q=1,p=2;
3   int sum(int a,int b=p+q,int c=p*q)
4   {
5       return(a+b+c);
6   }
7   int main()
8   {
9       int x=10,y=20;
10      int s1=sum(x);
11      int s2=sum(x,y);
12      cout<<"s1="<<s1<<",s2="<<s2<<endl;
13      return 0;
14  }
```

③ 执行 Build|Build EXD02.exe 命令，VC6 开始编译、连接。完成后执行 Build|Execute EXD02.exe 命令观察并分析运行结果。

(3) [EXD03]重载函数。

实验步骤：

① 新建 VC6 项目和文件，确定 Location 为 D:\DevShop，项目名为 EXD03，文件名为 EXD03.CPP，控制台应用程序，向导使用“A empty project.”。

② 输入下面的程序。完成输入后，执行 File|Save(快捷键为 Ctrl+S)保存文件。

```
1   #include<iostream.h>
2   #define PI 3.14159
3   double area(double x,double y)
4   {
5       return x*y;
6   }
7   double area(double r)
8   {
9       return PI*r*r;
10  }
11  int main()
12  {
13      cout<<"长方形的面积为："<<area(10.5,6.0)<<endl;
14      cout<<"圆的面积为："<<area(8.0)<<endl;
15      return 0;
16  }
```

③ 执行 Build|Build EXD03.exe 命令，VC6 开始编译、连接。完成后执行 Build|Execute EXD03.exe 命令观察并分析运行结果。

(4) [EXD04]函数模板。

实验步骤：

① 新建 VC6 项目和文件，确定 Location 为 D:\DevShop，项目名为 EXD04，文件名为 EXD04.CPP，控制台应用程序，向导使用“A empty project.”。

② 输入下面的程序。完成输入后，执行 File|Save(快捷键为 Ctrl+S)保存文件。

```
1   #include<iostream.h>
2   template<typename T>
3   T abs(T x)
4   {
5       return x<0?-x:x;
6   }
7   void main()
8   {
9       int i=-10;
10      double d=-8.2;
```

```
11      cout<<abs(i)<<endl;
12      cout<<abs(d)<<endl;
13  }
```

③ 执行 Build|Build EXD04. exe 命令,VC6 开始编译、连接。完成后执行 Build|Execute EXD04. exe 命令观察并分析运行结果。

函数调试综合了全部的调试功能,它包含单步调试、断点调试等操作方法。函数调试经常使用 Step Into 和 Step Out 方式,一般当某个函数已经被调试证明是正确的时候,那么对它就可以使用 Step Over 单步了。

2) 设计型实验

(1) [SXD01]编写下面程序,文件为 SXD03. CPP。

```
1   #include<stdio.h>
2   extern long fac(int i);
3   void main(void)
4   {
5       long r;
6       r=fac(6);
7       printf("%ld\n",r);
8   }
```

再编写下面程序,文件为 SXD03a. CPP。

```
1   long fac(int i)
2   {
3       if(i==0)
3           return 1;
3       else
3           return i*fac(i-1);
7   }
```

将这两个文件组织在一个项目文件中编译。

(2) [SXD02]调试下面的程序。

```
1   #include<stdio.h>
2   #define ISALPHA(c) (c>='A'&&c<='Z'||c>='a'&&c<='z')
3   void main()
4   {
5       char ch;
6       printf("enter a char:");
7       scanf("%c",&ch);
8       if(ISALPHA(ch))
9           printf("%c is an alpha.\n",ch);
10      else
11          printf("%c isn't an alpha.\n",ch);
12  }
```

分析宏定义展开的内容。

(3) [SXD03]编写一个函数 IsP(int n),函数的功能是检查 n 是否为素数,如果是函数返回“真”,否则返回“假”。在主函数中调用该函数,打印 100～1000 之间的全部素数。

(4) [SXD04]用筛选法求 100 之内的素数。

(5) [SXD05]递推法是利用问题本身所具有的一种递推关系求问题解的一种方法。设要求问题规模为 N 的解,当 N=1 时,解或为已知,或能非常方便地得到解。能采用递推法构造算法的问题有重要的递推性质,即当得到问题规模为 i-1 的解后,由问题的递推性质,能从已求得的规模为 1,2,…,i-1 的一系列解,构造出问题规模为 i 的解。这样,程序可从 i=0 或 i=1 出发,重复地,由已知至 i-1 规模的解,通过递推,获得规模为 i 的解,直至得到规模为 N 的解。

利用递推法,编写程序,对给定的 n(n≤100),计算并输出 k 的阶乘 k!(k=1,2,…,n)的全部有效数字。

提示:由于要求的整数可能大大超出一般整数的位数,程序用一维数组存储长整数,存储长整数数组的每个元素只存储长整数的一位数字。如有 m 位长整数 N 用数组 a 存储:

$$N = a[m] \times 10^{m-1} + a[m-1] \times 10^{m-2} + \cdots + a[2] \times 10^1 + a[1] \times 10^0$$

并用 a[0]存储长整数 N 的位数 m,即 a[0]=m。按上述约定,数组的每个元素存储 k 的阶乘 k!的一位数字,并从低位到高位依次存于数组的第二个元素、第三个元素……。例如,5!=120,在数组中的存储形式为:3 0 2 1 …

(6) [SXD06]利用递归法找出从自然数 1、2、…、n 中任取 r 个数的所有组合。

(7) [SXD07]已知下列公式:

$$f(x,y,z) = \begin{cases} x2 + y2 + z2 & x \geqslant 0, y \geqslant 0, z \geqslant 0 \\ x2 + y2 & x \geqslant 0, y \geqslant 0, z < 0 \\ x2 & x \geqslant 0, y < 0 \\ 0 & x < 0 \end{cases}$$

编程求 f(x,y,z)的值,并且在主函数中实现 x、y、z 值的输入。要求:程序中必须使用重载函数。

(8) [SXD08]对具有 10 个元素的数组求最大值,将求最大值函数设计成函数模板,分别对整型数组和实型数组求最大值。

4. 分析与总结

(1) 掌握函数声明的使用,在什么情况下需要函数声明?

(2) 定义函数的关键是什么?

(3) 全局变量和局部变量、静态变量和动态变量的使用区别是什么?

(4) 掌握递归问题编程方法。

(5) 掌握重载函数的使用方法,函数的重载要注意什么?

3.2.5 实验 5 数组

1. 实验目的和要求

(1) 理解一维数组和二维数组的概念,掌握数组的定义、初值、元素的引用。

(2) 掌握一维数组和二维数组的输入输出方法。

(3) 掌握与数组有关的算法和程序编程方法。

(4) 理解字符数组和字符串的概念。掌握字符串的定义、初值、元素引用、输入输出。

(5) 掌握常用字符串处理函数。

(6) 掌握断点调试方法。

2. 预习内容

(1) 教材第 6 章一维数组和二维数组的概念、定义、初值、元素引用、输入输出。

(2) 冒泡法、选择法、插入排序算法,顺序查找、二分查找算法。

(3) 学习本书第 2 章的内容,了解程序调试技术及编译系统调试功能。

(4) 编写本次实验内容"设计型实验"题目的源程序,并完成静态检查。

3. 实验内容和步骤

1) 验证型实验

(1) [EXE01]数组输入输出。

实验步骤:

① 新建 VC6 项目和文件,确定 Location 为 D:\DevShop,项目名为 EXE01,文件名为 EXE01.CPP,控制台应用程序,向导使用"A empty project."。

② 输入下面的程序。完成输入后,执行 File|Save(快捷键为 Ctrl+S)保存文件。

```
1    #include<iostream.h>
2    int main()
3    {
4        int a[2][3];
5        int i, j;
6        for(i=0; i<2; i++)
7            for(j=0; j<3; j++)
8                cin>>a[i][j];
9        for(j=0; j<3; j++){
10           for(i=0; i<2; i++)
11               cout<<a[i][j];
12           cout<<endl;
13       }
14       return 0;
15   }
```

③ 执行 Build|Build EXE01. exe 命令,VC6 开始编译、连接。完成后执行 Build|Execute EXE01. exe 命令。

④ 输入数据 1 2 3 4 5 6 ,可以看到程序运行结果。

(2) [EXE02]字符串连接。

实验步骤:

① 新建 VC6 项目和文件,确定 Location 为 D:\DevShop,项目名为 EXE02,文件名为 EXE02. CPP,控制台应用程序,向导使用“A empty project.”。

② 输入下面的程序。完成输入后,执行 File|Save(快捷键为 Ctrl+S)保存文件。

```
1    #include<iostream.h>
2    #include<stdio.h>
3    int main()
4    {
5        char s1[80], s2[80];
6        int i, j;
7        gets(s1);
8        gets(s2);
9        j=i=0;
10       while(s1[i])i++;
11       while(s2[j]){
12           s1[i]=s2[j] ;
13           i++, j++;
14       }
15       puts(s1);
16       return 0;
17   }
```

③ 执行 Build|Build EXE02. exe 命令,VC6 开始编译、连接。完成后执行 Build|Execute EXE02. exe 命令。

④ 输入数据 Hello↙ World↙,可以看到程序运行结果有问题,分析错误原因。

⑤ 单步调试程序,观察 s1,s2 各元素的内容。

(3) [EXE03]冒泡法排序。

实验步骤:

① 新建 VC6 项目和文件,确定 Location 为 D:\DevShop,项目名为 EXE03,文件名为 EXE03. CPP,控制台应用程序,向导使用“A empty project.”。

② 输入下面的程序。完成输入后,执行 File|Save(快捷键为 Ctrl+S)保存文件。

```
1    #include<iostream.h>
2    #define N 10
3    int main()
4    {
5        int a[N]={34,21,-7,8,99,121,45,67,11,10};
6        int i, j, t;
```

```
7   /*冒泡法排序*/
8       for(i=0; i<N-1; i++)
9       {
10          for(j=0; j<N-1-i; j++)
11              if(a[j]<a[j+1])
12              {
13                  t=a[j];
14                  a[j]=a[j+1];
15                  a[j+1]=t;
16              };
17          cout<<"第"<<i<<"趟";
18          for(j=0; j<N; j++)
19              cout<<a[j]<<"";
20          cout<<endl;
21      }
22      return 0;
23  }
```

③ 执行 Build|Build EXE03. exe 命令，VC6 开始编译、连接。完成后执行 Build|Execute EXE03. exe 命令可以看到程序运行结果。

④ 第 17～20 行目的是为了显示排序过程，观察排序后的结果。

(4) [EXE04]选择法排序。

实验步骤：

① 新建 VC6 项目和文件，确定 Location 为 D:\DevShop，项目名为 EXE04，文件名为 EXE04. CPP，控制台应用程序，向导使用“A empty project.”。

② 输入下面的程序。完成输入后，执行 File|Save(快捷键为 Ctrl+S)保存文件。

```
1   #include<iostream.h>
2   #define N 10
3   int main()
4   {
5       int a[N]={34,21,-7,8,99,121,45,67,11,10};
6       int i, j, t, k;
7       /*选择法排序*/
8       for(i=0; i<N-1; i++)
9       {
10          k=i;
11          for(j=i+1; j<N; j++)
12              if(a[k]>a[j])k=j;
13          if(k!=i){
14              t=a[i];
15              a[i]=a[k];
16              a[k]=t;
17          };
```

```
18            cout<<"第"<<i<<"趟";
19            for(j=0; j<N; j++)
20                cout<<a[j]<<"";
21            cout<<endl;
22        }
23        return 0;
24    }
```

③ 执行 Build|Build EXE04. exe 命令,VC6 开始编译、连接。完成后执行 Build|Execute EXE04. exe 命令可以看到程序运行结果。

④ 第18~21行目的是为了显示排序过程。

(5) [EXE05]二分查找算法。

实验步骤:

① 新建 VC6 项目和文件,确定 Location 为 D:\DevShop,项目名为 EXE05,文件名为 EXE05. CPP,控制台应用程序,向导使用"A empty project."。

② 输入下面的程序。完成输入后,执行 File|Save(快捷键为 Ctrl+S)保存文件。

```
1    #include<iostream.h>
2    int BinarySearch(int A[], int key, int N)
3    {
4        int Low, Mid, High;
5        Low=0;
6        High=N-1;
7        while(Low<=High)
8        {
9             Mid=(Low+High)/2;
10            if(A[Mid]<key)
11                  Low=Mid+1;
12            else if(A[Mid]>key)
13                  High=Mid-1;
14            else
15                  return Mid;
16       }
17       return-1;
18   }
19   int main()
20   {
21       int a[]={-2, -4, 0, 3, 5, 7, 10, 11, 13, 57, 99, 100};
22       int m;
23       cin>>m;
24       cout<<"二分查找:"<<BinarySearch(a, m, 12)<<endl;
25       return 0;
26   }
```

③ 执行 Build|Build EXE05. exe 命令，VC6 开始编译、连接。完成后执行 Build|Execute EXE05. exe 命令可以看到程序运行结果。

④ 启动单步调试(F11 键)，在第 24 行使用 Step Into(F11 键)进入到函数 BinarySearch 中单步调试。

⑤ 启动单步调试(F11 键)，在第 24 行使用 Step Over(F10 键)直接跳过函数 BinarySearch 单步调试。

⑥ 在第 5 行设置断点，使用 Go(F5 键)开始调试运行直到在第 5 行中断，之后单步调试函数 BinarySearch。

⑦ 在第 5 行设置断点，使用 Go(F5 键)开始调试运行直到在第 5 行中断，再使用 Step Out(Shift+F11 键)直接执行完函数 BinarySearch 回到第 24 行。

(6) [EXE06]快速排序。

实验步骤：

① 新建 VC6 项目和文件，确定 Location 为 D:\DevShop，项目名为 EXE06，文件名为 EXE06. CPP，控制台应用程序，向导使用“A empty project.”。

② 输入下面的程序。完成输入后，执行 File|Save(快捷键为 Ctrl+S)保存文件。

```
1    #include<iostream.h>
2    #include<iomanip.h>
3    void quickSort(int a[],int left,int right)
4    {
5        int i,j,temp;
6        i=left;
7        j=right;
8        temp=a[left];
9        if(left>right)return;
10         while(i!=j)                          /*找到最终位置*/
11        {
12            while(a[j]>=temp && j>i) j--;
13            if(j>i)a[i++]=a[j];
14            while(a[i]<=temp && j>i)i++;
15            if(j>i)a[j--]=a[i];
16        }
17        a[i]=temp;
18         cout<<"左"<<endl;
19        quickSort(a,left,i-1);               /*递归左边*/
20         cout<<"右"<<endl;
21        quickSort(a,i+1,right);              /*递归右边*/
22        for(i=0;i<10;i++)cout<<setw(4)<<a[i];
23            cout<<endl;
24    }
25    int main()
26    {
```

```
27        int a[10]={8,2,6,12,1,9,5,-1,0,16};
28        quickSort(a,0,9);
29         return 0;
30    }
```

③ 执行 Build|Build EXE06.exe 命令，VC6 开始编译、连接。完成后执行 Build|Execute EXE06.exe 命令可以看到程序运行结果。

④ 第17、19、21、22行是为了显示中间结果的调试语句。

调试数组程序需要观察数组元素，由于数组元素有很多，因此可以观察任意表达式下标的数组元素。

调试程序还可以采用数据输出的办法，即增加数据输出语句，将中间结果显示出来观察。这种方法在调试大批量数据程序时非常有用，当程序调试成功后可以将这些调试语句去掉。C++ 语言允许条件编译，即根据配置来选择调试语句是否要编译，从而使得调试语句的应用更上一个层次。

2) 设计型实验

(1) [SXE01]找出 1～100 之间能被 7 或 11 整除的所有整数，存放在数组 a 中，并统计其个数。要求以每行排列 5 个数据的形式输出 a 数组中的数据。

(2) [SXE02]编制程序：对键盘输入的字符串进行逆序，逆序后的字符串仍然保留在原来字符数组中，最后输出(不得调用任何字符串处理函数)，例如：输入 hello world 输出 dlrow olleh。

(3) [SXE03]设有 4×4 的方阵，其中的元素由键盘输入。求出：

① 主对角线上元素之和；

② 辅对角线上元素之积；

③ 方阵中最大的元素。

提示：主对角线元素行、列下标相同；辅对角线元素行、列下标之和等于方阵的最大行号(或最大列号)一下标。

(4) [SXE04]编写程序：对键盘输入的两个字符串进行连接(规定不得调用任何字符串处理函数)。例如：输入 hello<CR>world<CR>，输出 helloworld.

(5) [SXE05]编写程序：从键盘输入 4 个字符串(长度<20)，存入二维字符数组中。然后对它们进行排序(假设按由小到大的顺序)，最后输出排序后的 4 个字符串。

提示：字符串比较可以用 strcmp 函数实现，排序方法可用选择法或冒泡法。

(6) [SXE06]计算分数的精确值。

使用数组精确计算 M/N($0<M<N\leqslant 100$)的值。如果 M/N 是无限循环小数，则计算并输出它的第一循环节，同时要求输出循环节的起止位置(小数位的序号)。

提示：由于计算机字长的限制，常规的浮点运算都有精度限制，为了得到高精度的计算结果，就必须自行设计实现方法。

为了实现高精度的计算，可将商存放在一维数组中，数组的每个元素存放一位十进制数，即商的第一位存放在第一个元素中，商的第二位存放在第二个元素中……，以此类推。这样就可以使用数组表示一个高精度的计算结果。

进行除法运算时可以模拟人的手工操作，即每次求出商的第一位后，将余数乘以 10，再计算商的下一位，重复以上过程，当某次计算后的余数为 0 时，表示 M/N 为有限不循环小数，某次计算后的余数与前面的某个余数相同时，则 M/N 为无限循环小数，从该余数第一次出现之后所求得的各位数就是小数的循环节。

(7) [SXE07]编制函数 fun，其功能是删除一个字符串中指定的字符。要求原始字符串在主函数中输入，处理后的字符串在主函数中输出。

(8) [SXE08]编写一个函数 double avg(double A[],int n)，函数的功能是求数组中 n 个元素的平均值。在主函数中输入 20 个数据，调用函数输出平均值。

(9) [SXE09]用二分查找法在已排好序的数组中查找输入的数。如果找到了输出该数的下标，否则输出“未找到”。(数组为：1,2,13,24,25,44,57,63,66,78,90,100)

(10) [SXE10]编写一个函数 sort(int A[],int n)，函数的功能是用冒泡法对数组进行由大到小的排序，其中 n 为数组 A 的元素个数。在主函数中输入 10 个数据，调用函数排序，然后输出排好序的 10 个数据。(输入数据：6,8,9,1,2,5,4,7,3,18)

(11) [SXE11]编写一个函数 sort(int A[],int n)，函数的功能是用选择法对数组进行由小到大的排序，其中 n 为数组 A 的元素个数。在主函数中输入 10 个数据，调用函数排序，然后输出排好序的 10 个数据。(输入数据：6,8,9,1,2,5,4,7,3,18)

4. 分析与总结

(1) 数组下标范围容易搞错，容易产生越界错误。

(2) 对于字符串的处理可以将字符串当作字符数组逐个元素处理，也可以调用字符串处理函数整体处理。

(3) 字符串串尾结束符号'\0'在编制字符串处理程序时很重要。

3.2.6 实验 6 指针、引用与函数

1. 实验目的和要求

(1) 进一步理解指针的概念。

(2) 掌握指针变量的定义、初值以及通过指针变量对数据的访问。

(3) 掌握运算符“&”和“*”的应用。

(4) 掌握指针在数组、字符串和函数方面的应用，指针的运算特点。

(5) 掌握动态内存分配与释放方法。

(6) 掌握用引用做函数参数的方法。

2. 预习内容

(1) 教材第 7 章指针的基本概念，指针变量的定义、初值、赋值和运算规则。

(2) 教材第 7 章指针在数组、字符串方面的应用，函数应用指针传递参数。

(3) 编写本次实验内容“设计型实验”题目的源程序，并完成静态检查。

3. 实验内容和步骤

1) 验证型实验

(1) [EXF01]观察地址与变量的程序。

实验步骤：

① 新建VC6项目和文件，确定Location为D:\DevShop，项目名为EXF01，文件名为EXF01.CPP，控制台应用程序，向导使用“A empty project.”。

② 输入下面的程序。完成输入后，执行File|Save(快捷键为Ctrl+S)保存文件。

```
1    #include<iostream.h>
2    #include<iomanip.h>
3    int main()
4    {
5        int a[10]={1,2,3,4,5,6,7,8,9,10};
6        int * p;
7        for(p=a;  p<a+10;  p++)
8        {
9            cout<<"指针地址="<<hex<<p<<"\t";
10           cout<<"指向的值="<< * p<<endl;
11       }
12       cout<<p<<'\t';
13       cout<< * p<<endl;
14       return 0;
15   }
```

③ 执行Build|Build EXF01.exe命令，VC6开始编译、连接。完成后执行Build|Execute EXF01.exe命令可以看到程序运行结果。

(2) [EXF02]观察多维数组地址与变量的程序。

实验步骤：

① 新建VC6项目和文件，确定Location为D:\DevShop，项目名为EXF02，文件名为EXF02.CPP，控制台应用程序，向导使用“A empty project.”。

② 输入下面的程序。完成输入后，执行File|Save(快捷键为Ctrl+S)保存文件。

```
1    #include<iostream.h>
2    #include<iomanip.h>
3    int main()
4    {
5        int a[3][4]={0,1,2,3,4,5,6,7,8,9,10,11};
6        cout<<"a="<<hex<<a<<endl;
7        cout<<"a="<<hex<< * a<<endl;
8        cout<<"a[0]="<<hex<<a[0]<<endl;
9        cout<<"&a[0]="<<hex<<&a[0]<<endl;
10       cout<<"&a[0][0]="<<hex<<a[0][0]<<endl;
```

```
11      cout<<"a+1="<<hex<<a+1<<endl;
12      cout<<"*(a+1)="<<hex<<*(a+1)<<endl;
13      cout<<"a[1]="<<hex<<a[1]<<endl;
14      cout<<"&a[1]="<<hex<<&a[1]<<endl;
15      cout<<"&a[1][0]="<<hex<<&a[1][0]<<endl;
16      cout<<"a+2="<<hex<<a+2<<endl;
17      cout<<"*(a+2)="<<hex<<*(a+2)<<endl;
18      cout<<"a[2]="<<hex<<a[2]<<endl;
19      cout<<"&a[2]="<<hex<<&a[2]<<endl;
20      cout<<"&a[2][0]="<<hex<<&a[2][0]<<endl;
21      cout<<"a[1]+1="<<hex<<a[1]+1<<endl;
22      cout<<"*(a+1)+1="<<hex<<*(a+1)+1<<endl;
23  cout<<"*(a[1]+1)="<<hex<<*(a[1]+1)<<",*(*(a+1)+1)="<<hex<<*(*(a+
    1)+1)<<endl;
24      return 0;
25  }
```

③ 执行 Build|Build EXF02.exe 命令,VC6 开始编译、连接。完成后执行 Build|Execute EXF02.exe 命令可以看到程序运行结果。

(3) [EXF03]引用符号和地址符号的用法。

实验步骤:

① 新建 VC6 项目和文件,确定 Location 为 D:\DevShop,项目名为 EXF03,文件名为 EXF03.CPP,控制台应用程序,向导使用“A empty project.”。

② 输入下面的程序。完成输入后,执行 File|Save(快捷键为 Ctrl+S)保存文件。

```
1   #include<iostream.h>
2   int main()
3   {
4       int n=10;
5       int &r=n;
6       n=15;
7       cout<<"n="<<n<<","<<"r="<<r<<endl;
8       cout<<"&n="<<&n<<","<<"&r="<<&r<<endl;
9       int m=20;
10      r=m;
11      cout<<"n="<<n<<","<<"m="<<m<<","<<"r="<<r<<endl;
12      cout<<"&n="<<&n<<","<<"&m="<<&m<<","<<"&r="<<&r<<endl;
13      return 0;
14  }
```

③ 执行 Build|Build EXF03.exe 命令,VC6 开始编译、连接。完成后执行 Build|Execute EXF03.exe 命令可以看到程序运行结果。

(4) [EXF04]动态分配内存。

实验步骤:

① 新建VC6项目和文件，确定Location为D:\DevShop，项目名为EXF04，文件名为EXF04.CPP，控制台应用程序，向导使用“A empty project.”。

② 输入下面的程序。完成输入后，执行File|Save(快捷键为Ctrl+S)保存文件。

```
1    #include<iostream.h>
2    int main()
3    {
4        int * p1, * p2=new int(5);
5        p1=new int(3);
6        cout<<" * p1="<< * p1<<", * p2="<< * p2<<endl;
7        delete p2;
8        p2=new int(9);
9        cout<<" * p1="<< * p1<<", * p2="<< * p2<<endl;
10       delete p1;
11       delete p2;
12       return 0;
13   }
```

③ 执行Build|Build EXF04.exe命令，VC6开始编译、连接。完成后执行Build|Execute EXF04.exe命令可以看到程序运行结果。

对指针以及数组等数据类型程序的调试主要使用观察功能，由于这些类型的变量实质上就是地址，因此观察时得到的结果就是地址值，而要得到所对应存储空间的值，需要使用指针运算和表达式。事实上调试器能显示表达式的值，只需要设置观察窗口表达式即可。

2）设计型实验

(1)[SXF01]使用指针编程：输入一行文字，统计其中大写字母、小写字母、空格以及数字字符的个数。

(2)[SXF02]编写一个函数void strcopy(char * s,char * d)，函数的功能是将d所指向的字符串复制到s所指向的字符数组中(不能使用strcpy函数)。在主函数中输入一个字符串，调用函数复制到另一个字符串中且打印出来。(输入：This is c program)

(3)[SXF03]使用引用编程：编写程序输入两个字符串，将比较大的字符串打印出来。然后将两个字符串合并，并将合并后的结果输出。(不能使用系统函数)

(4)[SXF04]有n个人围成一圈，顺序编号。从第一个人开始报数(从1到m)，凡报到m的人退出圈子，问最后一个圈中的人的编号？

提示：可以用一个数组保存n个人的编号，当此人退出圈子时将编号变为0；用一个计数器i模拟每个人的编号，如果此人已出圈(即编号为0)，则跳过此人不计数，否则进行累加，当报完一圈后将i置0，重新计数；用一个计数器k模拟报数，当k=m时，将k置0再从头报数。用一个变量quit_num记录出圈的人数，当圈中只剩一个人时，即quit_num为n-1，停止报数，输出结果。对数组进行搜索，查找编号不为零的人(留在圈中的人)，输出他的编号。

(5)[SXF05]输入一段文字，将其中连续的数字作为整数存放在另一数组中，并统计整数的个数。如输入 ads67df-u823; sa(hg)673 6ssd23,则其中整数个数为 5,分别为:67、823、673、6、23。

提示:对字符串从头到尾对每个字符进行扫描,即利用循环,每次读取一个字符,直到遇到字符串结束标志"\0"为止。利用一个变量 j 记录连续数字的个数,每遇到数字将 j 加 1,遇到其他字符,则将 j 置 0,以后可以利用 j 计算连续数字的值。扫描时,每当遇到非数字字符,而 j>0 时,表示一个数字结束,如 j=0 则表示前面也不是数字字符。利用一个变量 digit_num,统计数的个数,当数字结束时 digit_num 加 1。对于连续的几个数字字符,由于扫描到的是一个一个数字字符,没有实际的值,因此在一个数字结束,要计算连续数字字符的值。用一个数组保存得到字符数字的值,一个数组元素保存一个数。

4. 分析与总结

(1) 如何定义指针变量?

(2) 指针的两个基本运算符"&"和"*"的应用特点和运算结果。

(3) 数组引用可以有指针、下标两种方式,各有不同的操作模式,针对具体情况总结应用场合。

(4) 什么时候用指针做函数参数?什么时候用引用做函数参数?

3.2.7 实验 7 结构体与函数

1. 实验目的和要求

(1) 掌握结构体类型定义、结构体变量、数组定义和引用。

(2) 掌握运算符"."和"->"、"sizeof"的应用。

2. 预习内容

(1) 教材第 8 章结构体类型定义、结构体变量、数组定义和引用。

(2) 编写本次实验内容"设计型实验"题目的源程序,并完成静态检查。

3. 实验内容和步骤

1) 验证型实验

(1) [EXG01]观察结构体变量的程序。

实验步骤:

① 新建 VC6 项目和文件,确定 Location 为 D:\DevShop,项目名为 EXG01,文件名为 EXG01.CPP,控制台应用程序,向导使用"A empty project."。

② 输入下面的程序。完成输入后,执行 File|Save(快捷键为 Ctrl+S)保存文件。

```
1    #include<iostream.h>
2    struct stu
3    {
4        int num;
```

```
5        char * name;
6        char sex;
7        float score;
8    }boy[5]={
9              {101,"Li ping",'M',45},
10             {102,"Zhang ping",'M',62.5},
11             {103,"He fang",'F',92.5},
12             {104,"Cheng ling",'F',87},
13             {105,"Wang ming",'M',58},
14           };
15   int main()
16   {
17       int i,c=0;
18       float ave,s=0;
19       for(i=0;i<5;i++)
20       {
21         s+=boy[i].score;
22         if(boy[i].score<60)c+=1;
23   }
24   cout<<"s="<<s<<endl;
25   ave=s/5;
26   cout<<"平均="<<ave<<",人数="<<c<<endl;
27   return 0;
28   }
```

③ 执行 Build|Build EXG01. exe 命令,VC6 开始编译、连接。完成后执行 Build|Execute EXG01. exe 命令可以看到程序运行结果。

(2) [EXG02]观察结构体数组的程序。

实验步骤:

① 新建 VC6 项目和文件,确定 Location 为 D:\DevShop,项目名为 EXG02,文件名为 EXG02. CPP,控制台应用程序,向导使用"A empty project."。

② 输入下面的程序。完成输入后,执行 File|Save(快捷键为 Ctrl+S)保存文件。

```
1    #include<iostream.h>
2    struct Stud
3    {
4        char num[10];
5        double score[3];
6    };
7    int main()
8    {
9        struct Stud s[3]={{"20100201",98,90,85},
10   {"20100202",86,97,60},{"20100203",95,76,67}};
11       struct Stud * p=s;
```

```
12          int i;
13          double sum=0;
14          for(i=0;i<3;i++)
15              sum=sum+p->score[i];
16          cout<<sum<<endl;
17          return 0;
18      }
```

③ 执行 Build|Build EXG02.exe 命令，VC6 开始编译、连接。完成后执行 Build|Execute EXG02.exe 命令可以看到程序运行结果。

对结构体、共用体等数据类型程序的调试主要使用观察功能，事实上调试器能显示包含结构体、共用体表达式的值，只需要设置观察窗口表达式即可。

2）设计型实验

(1) [SXG01]定义一个职工结构体类型，定义职工结构体变量，从键盘输入一名职工信息，然后输出。（假设职工信息包括：姓名、身份证号、工龄、工资）

(2) [SXG02]在上题基础上定义一个职工结构体数组，从键盘输入 5 位职工信息，打印输出最高的工资。

(3) [SXG03]编写程序：有 10 名学生，每个学生的数据包括学号、姓名、英语成绩、数学成绩，要求按学号作为第一关键字、英语成绩作为第二关键字、数学成绩作为第三关键字升序排序。

(4) [SXG04]设有三个候选人，每次输入一个得票的候选人的名字，共有 10 票。最后输出每个人的得票结果。要求用结构体实现。

4. 分析与总结

结构体实际扩展 C++ 语言数据类型的能力，了解它是如何扩展的，其特点如何？

3.2.8 实验 8 类与对象

1. 实验目的和要求

(1) 理解封装和数据隐藏的软件及工程概念。
(2) 掌握类与对象的概念、定义及使用方法。
(3) 理解类与对象之间的关系。
(4) 掌握构造函数和析构函数的概念、定义及使用方法。
(5) 掌握静态数据成员和静态成员函数的定义和使用方法。
(6) 掌握常对象、常数据成员、常成员函数的使用方法。
(7) 掌握友元的概念、定义及使用方法。
(8) 掌握类模板的概念、定义及使用方法。

2. 预习内容

(1) 教材第 9 章类、对象的定义和使用。

(2) 教材第 9 章静态成员、常对象、友元、类模板的概念。

(3) 编写本次实验内容“设计型实验”题目的源程序,并完成静态检查。

3. 实验内容和步骤

1) 验证型实验

(1) [EXH01]观察对象成员的定义与使用。

实验步骤:

① 新建 VC6 项目和文件,确定 Location 为 D:\DevShop,项目名为 EXH01,文件名为 EXH01. CPP,控制台应用程序,向导使用“A empty project. ”。

② 输入下面的程序。完成输入后,执行 File|Save(快捷键为 Ctrl+S)保存文件。

```
1     #include<iostream.h>
2     class B
3     {
4     public:
5         B(){}
6         B(int i,int j){a=i;b=j;}
7         void printb()
8         {
9             cout<<"a="<<a<<",b="<<b<<endl;
10        }
11    private:
12        int a,b;
13    };
14    class A
15    {
16    public:
17        A(){}
18        A(int i,int j):c(i,j){}
19        void printa(){c.printb();}
20    private:
21        B c;
22    };
23    int main()
24    {
25        A var(1,2);
26        var.printa();
27        return 0;
28    }
```

③ 执行 Build|Build EXH01. exe 命令,VC6 开始编译、连接。完成后执行 Build|Execute EXH01. exe 命令可以看到程序运行结果。

(2) [EXH02]观察构造函数和析构函数的调用顺序。

实验步骤：

① 新建 VC6 项目和文件，确定 Location 为 D:\DevShop，项目名为 EXH02，文件名为 EXH02.CPP，控制台应用程序，向导使用“A empty project.”。

② 输入下面的程序。完成输入后，执行 File|Save(快捷键为 Ctrl+S)保存文件。

```
1   #include<iostream.h>
2   class Sample
3   {
4   public:
5       Sample()
6       {
7           a=0; b=0;
8           cout<<"Constructor:1"<<endl;
9       }
10      Sample(int i)
11      {
12          a=i; b=0;
13          cout<<"Constructor:2"<<endl;
14      }
15      Sample(int i,int j)
16      {
17          a=i; b=j;
18          cout<<"Constructor:3"<<endl;
19      }
20      ~Sample(){cout<<"Destructor"<<endl;}
21      void print()
22      {
23          cout<<"a="<<a<<",b="<<b<<endl;
24      }
25  private:
26      int a,b;
27  };
28  int main()
29  {
30      Sample * p;
31      int i;
32      p=new Sample[3];
33      p[0]=Sample();
34      p[1]=Sample(1);
35      p[2]=Sample(2,3);
36      for(i=0;i<3;i++)
37          p[i].print();
38      delete [] p;
```

```
39        return 0;
40    }
```

③ 执行 Build|Build EXH02. exe 命令，VC6 开始编译、连接。完成后执行 Build|Execute EXH02. exe 命令可以看到程序运行结果。

(3) [EXH03]观察构造函数和析构函数的调用顺序以及对象成员的使用方法。

实验步骤：

① 新建 VC6 项目和文件，确定 Location 为 D:\DevShop，项目名为 EXH03，文件名为 EXH03. CPP，控制台应用程序，向导使用"A empty project."。

② 输入下面的程序。完成输入后，执行 File|Save(快捷键为 Ctrl+S)保存文件。

```
1    #include<iostream.h>
2    class A
3    {
4    public:
5        A(){cout<<"A Constructor"<<endl; value=0;}
6        A(int val){cout<<"A Constructor"<<endl; value=val;}
7        ~A(){cout<<"A Destructor"<<endl;}
8    private:
9        int value;
10   };
11   class B
12   {
13   public:
14       A i;
15       B(){cout<<"B Constructor"<<endl; value=0;}
16       B(int val){cout<<"B Constructor"<<endl; value=val;}
17       ~B(){cout<<"B Destructor"<<endl;}
18       void display(){cout<<"value="<<value<<endl;}
19   private:
20       int value;
21   };
22   int main()
23   {
24       B var(2);
25       var.display();
26       return 0;
27   }
```

③ 执行 Build|Build EXH03. exe 命令，VC6 开始编译、连接。完成后执行 Build|Execute EXH03. exe 命令可以看到程序运行结果。

(4) [EXH04]静态 static 数据成员的使用。

实验步骤：

① 新建 VC6 项目和文件，确定 Location 为 D:\DevShop，项目名为 EXH04，文件名

为 EXH04. CPP,控制台应用程序,向导使用“A empty project.”。

② 输入下面的程序。完成输入后,执行 File|Save(快捷键为 Ctrl+S)保存文件。

```
1    #include<iostream.h>
2    class Sample
3    {
4    public:
5        Sample(){m=1;}
6        Sample(int i){m++;}
7        void display(){cout<<"m="<<m<<endl;}
8    private:
9        static int m;
10   };
11   int Sample::m=0;
12   int main()
13   {
14       Sample s1,s2(2),s3(3);
15       s1.display();
16       s2.display();
17       s3.display();
18        return 0;
19   }
```

③ 执行 Build|Build EXH04. exe 命令,VC6 开始编译、连接。完成后执行 Build|Execute EXH04. exe 命令可以看到程序运行结果。

(5) [EXH05]类模板的使用。

实验步骤:

① 新建 VC6 项目和文件,确定 Location 为 D:\DevShop,项目名为 EXH05,文件名为 EXH05. CPP,控制台应用程序,向导使用“A empty project.”。

② 输入下面的程序。完成输入后,执行 File|Save(快捷键为 Ctrl+S)保存文件。

```
1    #include<iostream.h>
2    template<class T>
3    class Store
4    {
5    private:
6        T item;
7    public:
8        Store(){}
9        void SetItem(T i);
10       void Display();
11   };
12   template<class T>
13   void Store<T>::SetItem(T i)
```

```
14  {
15      item=i;
16  }
17  template<class T>
18  void Store<T>::Display()
19  {
20      cout<<"Item:"<<item<<endl;
21  }
22  int main()
23  {
24      Store<int>s1;
25      Store<double>s2;
26      s1.SetItem(100);
27      s1.Display();
28      s2.SetItem(123.456);
29      s2.Display();
30      return 0;
31  }
```

③ 执行 Build|Build EXH05.exe 命令，VC6 开始编译、连接。完成后执行 Build|Execute EXH05.exe 命令可以看到程序运行结果。

对类、对象的调试主要使用 Step Into 和 Step Out 功能，这样就能够观察如何生成一个类的对象以及各个成员函数的调用情况。

2) 设计型实验

(1) [SXH01]编写一个程序，定义一个学生类，输入 5 个学生的英语、数学、政治三门课成绩，求出总分，并按总分从高到低排序，最后输出排序后的所有同学三门课成绩和总分。

(2) [SXH02]设计一个立方体类，它能提供立方体的体积及表面积。建立两个立方体，分别输入它们的长宽高，输出这两个立方体的体积和表面积。

(3) [SXH03]编写一个统计学生成绩的程序，输入学生的姓名和成绩，对前 70%的学生定为合格，后 30%的学生定为不合格。

设计要求：设计一个 Student 类，包含学生的姓名和成绩两个数据成员。再设计一个 Compute 类，包含两个私有成员：学生人数 n 和 Student 类的对象数组 num[]，另有三个公共成员函数 getdata()获取学生数据(包括学生姓名和成绩)，sort()按成绩排序，display()输出学生数据。

输入输出要求：输入学生的姓名和成绩(不超过 10 个学生)，输出学生的姓名、成绩、通过与否。

(4) [SXH04]声明一个矩形类 Rectangle，其属性为矩形的左下角和右上角两点的坐标，并由成员函数计算矩形的周长和面积。编程输入左下角和右上角的坐标，求矩形的周长和面积。

(5) [SXH05]已知某个学生有三门课成绩，编程计算这个学生的总成绩。要求程序中声明一个学科类 Subject,其中包含静态数据成员 Total 记录学生的总成绩,静态成员函数 GetTotalScore 存取 Total 的值。

(6) [SXH06]编程实现一个小型课程管理程序,设计要求如下:

定义一个学生类,包括学号、姓名及成绩。

再定义一个课程类 Lesson,其数据成员有:课程号 id,课程名 name,任课老师 teacher,选课学生 s,其中学生信息定义成学生类的数组。成员函数由 AddStudent()增加选课学生信息,GetPassRate()计算课程及格率,Show()显示课程信息。

主函数代码如下,实现两个类的相关代码。

```
1    int main()
2    {
3        Student s1("20100201","WangFang",90);
4        Student s2("20100608","LiMing",54);
5        Student s3("20101112","ZhangSan",78);
6        Lesson l1("20100501","Math","LiuYing");
7        l1.AddStudent(s1);
8        l1.AddStudent(s2);
9        l1.AddStudent(s3);
10       l1.Show();
11       l1.GetPassRate();
12       Lesson l2("20100823","English","JiangFeng");
13       l2.Show();
14       return 0;
15   }
```

(7) [SXH07]编写一个使用类模板对数组进行排序、求元素和的程序。要求分别对一个整型数组和一个实型数组进行相关操作。要求:定义一个数组类,包括数组首地址和数组元素个数两个数据成员。

(8) [SXH08]设计一个学生类 Student,包括学生的姓名、成绩。设计一个友元函数 compare,比较两个学生成绩的高低。要求在主函数中输入 5 个学生信息,并求出最高分和最低分。

(9) [SXH09]定义一个名为 Month 的类,它是用于表示月份的一个抽象数据类型。这个类包含一个 int 类型的数据成员来表示一个月份(1 表示 1 月,2 表示 2 月,以此类推)。还要包括如下成员函数:①一个构造函数使用英文月份名称的前 3 个字母来设置月份名称,这 3 个字母要通过 3 个参数来接收;②一个构造函数只接收一个 int 型的参数,并用这个参数来设置月份(1 表示 1 月,2 表示 2 月,以此类推);③一个输入函数,它将月份作为整数来读取;④一个输入函数,它将月份作为月份名称的前 3 个字母来读取;⑤一个输出函数,它将月份作为一个整数来输出;⑥一个输出函数,它将月份作为月份名称的前 3 个字母来输出;将类定义嵌入一个测试程序以测试各个成员函数的正确性。12 个月份的中英文对照如下所示(英文不考虑大小写的变化):

1月	2月	3月	4月	5月	6月	7月	8月	9月	10月	11月	12月
jan	feb	mar	apr	may	jun	jul	aug	sep	oct	nov	dec

4. 分析与总结

(1) 什么是信息隐藏？为什么信息隐藏非常重要？

(2) 类的数据成员和成员函数有什么区别和联系？

(3) 类的构造函数和析构函数的调用顺序是什么？

(4) 什么是静态数据成员？为什么在程序中使用静态数据成员？其作用域是什么？

(5) 类模板有什么用途？

3.2.9 实验9 继承与派生

1. 实验目的和要求

(1) 掌握继承和派生的概念以及派生类的定义方法。

(2) 掌握派生类的三种继承方式以及派生类成员访问权限的控制。

(3) 理解多继承中的二义性问题。

(4) 掌握虚基类的概念以及其构造函数和虚构函数的使用。

(5) 掌握在派生类中覆盖基类成员函数的方法。

(6) 掌握虚函数的概念和使用方法。

(7) 掌握抽象类的概念和使用方法。

2. 预习内容

(1) 教材第10章。

(2) 编写本次实验内容“设计型实验”题目的源程序，并完成静态检查。

3. 实验内容和步骤

1) 验证型实验

(1) [EXK01]基类和派生类的构造函数和析构函数的调用顺序。

实验步骤：

① 新建VC6项目和文件，确定Location为D:\DevShop，项目名为EXK01，文件名为EXK01.CPP，控制台应用程序，向导使用“A empty project.”。

② 输入下面的程序。完成输入后，执行File|Save(快捷键为Ctrl+S)保存文件。

```
1    #include<iostream.h>
2    class S1
3    {
4    public:
5        S1(int i){cout<<"constructing S1 "<<i<<endl;}
```

```
6         ~S1(){cout<<"destructing S1 "<<endl;}
7     };
8     class S2
9     {
10    public:
11        S2(int j){cout<<"constructing S2 "<<j<<endl;}
12        ~S2(){cout<<"destructing S2 "<<endl;}
13    };
14    class S3
15    {
16    public:
17        S3(){cout<<"constructing S3* "<<endl;}
18        ~S3(){cout<<"destructing S3 "<<endl;}
19    };
20    class S:public S2,public S1,public S3
21    {
22        S1 numberS1;
23        S2 numberS2;
24        S3 numberS3;
25    public:
26        S(int a,int b,int c,int d):S1(a),numberS2(d),numberS1(c),S2(b){}
27    };
28    void main()
29    {
30        S obj(1,2,3,4);
31    }
```

③ 执行 Build|Build EXK01.exe 命令，VC6 开始编译、连接。完成后执行 Build|Execute EXK01.exe 命令可以看到程序运行结果。

(2) [EXK02]验证“只有最远派生类的构造函数会调用虚基类的构造函数”这句话。

实验步骤：

① 新建 VC6 项目和文件，确定 Location 为 D:\DevShop，项目名为 EXK02，文件名为 EXK02.CPP，控制台应用程序，向导使用“A empty project.”。

② 输入下面的程序。完成输入后，执行 File|Save(快捷键为 Ctrl+S)保存文件。

```
1     #include<iostream.h>
2     class A
3     {
4         int a;
5     public:
6         A(int i){a=i; cout<<"constructing A "<<a<<endl;}
7     };
8     class B1:virtual public A
9     {
```

```
10      int b1;
11  public:
12      B1(int i,int j):A(i){b1=j; cout<<"constructing B1"<<b1<<endl;}
13  };
14  class B2:virtual public A
15  {
16      int b2;
17  public:
18      B2(int i,int j):A(i){b2=j; cout<<"constructing B2 "<<b2<<endl;}
19  };
20  class C:public B1,public B2
21  {
22      int c;
23  public:
24      C(int i,int j,int k):B1(i,j),B2(2*i,2*j),A(k)
25      {c=k; cout<<"constructing C "<<c<<endl;}
26  };
27  void main()
28  {
29      C obj(1,2,3);
30  }
```

③ 执行 Build|Build EXK02. exe 命令，VC6 开始编译、连接。完成后执行 Build|Execute EXK02. exe 命令可以看到程序运行结果。

(3) [EXK03]多继承构造函数和析构函数的调用。

实验步骤：

① 新建 VC6 项目和文件，确定 Location 为 D:\DevShop，项目名为 EXK03，文件名为 EXK03. CPP，控制台应用程序，向导使用“A empty project.”。

② 输入下面的程序。完成输入后，执行 File|Save(快捷键为 Ctrl+S)保存文件。

```
1   #include<iostream.h>
2   class A
3   {
4       int a;
5   public:
6       A(int i){a=i;cout<<"costructing class A"<<endl;}
7       void print(){cout<<a<<endl;}
8       ~A(){cout<<"destructing class A"<<endl;}
9   };
10  class B1:public A
11  {
12      int b1;
13  public:
14      B1(int i,int j):A(i)
```

```
15      {
16          b1=j; cout<<"constructing class B1"<<endl;
17      }
18      void print()
19      {
20          A::print();  cout<<b1<<endl;
21      }
22      ~B1(){cout<<"destructing class B1"<<endl;}
23  };
24  class B2:public A
25  {
26      int b2;
27  public:
28      B2(int i,int j):A(i)
29      {
30          b2=j; cout<<"constructing class B2"<<endl;
31      }
32      void print()
33      {
34          A::print();  cout<<b2<<endl;
35      }
36      ~B2(){cout<<"destructing class B2"<<endl;}
37  };
38  class C:public B1,public B2
39  {
40      int c;
41  public:
42      C(int i,int j,int k,int l,int m):B1(i,j),B2(k,l)
43      {
44          c=m;
45          cout<<"constructing class C"<<endl;
46      }
47      void print()
48      {
49          B1::print();
50          B2::print();
51          cout<<c<<endl;
52      }
53      ~C(){cout<<"destructing class C"<<endl;}
54  };
55  void main()
56  {
57      C c1(1,2,3,4,5);
58      c1.print();
```

```
59    }
```

③ 执行 Build|Build EXK03. exe 命令，VC6 开始编译、连接。完成后执行 Build|Execute EXK03. exe 命令可以看到程序运行结果。

(4) [EXK04]静态 static 数据成员的使用。

实验步骤：

① 新建 VC6 项目和文件，确定 Location 为 D:\DevShop，项目名为 EXK04，文件名为 EXK04. CPP，控制台应用程序，向导使用“A empty project.”。

② 输入下面的程序。完成输入后，执行 File|Save(快捷键为 Ctrl+S)保存文件。

```
1     #include<iostream.h>
2     class A
3     {
4     public:
5         virtual void display(int i)          //参数 i 为整型
6         {
7             cout<<"A display:i="<<i<<endl;
8         }
9     };
10    class B:public A
11    {
12    public:
13        virtual void display(float j)        //参数 j 为实型,这个函数不是虚函数
14        {
15            cout<<"B display:j="<<j<<endl;
16        }
17    };
18    void fun(A &b)
19    {
20        int a=2;
21        b.display(a);
22    }
23    int main()
24    {
25        A aa;
26        B bb;
27        fun(aa);
28        fun(bb);
29         return 0;
30    }
```

③ 执行 Build|Build EXK04. exe 命令，VC6 开始编译、连接。完成后执行 Build|Execute EXK04. exe 命令可以看到程序运行结果。

④ 查看运行结果，思考这个虚函数的设定有什么问题。

(5) [EXK05]虚函数的使用。

实验步骤:

① 新建 VC6 项目和文件,确定 Location 为 D:\DevShop,项目名为 EXK05,文件名为 EXK04. CPP,控制台应用程序,向导使用"A empty project."。

② 输入下面的程序。完成输入后,执行 File|Save(快捷键为 Ctrl+S)保存文件。

```
1    #include<iostream.h>
2    class A
3    {
4    public:
5        A(){}
6        virtual void display()
7        {
8            cout<<"A:display()"<<endl;
9        }
10   };
11   class B:public A
12   {
13   public:
14       B(){display();}
15       void fun(){display();}
16   };
17   class C:public B
18   {
19   public:
20       C(){}
21       void display()
22       {
23           cout<<"C:display()"<<endl;
24       }
25   };
26   int main()
27   {
28       C c;
29       c.fun();
30       return 0;
31   }
```

③ 执行 Build|Build EXK05. exe 命令,VC6 开始编译、连接。完成后执行 Build|Execute EXK05. exe 命令可以看到程序运行结果。

(6) [EXK06]纯虚函数和指针的运用。

实验步骤:

① 新建 VC6 项目和文件,确定 Location 为 D:\DevShop,项目名为 EXK06,文件名

为 EXK06.CPP,控制台应用程序,向导使用"A empty project."。

② 输入下面的程序。完成输入后,执行 File|Save(快捷键为 Ctrl+S)保存文件。

```
1    #include<iostream.h>
2    class A
3    {
4    protected:
5        int x,y;
6    public:
7        A(int i=0,int j=0){x=i;y=j;}
8        virtual void fun1()=0;
9        virtual void fun2()=0;
10   };
11   class B:public A
12   {
13   protected:
14       int x1,y1;
15   public:
16       B(int i=0,int j=0,int m=0,int n=0):A(i,j) {x1=m;y1=n;}
17       void fun1() {cout<<"B:fun1() called"<<endl;}
18       void fun2() {cout<<"B:fun2() called"<<endl;}
19   };
20   class C:public A
21   {
22   protected:
23       int x2,y2;
24   public:
25       C(int i=0,int j=0,int p=0,int q=0):A(i,j) {x2=p;y2=q;}
26       void fun1(){cout<<"C:fun1() called"<<endl;}
27       void fun2(){cout<<"C:fun2() called"<<endl;}
28   };
29   void fun1_obj(A*p)
30   {
31       p->fun1();
32   }
33   void fun2_obj(A*p)
34   {
35       p->fun2();
36   }
37   void main()
38   {
39       B*b_obj=new B;
40       C*c_obj=new C;
41       fun1_obj(b_obj);
```

```
42        fun1_obj(c_obj);
43    fun2_obj(b_obj);
44        fun2_obj(c_obj);
45    }
```

③ 执行 Build|Build EXK06.exe 命令,VC6 开始编译、连接。完成后执行 Build|Execute EXK06.exe 命令可以看到程序运行结果。

④ 去掉 A 类中的 virtual,再观察运行结果有什么区别。

2) 设计型实验

(1) [SXK01]设计一个图书馆借书程序。定义一个基类,包含"名称"、"号码"两个数据成员。从基类派生出图书类 book 和读者类 reader。图书类还要包含"作者"信息。读者类包含所借书籍信息(可以借多本图书)以及 rentbook()成员函数,该成员函数用于借阅图书。

要求:在主函数中定义一个 reader 型变量,该读者借阅了两本书,输出这个读者的姓名以及所借阅的两本书的相关信息。

(2) [SXK02]设计一个父亲类和母亲类,孩子类从这两个类继承而来(孩子的"姓"必须同父亲的"姓"一致)。在主函数中输出孩子的姓名以及父母亲的姓名。

(3) [SXK03]编写一个程序,声明一个日期类 Data(年,月,日)。再声明一个时间类 Time(时,分,秒)。并由这两个基类派生出日期时间类 DataTime。要求在主函数里声明 DataTime 类的对象测试类声明的正确性。

(4) [SXK04]定义学生类和教师类,学生类的数据成员有姓名、学号、专业;教师类的数据成员有姓名、工作证号、职称、课程、每周课时数。再定义一个助教类,继承学生类和教师类,该类可以使用学生类的全部数据成员,以及教师类的课程和每周课时数的数据成员。

要求:①每个类提供自定义的构造函数和析构函数。②三个类都通过同名函数 ShowInfo()来显示相关信息。

(5) [SXK05]建立一个基类 Object,包含三个数据成员。由 Object 类派生出圆类 Circle,三角形类 Triangle,立方体类 Cube。建立圆需要圆心坐标以及半径,建立三角形需要三角形的三边长,建立立方体需要立方体的长宽高。三种类都包含同名成员函数 area()和 display()用来求面积和显示相关信息。要求采用虚函数的方式实现。

(6) [SXK06]编写程序实现公司工资管理程序。其中抽象基类包含工资和姓名两个数据成员,以及工资计算 calSalary()和工资显示 dispMsg()两个虚函数。从基类派生出雇主类、销售人员类、计件工资工人类、计时工资工人类。各种人员的工资如下所示:

人员类型	工资
雇主	固定工资 10000.0 元
销售人员	基本工资(500.0 元)+推销业绩×0.01
计件工资工人	基本工资(500)+计件数×1.2
计时工资工人	工作小时数×每小时工资

其中,推销业绩、计件数、工作小时数、每小时工资由键盘输入。要求在主函数中定义一个基类指针,并用这个指针指向各种人员对象,并输出各种人员的工资。

4. 分析与总结

(1) 继承是如何促进软件重用性的?
(2) 派生类的三种继承方式有什么区别?
(3) 派生类的构造函数如何定义?
(4) 如何解决继承中的二义性问题?
(5) 虚函数有什么作用?
(6) 覆盖基类成员的含义是什么?这个过程与函数重载有什么区别?

3.2.10 实验10 运算符重载与标准库

1. 实验目的和要求

(1) 掌握运算符重载的概念、方法及规则。
(2) 掌握运算符重载作为友元函数和成员函数的方法。
(3) 掌握异常处理中的 throw 子句、try 子句、catch 子句的使用。
(4) 掌握文件的打开、关闭以及读写操作。

2. 预习内容

(1) 教材第11、12、14章的相关内容。
(2) 编写本次实验内容"设计型实验"题目的源程序,并完成静态检查。

3. 实验内容和步骤

1) 验证型实验
(1) [EXL01][]运算符的重载。
实验步骤:
① 新建VC6项目和文件,确定Location为D:\DevShop,项目名为EXL01,文件名为EXL01.CPP,控制台应用程序,向导使用"A empty project."。
② 输入下面的程序。完成输入后,执行File|Save(快捷键为Ctrl+S)保存文件。

```
1    37#include<iostream.h>
2    class A
3    {
4        int length;
5        char * p;
6    public:
7        A(int i)
8        {
9            length=i;
```

```
10          p=new char[length];
11      }
12      ~A(){delete p;}
13      int getlength(){return length;}
14      char & operator [](int i);
15  };
16  char & A::operator [](int i)
17  {
18      static char c=0;
19      if(i>=0&&i<length)
20          return p[i];
21      else
22      {
23          cout<<endl<<i<<"下标越界";
24          return c;
25      }
26  }
27  void main()
28  {
29      int i;
30      A s1(11);
31      char * s2="C++program";
32      for(i=0;i<13;i++) s1[i]=s2[i];
33      cout<<endl;
34      for(i=0;i<13;i++) cout<<s1[i];
35      cout<<endl;
36      cout<<"length:"<<s1.getlength()<<endl;
37  }
```

③ 执行 Build|Build EXL01.exe 命令，VC6 开始编译、连接。完成后执行 Build|Execute EXL01.exe 命令可以看到程序运行结果。思考运算符重载的意义。

(2) [EXL02]两数相除时分母不能为 0 的异常处理。

实验步骤：

① 新建 VC6 项目和文件，确定 Location 为 D:\DevShop，项目名为 EXL02，文件名为 EXL02.CPP，控制台应用程序，向导使用“A empty project.”。

② 输入下面的程序。完成输入后，执行 File|Save(快捷键为 Ctrl+S)保存文件。

```
1   #include<iostream.h>
2   int main()
3   {
4       double n,d,r;
5       char quit='n';
6       while(quit!='Y'&&quit!='y')
7       {
```

```
8           cout<<"分子:";
9           cin>>n;
10          cout<<"分母:";
11          cin>>d;
12          try
13          {
14              if(d==0) throw "分母不能为零!";
15              r=n/d;
16              cout<<"运算结果为: "<<r<<endl;
17          }
18          catch(char * str)
19          {
20              cout<<str<<endl;
21              cout<<"请重新输入分子分母!"<<endl;
22          }
23          cout<<"是否结束运行?(y|n)";
24          cin>>quit;
25      }
26      return 0;
27  }
```

③ 执行 Build|Build EXL02.exe 命令,VC6 开始编译、连接。完成后执行 Build|Execute EXL02.exe 命令可以看到程序运行结果。思考异常处理的作用。

(3) [EXL03]文件的打开和关闭。

实验步骤:

① 新建 VC6 项目和文件,确定 Location 为 D:\DevShop,项目名为 EXL03,文件名为 EXL03.CPP,控制台应用程序,向导使用"A empty project."。

② 输入下面的程序。完成输入后,执行 File|Save(快捷键为 Ctrl+S)保存文件。

```
1   #include<iostream.h>
2   #include<fstream.h>
3   void main()
4   {
5       char str[100];
6       int i=0;
7       fstream ofile,ifile;
8       ofile.open("data.dat",ios::out);
9       if(!ofile)
10      {
11          cout<<"Can not open file data.dat."<<endl;
12          return;
13      }
14      ofile<<"&&&&&&"<<endl;
15      ofile<<"******"<<endl;
```

```
16      ofile<<"$$$$$$"<<endl;
17      ofile.close();
18      ifile.open("data.dat",ios::in);
19      if(!ofile)
20      {
21          cout<<"Can not open file data.dat."<<endl;
22          return;
23      }
24      while(!ifile.eof())
25      {
26          i++;
27          ifile.getline(str,80);
28          cout<<i<<": "<<str<<endl;
29      }
30  }
```

③ 执行 Build|Build EXL03.exe 命令，VC6 开始编译、连接。完成后执行 Build|Execute EXL03.exe 命令可以看到程序运行结果。

2）设计型实验

(1) [SXL01]设计一个三角形类 Triangle，包含三角形三边长以及面积 4 个私有数据成员。另有一个重载运算符“+”，以实现求三角形对象的面积之和。

(2) [SXL02]重载自增运算符“++”(包括前置自增和后置自增)，使得 double 和 char 类型的变量也可以进行自增运算。

(3) [SXL03]定义一个时间类 Time，包括小时、分、秒三个数据成员以及 3 个成员函数：设置时间函数 SetTime()、返回时间函数 GetTime()、显示时间函数 ShowTime()。自定义构造函数和析构函数，还需对==、!=、>、<四个运算符进行重载。

(4) [SXL04]编写一个程序，统计文本文件 data.txt 的字符个数。

(5) [SXL05]输入若干学生的学号、姓名、成绩，存放在 student.data 文件中。再从该文件中读出这些数据显示在显示器上。

(6) [SXL06]编写一个程序模拟处理进货业务，货物信息包括：物品名称、生产厂家、进货数量(不能为负数)，采用异常处理的方法，在输入每条货物信息时检查输入是否正确。

4. 分析与总结

(1) 运算符重载有什么必要性？哪些运算符不可以重载？

(2) 运算符重载为成员函数和友元函数的区别是什么？

(3) 异常处理的作用是什么？

第4章

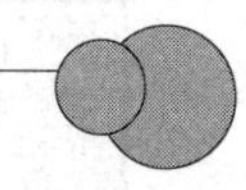

课程设计

4.1 API接口方法

API(Application Programming Interface,应用程序接口,又称为应用编程接口)能用来操作组件、应用程序或操作系统的一组函数。

对这个定义的理解,需要追溯到操作系统的发展历史上。当 Windows 操作系统逐渐占据主导地位的时候,越来越多的人需要开发 Windows 平台下的应用程序。而在 Windows 程序设计领域发展的初期,Windows 程序设计人员所能使用的编程工具唯有 API 函数(这些函数是 Windows 提供的应用程序与操作系统的接口),程序设计人员使用这些函数犹如"搭积木"一样,可以搭建出各种界面丰富,功能灵活的应用程序。所以可以认为 API 函数是构筑整个 Windows 框架的基石。

如果我们要开发出更灵活、更实用、更具效率的应用程序,必然要涉及直接使用 API 函数,但是我们对待 API 函数不必刻意来研究每一个函数的用法,那也是不现实的,因为能用得到的 API 函数有数千个之多。实际上 API 不需要专门去学,在需要的时候去查 API 帮助就足够了。

4.1.1 查看与设置开发环境的路径参数

(1) Visual C++ 6.0 环境中设置路径参数:

在 VC6 环境中单击 Tools|Options 菜单打开 Options 对话框,单击 Directories 标签,单击"Show directories for:"右方的下拉按钮,在下拉菜单里选择 Include files,即可查看系统 Include 路径。如果在下拉菜单里选择 Library files,则可查看系统 Lib 路径,如图 4.1 所示。

添加一个新路径的方法是:单击 (New)按钮,在下方的路径输入栏右方出现 ... 按钮,单击该按钮,选择新的系统 Include 路径或系统 LIB 路径,如图 4.2 所示。

删除某一路径的方法为:选择该路径,单击 ✕ (Delete)按钮即可。路径参数设置好后,单击 OK 按钮确定设置生效。

(2) 在 Code::Blocks 环境中设置路径参数:

在 Code::Blocks 环境中单击"设置"|"编译器和调试器"菜单,打开"编译器和调试器

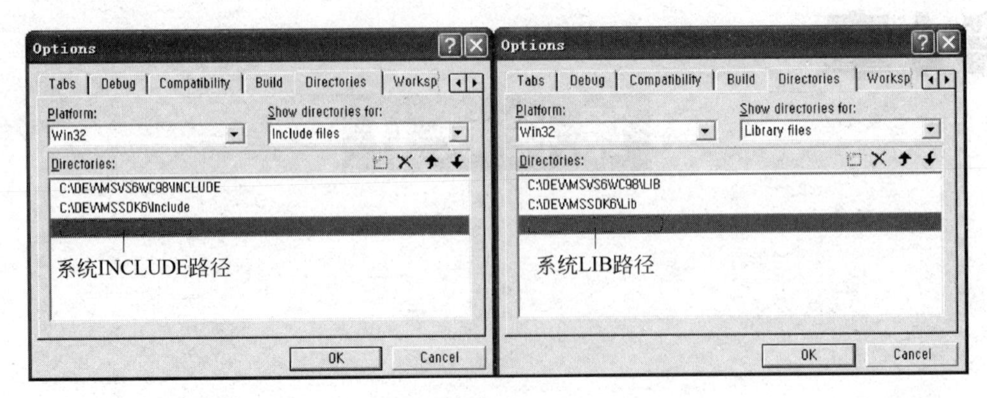

图 4.1

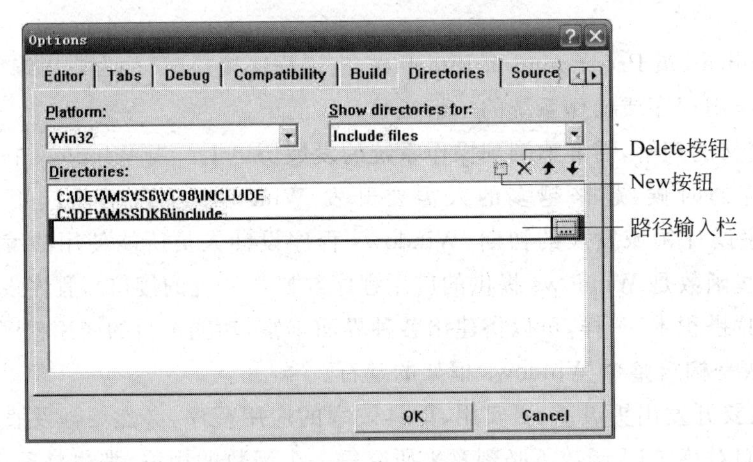

图 4.2

设置"对话框，单击"搜索路径"标签，选择"编译器"或"链接器"可以查看 CodeBlocks 的系统 Include 路径和系统 Lib 路径，如图 4.3 所示。

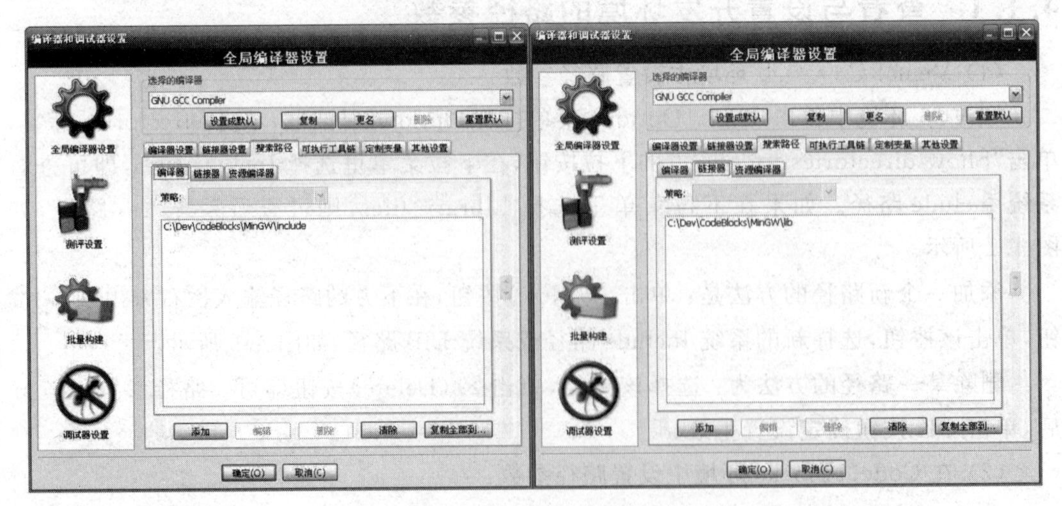

图 4.3

在Code::Blocks中添加路径的方法为：单击“添加”按钮，在弹出的“添加目录”对话框中单击 ... 按钮，选择新的路径，如图4.4所示。

在Code::Blocks中删除路径的方法为：选中要删除的路径，单击“删除”按钮即可。

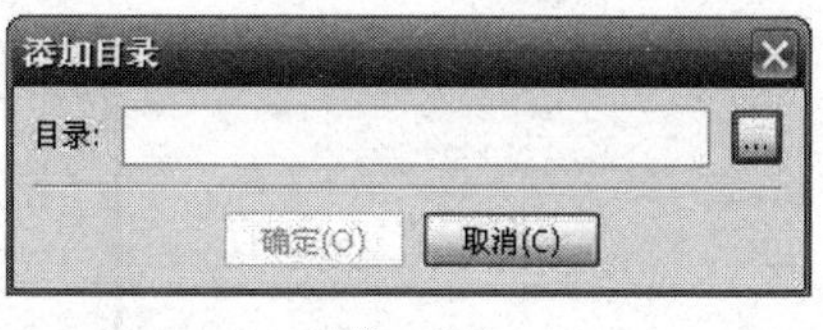

图　4.4

4.1.2　库的包含和链接

(1) 在Visual C++ 6.0环境中导入动态链接库：

方法一：单击主菜单Project|Settings，打开Project Settings对话框，如图4.5所示。单击Link标签，在“Object/library modules:”后面添加库文件名，每个库文件名用空格分隔，添加完成后单击OK按钮确定添加完成。如果要删除、修改库文件也在此处进行。

方法二：在源程序文件中，编写连接库预处理命令，形式如下：

```
#pragma comment(lib,"库文件名")  //VC6连接库文件
```

其中库文件名允许包含绝对路径或相对路径(相对路径相对于VC6系统的Lib路径)。

(2) 在Code::Blocks环境中导入动态链接库：

在Code::Blocks中添加库文件的方法是用鼠标右键单击“工作空间”下的程序项目名称，在弹出的快捷菜单中选择“构建选项”命令，如图4.6所示。

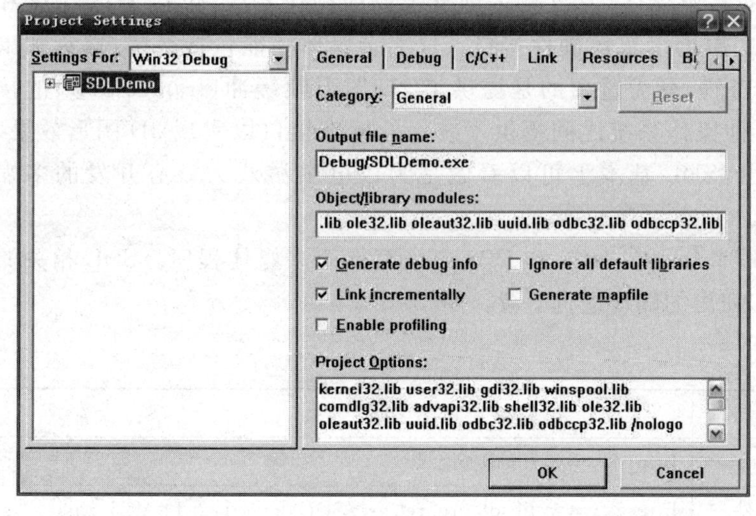

图　4.5

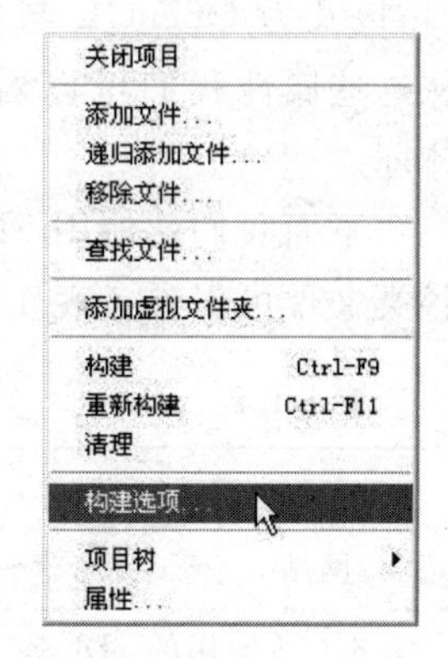

图　4.6

在Code::Blocks中添加库文件的方法为：打开“项目build选项”对话框，如图4.7(b)所示。单击“连接器设置”标签，单击“添加”按钮，在“添加库”对话框中输入库文件名或单击 ... 按钮按路径选择该库文件，如图4.7(a)所示。例如libmingw32.a、libSDLmain.a和libSDL.dll.a即为添加的库文件。

在Code::Blocks中编辑和删除库文件的方法为：单击“编辑”按钮修改库文件名、单

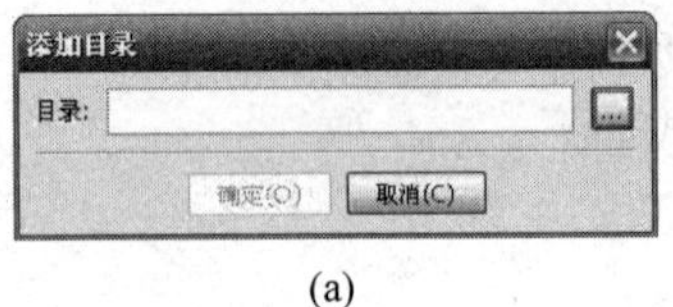

(a)

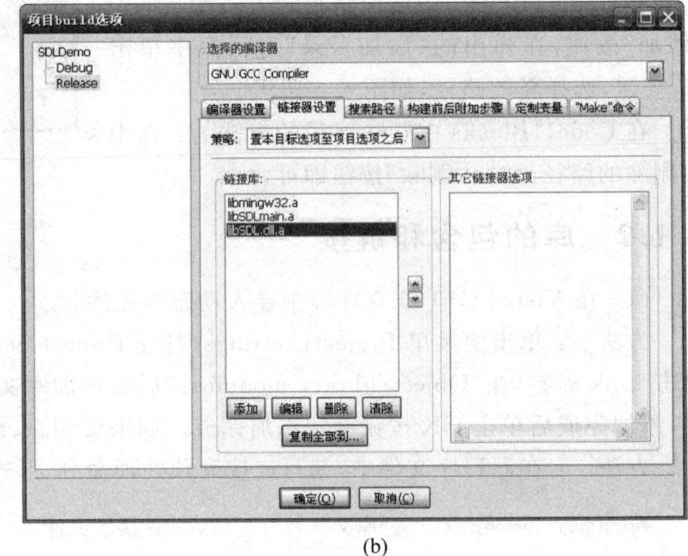

(b)

图 4.7

击"删除"按钮删除库文件,如图 4.7(b)所示。

4.1.3 开发环境配置举例

SDL 是一个跨平台的多媒体库(它支持大部分主流的操作系统,包括 Windows 和 Linux),可用于直接控制底层的多媒体硬件接口。这些多媒体功能包括音频、键盘和鼠标(事件)、游戏摇杆等。当然,最为重要的是提供了 2D 图形帧缓冲(framebuffer)的接口,以及为 OpenGL 与各种操作系统之间提供了统一的标准接口以实现 3D 图形效果。从这些属性我们可以看出,SDL 基本上可以看做是为以电脑游戏为核心开发的多媒体库。

下面我们就使用 SDL 库分别在 VC6 和 CB8 中编写一个多媒体程序。SDL 相关的各类文件可以参考表 4.1 列出的网址进行下载。

表 4.1

网　站	网　址
SDL 网站	http://www.libsdl.org/
VC 6.0 所使用的 SDL 库文件	http://www.libsdl.org/release/SDL-devel-1.2.14-VC6.zip
VC 2008 所使用的 SDL 库文件	http://www.libsdl.org/release/SDL-devel-1.2.14-VC8.zip
CodeBlocks 所使用的 SDL 库文件	http://www.libsdl.org/release/SDL-devel-1.2.14-mingw32.tar.gz
相关文档	http://www.libsdl.org/archives/SDL-1.0-chinese-intro.tar.gz

(1) [EX01]在 VC6 环境下使用 SDL 库文件开发多媒体程序。

在此我们假设 VC6 的安装路径为 C:\DEV\MSVS6\VC98。

实验步骤:

① 新建 VC6 项目和文件,确定 Location 为 D:\DevShop,项目名为 EX01,源文件名为 EX01.CPP,控制台应用程序,向导使用“A empty project.”。

② 在源程序文件 EX01.CPP 中输入下面的程序。完成输入后,执行 File|Save(快捷键为 Ctrl+S)保存文件。

```
1   #include<stdio.h>
2   #define WIDTH      640                              //屏幕宽
3   #define HEIGHT     480                              //屏幕高
4   #define BPP        4                                //屏幕像素位
5   #define DEPTH      32                               //屏幕像素深度
6   void setpixel(SDL_Surface * screen,int x,int y,Uint8 r,Uint8 g,Uint8 b)
7   {                                                   //用指定颜色画点
8       Uint32 * pixmem32;
9       Uint32 colour;
10      colour=SDL_MapRGB(screen->format,r,g,b);
11      pixmem32=(Uint32 * )screen->pixels+y+x;
12      * pixmem32=colour;
13  }
14  void DrawScreen(SDL_Surface * screen,int h)
15  {
16      int x, y, ytimesw;
17      if(SDL_MUSTLOCK(screen)){
18          if(SDL_LockSurface(screen)<0)return;
19      }
20      for(y=0; y<screen->h; y++){
21          ytimesw=y * screen->pitch/BPP;
22          for(x=0; x<screen->w; x++)
23            setpixel(screen,x,ytimesw,(x * x)/256+3 * y+h,(y * y)/256+x+h,h);
24      }
25      if(SDL_MUSTLOCK(screen))SDL_UnlockSurface(screen);
26      SDL_Flip(screen);
27  }
28  int main(int argc, char * argv[])
29  {
30      SDL_Surface * screen;
31      SDL_Event event;
32      int keypress=0;
33      int h=0;
34      if(SDL_Init(SDL_INIT_VIDEO)<0 )return 1;       //SDL 初始化
35      screen=SDL_SetVideoMode(WIDTH,HEIGHT,DEPTH,SDL_FULLSCREEN|SDL_HWSURFACE);
36      if(!(screen)){                                  //SDL 创建屏幕
37          SDL_Quit();
38          return 1;
39      }
```

```
40        while(!keypress){
41            DrawScreen(screen,h++);                        //绘图
42            while(SDL_PollEvent(&event)){                  //检测事件
43                switch(event.type){                        //事件类型
44                    case SDL_QUIT:
45                        keypress=1;
46                        break;
47                    case SDL_KEYDOWN:
48                        keypress=1;
49                        break;
50                }
51            }
52        }
53        SDL_Quit();                                        //SDL结束处理
54        return 0;
55    }
56
```

③ 从表4.1给出的网址下载与VC6配套的SDL库文件，并对该压缩文件解压缩，得到名为"SDL-1.2.14"的文件夹，该文件夹里包含了所有使用SDL会用到的文件。

④ 配置开发环境。

方法一：将"SDL-1.2.14"文件夹拷贝到C:\DEV\MSVS6\VC98路径下。单击Tools|Options菜单打开Options对话框，单击Directories标签，单击"Show directories for:"右方的下拉按钮，在下拉菜单里选择Include files，在此界面中设置新的系统Include路径，如图4.8所示。路径设置好后即可在程序开头加入预处理命令"#include<SDL.h>"。同理，用以上方法在Options对话框中对系统Lib路径进行设置。

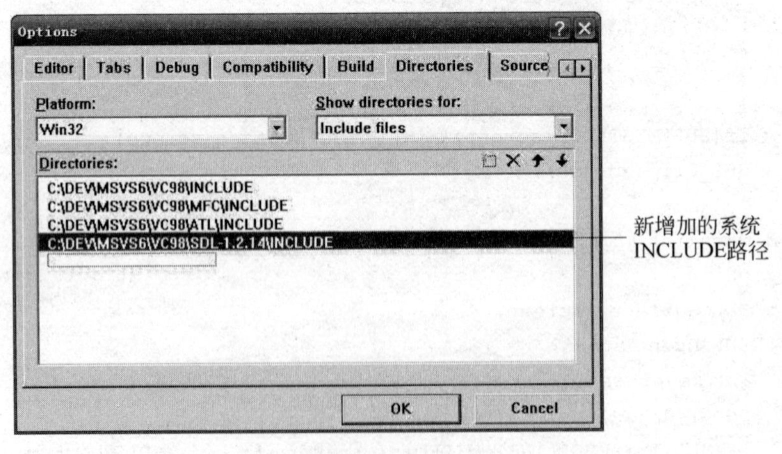

图 4.8

方法二：将"SDL-1.2.14"文件夹中include文件夹中的内容拷贝到"C:\DEV\MSVS6\VC98\include"路径中。在程序的开头加入一条预处理命令"#include<SDL.h>"。同理，将"SDL-1.2.14"文件夹中lib文件夹中的内容拷贝到"C:\DEV\MSVS6\VC98\lib"路径中。

⑤ 将“SDL-1. 2. 14”文件夹中 lib 文件夹的 SDL. dll 文件拷入“C:\WINDOWS\system32”路径中。

⑥ 连接库文件。

方法一：单击主菜单 Project | Settings，打开 Project Settings 对话框，单击 Link 标签，在“Object/library modules:”下方的输入框末尾按顺序添加库文件“SDL. lib”和“SDLmain. lib”，每两个库文件之间用空格隔开，如图 4.9 所示。

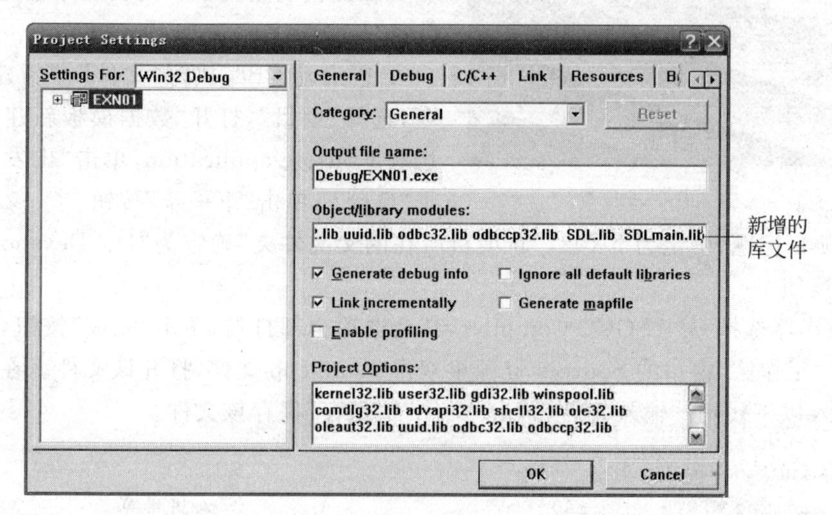

图 4.9

方法二：在源程序文件中，编写连接库预处理命令“#pragma comment(lib,"SDL.lib")”和“#pragma comment(lib,"SDLmain.lib")”。

⑦ 打开图 4.9 所示的 Project Setting 对话框，单击“C/C++”标签，在 Category 中选择 Code Generation，再将 Use run-time library 设置成 Debug Multithreaded DLL，完成后单击 OK 按钮，如图 4.10 所示。这一步为 SDL 的专有设置，很多专业的函数库都有一些自己的独特配置，在以后的实验中我们还会遇到。

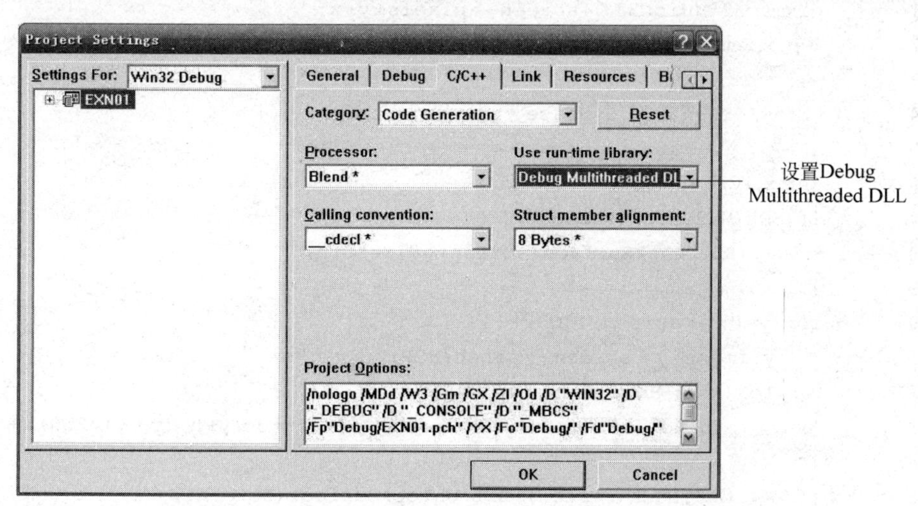

图 4.10

⑧ 执行 Build|Build EX01.exe 命令，VC6 开始编译、连接。完成后执行 Build|Execute EX01.exe 命令可以看到程序运行结果如图 4.11 所示。

图 4.11

(2) [EX02]在 Code::Blocks 环境下使用 SDL 库文件开发多媒体程序。

在此我们假设 CB8 的安装路径为 C:\Dev\CodeBlocks\MinGW。

① 启动 CB8，执行“文件”|“新建”菜单命令，选择“项目”，打开“数据模板新建”对话框，选择 Console application，单击“出发”按钮，选择“C++”，单击“下一步”按钮。

② “项目标题”确定为 EX02，“新项目所在的父文件夹”确定为“D:\Devshop\”，单击“下一步”按钮。

③ 编译器选择 GNU GCC Compiler，其余选项全部打勾，单击“完成”按钮。

④ 在“工作区”窗口的 Sources 资源里双击 main.cpp 文件，打开该文件。在源代码编辑窗口输入以下代码。输入完后，单击“文件”|“保存”保存该文件。

```
1    #include<stdio.h>
2    #define WIDTH      640                                  //屏幕宽
3    #define HEIGHT     480                                  //屏幕高
4    #define BPP        4                                    //屏幕像素位
5    #define DEPTH      32                                   //屏幕像素深度
6    void setpixel(SDL_Surface * screen,int x,int y,Uint8 r,Uint8 g,Uint8 b)
7    {                                                       //用指定颜色画点
8        Uint32 * pixmem32;
9        Uint32 colour;
10       colour=SDL_MapRGB(screen->format,r,g,b);
11       pixmem32=(Uint32 * )screen->pixels+y+x;
12       * pixmem32=colour;
13   }
14   void DrawScreen(SDL_Surface * screen,int h)
15   {
16       int x, y, ytimesw;
17       if(SDL_MUSTLOCK(screen)){
18           if(SDL_LockSurface(screen)<0)return;
19       }
20       for(y=0; y<screen->h; y++){
21           ytimesw=y * screen->pitch/BPP;
22           for(x=0; x<screen->w; x++)
23             setpixel(screen,x,ytimesw,(x * x)/256+3 * y+h,(y * y)/256+x+h,h);
24       }
25       if(SDL_MUSTLOCK(screen))SDL_UnlockSurface(screen);
26       SDL_Flip(screen);
```

```
27   }
28   int main(int argc, char* argv[])
29   {
30       SDL_Surface * screen;
31       SDL_Event event;
32       int keypress=0;
33       int h=0;
34       if(SDL_Init(SDL_INIT_VIDEO)<0)return 1;       //SDL初始化
35       screen=SDL_SetVideoMode(WIDTH,HEIGHT,DEPTH,SDL_FULLSCREEN|SDL_HWSURFACE);
36       if(!(screen)){                                //SDL创建屏幕
37           SDL_Quit();
38           return 1;
39       }
40       while(!keypress){
41           DrawScreen(screen,h++);                   //绘图
42           while(SDL_PollEvent(&event)){             //检测事件
43               switch(event.type){                   //事件类型
44                   case SDL_QUIT:
45                       keypress =1;
46                       break;
47                   case SDL_KEYDOWN:
48                       keypress =1;
49                       break;
50               }
51           }
52       }
53       SDL_Quit();                                   //SDL结束处理
54       return 0;
55   }
56
```

⑤ 从表 4.1 给出的网址下载与 CB8 配套的 SDL 库文件,并对该压缩文件解压缩,将得到的文件夹更名为“SDL”,该文件夹里包含了所有使用 SDL 会用到的文件。

⑥ 配置开发环境。

方法一:将“SDL”文件夹拷贝到 C:\Dev\CodeBlocks\MinGW 路径下。选择“设置”|“编译器和调试器”菜单,打开“编译器和调试器设置”对话框。打开“搜索路径”选项卡,在“编译器”中单击“添加”按钮,在“添加目录”对话框中添加新的系统 Include 路径,如图 4.12(a)所示。添加新路径后的“编译器和调试器设置”对话框如图 4.12(b)所示。路径设置好后即可在程序开头加入预处理命令“#include <SDL.h>”。同理在“连接器”中设置新的系统 Lib 路径。

方法二:将 SDL 文件夹中 include 文件夹中的内容拷贝到 C:\Dev\CodeBlocks\MinGW\include 路径中。在程序的开头加入一条预处理命令“#include <SDL.h>”。同理,将 SDL 文件夹中 lib 文件夹中的内容拷贝到 C:\Dev\CodeBlocks\MinGW\lib 路径中。

(a)

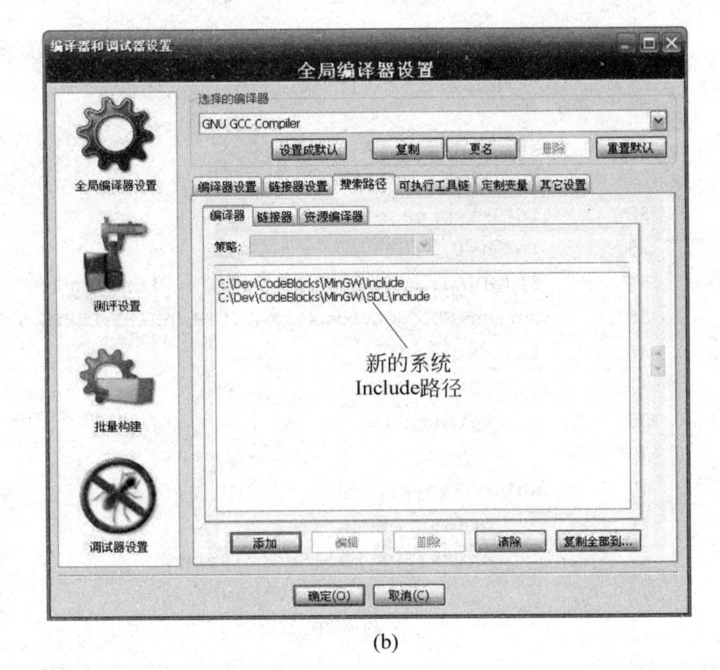

(b)

图 4.12

⑦ 将 SDL.dll 文件拷入 C:\WINDOWS\system32 路径中。

⑧ 连接库文件。

在"工作空间"右击程序项目，在弹出菜单中选择"构建选项"菜单命令，打开"项目 build 选项"对话框。打开"连接器"设置选项卡。单击"添加"按钮在"添加库"对话框中输入库文件名，如图 4.13(a)所示，按顺序添加"libSDLmain.a"和"libSDL.dll.a"库文件，添加后的"项目 build 选项"对话框如图 4.13(b)所示。

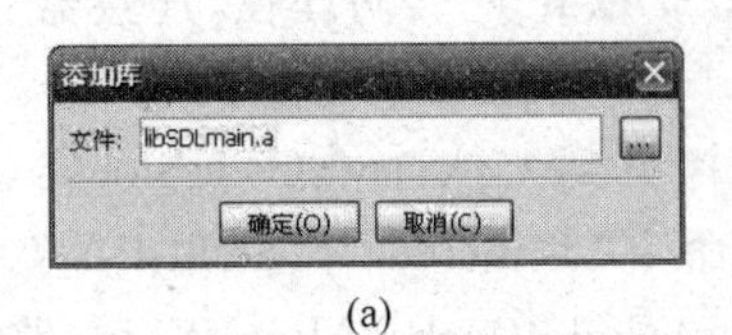

(a)

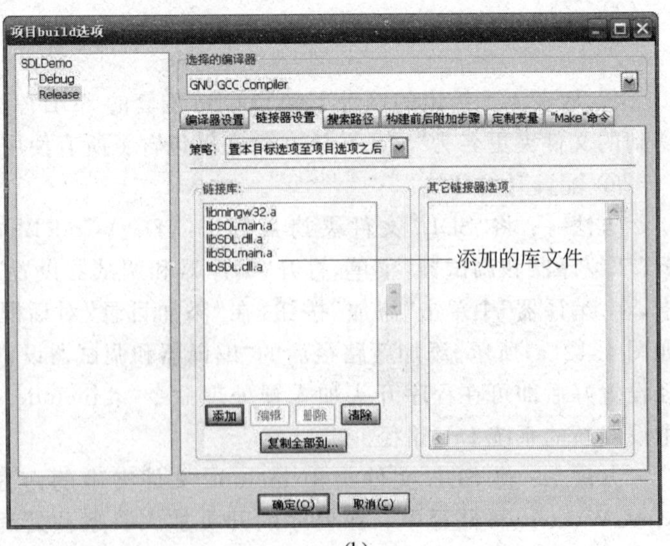

(b)

图 4.13

⑨ 用鼠标右击程序项目,在快捷菜单里选择“属性”,打开“项目/目标选项”对话框。打开“构建目标”选项卡,在“类型”下拉框中选择“GUI(图形界面)应用程序”,如图4.14所示。同样,这一步为SDL在Code::Blocks中的专有设置。

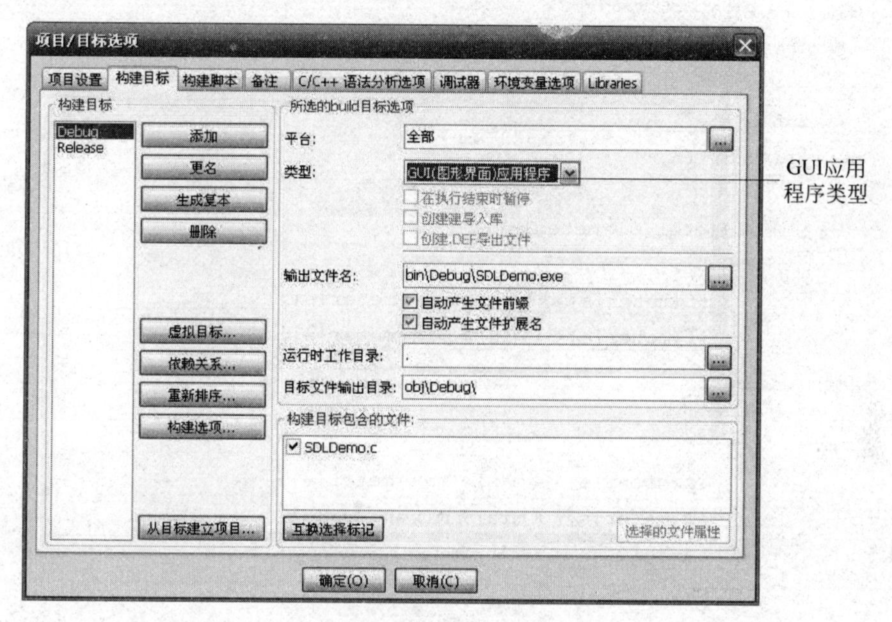

图 4.14

⑩ 执行“构建”|“构建”命令,CB8开始编译、连接。完成后执行“构建”|“运行”命令可以看到程序运行结果如图4.11所示。

4.2 实验内容及安排

4.2.1 实验1 常用算法

算法就是在有限步骤内求解某一问题所使用的一组定义明确的规则。通俗点说,就是计算机解题的过程。在这个过程中,无论是形成解题思路还是编写程序,都是在实施某种算法。前者是推理实现的算法,后者是操作实现的算法。本节的内容就是学习几种常用的算法。

1. 示范性实验

(1) [EX03]用分治法求数组的最大值和最小值。

实验步骤:

① 新建VC6项目和文件,确定Location为D:\DevShop,项目名为EX03,文件名为EX03.CPP,控制台应用程序,向导使用“A empty project.”。

② 输入下面的程序。完成输入后,执行File|Save(快捷键为Ctrl+S)保存文件。

```
1    #include<iostream.h>
```

```
2    #include<stdio.h>
3    #include<stdlib.h>
4    #include<limits.h>
5    #define M 10
6    void PartionGet(int s,int e,int * meter,int * max,int * min)
7    {
8        int i;
9        if(e-s<=1)
10       {
11           if(meter[s]>meter[e])
12           {
13               if(meter[s]> * max) * max=meter[s];
14               if(meter[e]< * min) * min=meter[e];
15           }
16           else
17           {
18               if(meter[e]> * max) * max=meter[e];
19               if(meter[s]< * min) * min=meter[s];
20           }
21           return;
22       }
23       i=s+(e-s)/2;
24       PartionGet(s,i,meter,max,min);
25       PartionGet(i+1,e,meter,max,min);
26   }
27   int main()
28   {
29       int i,meter[M];
30       int max=INT_MIN;
31       int min=INT_MAX;
32       cout<<"The array's element as follows:\n\n";
33       for(i=0;i<M;i++)
34       {
35           meter[i]=rand()%10000;
36           if(!((i+1)%10))
37               cout<<meter[i]<<"    "<<endl;
38           else
39               cout<<meter[i]<<"    ";
40       }
41       PartionGet(0,M-1,meter,&max,&min);
42       cout<<"max:"<<max<<endl;
43       cout<<"min:"<<min<<endl;
44       return 0;
45   }
```

③ 执行 Build|Build EXH01.exe 命令，VC6 开始编译、连接。完成后执行 Build|Execute EXH01.exe 命令可以看到程序运行结果。分析运行结果，思考分治法求最大最小值相对常规求最大最小值方法的优势。

(2) [EX04]用贪心算法解决背包问题：给定 n 种货物和一个载重量为 m 的背包。已知第 i 种货物的重量为 wi，其总价值为 pi，编程确定一个装货方案，使得装入背包中货物的总价值最大(货物不能分割)，输出此总价值和装货方案。贪心策略：每次选取单位重量价值最大的物品。

实验步骤：

① 新建 VC6 项目和文件，确定 Location 为 D:\DevShop，项目名为 EX04，文件名为 EX04.CPP，控制台应用程序，向导使用“A empty project.”。

② 输入下面的程序。完成输入后，执行 File|Save(快捷键为 Ctrl+S)保存文件。

```
1    #include<iostream.h>
2    struct good
3    {
4        double p;
5        double w;
6        double r;
7    }a[2000];
8    double s,value,m;
9    int i,n;
10   void sort(good a[],int n)
11   {
12       int i,j;
13       good temp;
14       for(i=0;i<n-1;i++)
15           for(j=0;j<n-i-1;j++)
16               if(a[j].r<a[j+1].r)
17               {
18                   temp=a[j];
19                   a[j]=a[j+1];
20                   a[j+1]=temp;
21               }
22   }
23   int main()
24   {
25       cout<<"请输入物品的个数：";
26       cin>>n;
27       cout<<"请输入"<<n<<"个物品的重量和价值："<<endl;
28       for(i=0;i<n;i++)
29       {
30           cin>>a[i].w>>a[i].p;
31           a[i].r=a[i].p/a[i].w;
```

```
32      }
33      sort(a,n);
34      cout<<"请输入背包的承重量：";
35      cin>>m;
36      s=0;
37      value=0;
38      for(i=0;(i<n)&&((s+a[i].w)<=m);i++)
39      {
40          value=value+a[i].p;
41          s=s+a[i].w;
42      }
43      cout<<"背包内所装物品的总重量为："<<s<<",总价值为："<<value<<endl;
44      return 0;
45  }
```

③ 执行 Build|Build EXH01.exe 命令，VC6 开始编译、连接。完成后执行 Build|Execute EXH01.exe 命令可以看到程序运行结果。分析运行结果，思考在这个问题中贪心算法是否为最佳的解决方案？能否举出反例？

(3) [EX05]用回溯法求八皇后问题。

实验步骤：

① 新建 VC6 项目和文件，确定 Location 为 D:\DevShop，项目名为 EX05，文件名为 EX05.CPP，控制台应用程序，向导使用“A empty project.”。

② 输入下面的程序。完成输入后，执行 File|Save(快捷键为 Ctrl+S)保存文件。

```
1   #include<stdio.h>
2   #include<stdlib.h>
3   void queen(int N)
4   {                                   //初始化 N+1 个元素,第一个元素不使用
5       int col[9];                     //col[m]=n 表示第 m 列,第 n 行放置皇后
6       int a[9];                       //a[k]=1 表示第 k 行没有皇后
7       int b[17];                      //b[k]=1 表示第 k 条主对角线上没有皇后
8       int c[17];                      //c[k]=1 表示第 k 条次对角线上没有皇后
9       int j,m=1,good=1;char awn;
10      for(j=0;j<=N;j++)
11      {a[j]=1;}
12      for(j=0;j<=2*N;j++)
13      {b[j]=c[j]=1;}
14      col[1]=1;col[0]=0;
15      do
16      {
17          if(good)
18          {
19              if(m==N)                //已经找到一个解
20              {
```

```
21              printf("列\t\t行\n");
22              for(j=1;j<=N;j++)
23              {printf("%d\t\t%d\n",j,col[j]);}
24              printf("Enter a character(Q/q for exit)!\n");
25              scanf("%c",&awn);
26              if(awn=='Q'||awn=='q')
27              exit(0);
28              while(col[m]==N)      //如果本列试探完毕,则回溯
29              {
30                  m--;              //回溯
31                  a[col[m]]=b[m+col[m]]=c[N+m-col[m]]=1;
32          //标记m列col[m]行处没有皇后(所在行,对角线,次对角线上都没有皇后)
33              }
34              col[m]++;             //继续试探本列其他行
35          }
36          else          //当前放置的皇后满足要求,但还没找到解,继续考察下一列
37          {
38              a[col[m]]=b[m+col[m]]=c[N+m-col[m]]=0;
39                                    //标志当前位置已经放置皇后
40              col[++m]=1;           //转到下一列第一行
41          }
42      }
43      else
44      {
45          while(col[m]==N)          //已经到了列底,所以回溯到上一列
46          {
47              m--;
48              a[col[m]]=b[m+col[m]]=c[N+m-col[m]]=1;
49          }
50          col[m]++;                 //试探其他行
51      }
52      good=a[col[m]]&&b[m+col[m]]&&c[N+m-col[m]];      //检查是否满足要求
53  }while(m!=0);
54  }
55  int main()
56  {
        queen(8);
        return 0;
    }
```

③ 执行 Build|Build EXH01.exe 命令,VC6 开始编译、连接。完成后执行 Build|Execute EXH01.exe 命令可以看到程序运行结果。分析运行结果,思考回溯法的特点。

2. 设计型实验

(1) [SX01]分治法求方程近似解:求方程 $f(x) = x^3 + x^2 - 1 = 0$ 在[0,1]上的近似

解，精确度为0.01。

(2) [SX02]有一个装有16个硬币的袋子。16个硬币中至少有一个是伪造的(也可能没有伪币)，并且那个伪造的硬币比真的硬币要轻一些。用分治法找出这个伪造的硬币。

(3) [SX03]用贪心算法解决整数区间问题：对给定的n(1≤n≤10000)个区间，找出一个满足下述条件的且所含元素个数最少的集合，并输出该集合的元素个数。条件为：对于所给定的每一个区间，都至少有两个不同的整数属于该集合。假设所有区间的左值和右值分别为a和b，则0≤a≤b≤1000。

(4) [SX04]有一行数字a1,a2,…,an，给你m个回合的机会，每个回合你可以从中选一个数擦除它，接着剩下来的每个数字ai都要递减一个值bi。如此重复m个回合，所有你擦除的数字之和就是你得到的分数。用贪心算法求所能得到的最大分数。贪心策略：对被减数bi进行由大到小排序，使得先减最大的数。

4.2.2 实验2 数值计算

GSL全称为GNU Scientific Library，是自由软件基金会开发的一套C/C++语言的科学计算库。GSL提供了大量的数值计算函数，下面我们就利用GSL库进行数值计算。GSL相关的各类文件可以参考表4.2中的网址进行下载。

表 4.2

网　站	网　址
SDL网站	http://www.libsdl.org/
VC6.0所使用的SDL库文件	http://www.libsdl.org/release/SDL-devel-1.2.14-VC6.zip
VC2008所使用的SDL库文件	http://www.libsdl.org/release/SDL-devel-1.2.14-VC8.zip
CodeBlocks所使用的SDL库文件	http://www.libsdl.org/release/SDL-devel-1.2.14-mingw32.tar.gz
相关文档	http://www.libsdl.org/archives/SDL-1.0-chinese-intro.tar.gz
相关文档	http://www.libsdl.org/archives/sdldoc-html.zip

1. 示范性实验

在以下例子中，我们假设CB8的安装路径为C:\Dev\CodeBlocks\MinGW，VC6的安装路径为C:\DEV\MSVS6\VC98。

(1) [EX06]在CB8环境下使用LU分解法求解如下线性方程组。(教材例13.6)

$$\begin{bmatrix} 0.18 & 0.60 & 0.57 & 0.96 \\ 0.41 & 0.24 & 0.99 & 0.58 \\ 0.14 & 0.30 & 0.97 & 0.66 \\ 0.51 & 0.13 & 0.19 & 0.85 \end{bmatrix} \begin{bmatrix} x_0 \\ x_1 \\ x_2 \\ x_3 \end{bmatrix} = \begin{bmatrix} 1.0 \\ 2.0 \\ 3.0 \\ 4.0 \end{bmatrix}$$

实验步骤：

① 启动CB8，执行“文件”|“新建”菜单命令，选择“项目”，打开“数据模板新建”对话框，选择Console application，单击“出发”按钮，选择“C++”，单击“下一步”按钮。

② "项目标题"确定为EX06,"新项目所在的父文件夹"确定为D:\Devshop\,单击"下一步"按钮。

③ 编译器选择GNU GCC Compiler,其余选项全部打勾,单击"完成"按钮。

④ 在"工作区"窗口的Sources资源里双击main.cpp文件,打开该文件。在源代码编辑窗口输入以下代码。输入完后,单击"文件"|"保存"保存该文件。

```
1    #include<stdio.h>
2    #include<gsl/gsl_linalg.h>                                //GSL线性代数函数
3    int main()
4    {
5        int s;
6        double A[]={0.18,0.60,0.57,0.96,0.41,0.24,0.99,0.58,0.14,0.30,0.97,
7            0.66,0.51,0.13,0.19,0.85};
8        double B[]={1.0,2.0,3.0,4.0};
9        gsl_matrix_view m;
10       gsl_vector_view b;
11       gsl_vector*x;
12       gsl_permutation*p;
13       m=gsl_matrix_view_array(A, 4, 4);                      //关联矩阵视图
14       b=gsl_vector_view_array(B, 4);                         //关联向量视图
15       x=gsl_vector_alloc(4);                                 //建立求解向量空间
16       p=gsl_permutation_alloc(4);                            //分配临时空间
17       gsl_linalg_LU_decomp(&m.matrix, p, &s);                //LU分解
18       gsl_linalg_LU_solve(&m.matrix, p, &b.vector, x);       //方程求解
19       printf("x=\n");
20       gsl_vector_fprintf(stdout,x, "%lf");                   //向量输出
21       gsl_permutation_free(p);                               //释放临时空间
22       gsl_vector_free(x);                                    //分配向量空间
23       return 0;
24   }
```

⑤ 从表4.2所列的地址下载GSL的头文件和库文件。将下载的文件解压缩后复制其中的include文件夹和lib文件夹,粘贴到C:\Dev\CodeBlocks\MinGW\GSL路径下。

⑥ 配置开发环境:选择"设置"|"编译器和调试器"菜单,打开"编译器和调试器设置"对话框。选择"搜索路径"选项卡,在"编译器"中单击"添加"按钮,在"添加目录"对话框中添加新的系统Include路径C:\Dev\CodeBlocks\MinGW\GSL\include。同理在"连接器"中设置新的系统Lib路径C:\Dev\CodeBlocks\MinGW\GSL\lib。

⑦ 从表4.2所列的地址下载GSL的运行时文件,将文件解压缩后在bin文件夹里找名为libgsl.dll和libgslcblas.dll的文件,将这两个文件拷贝到C:\WINDOWS\system32路径下。

⑧ 连接库文件:在"工作空间"右击程序项目,在弹出菜单中选择"构建选项"菜单命令,打开"项目build选项"对话框。打开"连接器"设置选项卡。单击"添加"按钮在"添加

库”对话框中输入库文件名 libgsl. a 和 libgslcblas. a。

⑨ 执行“构建”|“构建”命令,CB8 开始编译、连接。完成后执行“构建”|“运行”命令可以看到程序运行结果如图 4.15 所示。

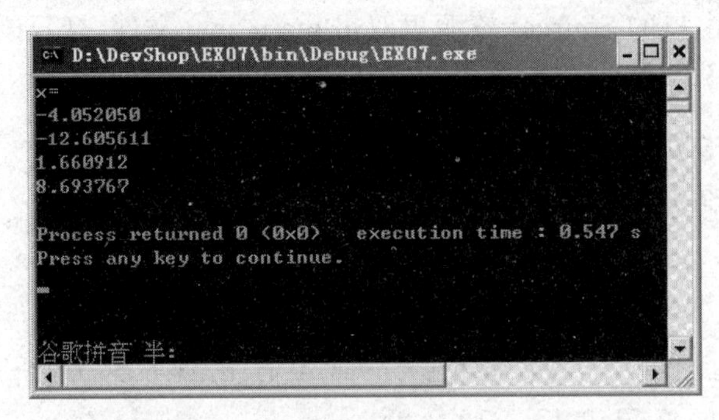

图 4.15

(2) [EX07]在 VC6 环境下使用 SDL 库求贝塞尔函数在 5.0 的值。(教材例 13.7)

实验步骤:

① 新建 VC6 项目和文件,确定 Location 为 D:\DevShop,项目名为 EX07,源文件名为 EX07. CPP,控制台应用程序,向导使用“A empty project.”。

② 在源程序文件 EX07. CPP 中输入下面的程序。完成输入后,执行 File|Save(快捷键为 Ctrl+S)保存文件。

```
1    #include<stdio.h>
2    #include<gsl/gsl_sf_bessel.h>                //GSL 特殊函数——贝塞尔函数
3    #pragma comment(lib,"libgsl.lib")            //VC6 连接 GSL 函数库
4    #pragma comment(lib,"libgslcblas.lib")       //VC6 连接 GSL 基础线性代数库
5    int main()
6    {
7        double x=5.0, y;
8        y=gsl_sf_bessel_J0(x);                   //贝塞尔函数
9        printf("J0(5.0)=%.18f\n", y);
10       return 0;
11   }
```

③ 从表 4.2 所列的地址下载 GSL 的头文件和库文件。将下载的文件解压缩后复制其中的 include 文件夹和 lib 文件夹,粘贴到 C:\DEV\MSVS6\VC98\GSL 路径下。

④ 配置开发环境:单击 Tools|Options 菜单打开 Options 对话框,单击 Directories 标签,单击“Show directories for:”右方的下拉按钮,在下拉菜单里选择 Include files,在此界面中设置新的系统 Include 路径为 C:\DEV\MSVS6\VC98\GSL\include。再在下拉菜单里选择 Library files,设置新的系统 Lib 路径为 C:\DEV\MSVS6\VC98\GSL\lib。

⑤ 从表 4.2 所列的地址下载 GSL 的运行时文件,将文件解压缩后在 bin 文件夹里找名为 libgsl. dll 和 libgslcblas. dll 的文件,将这两个文件拷贝到 C:\WINDOWS\system32 路径下。

⑥ 在程序的头部加入两条预处理命令进行库文件的连接：

```
#pragma comment(lib,"libgsl.lib")          //VC6连接GSL函数库
#pragma comment(lib,"libgslcblas.lib")     //VC6连接GSL基础线性代数库
```

⑦ 执行 Build|Build EX07.exe 命令，VC6 开始编译、连接。完成后执行 Build|Execute EX07.exe 命令，可以看到程序运行结果如图 4.16 所示。

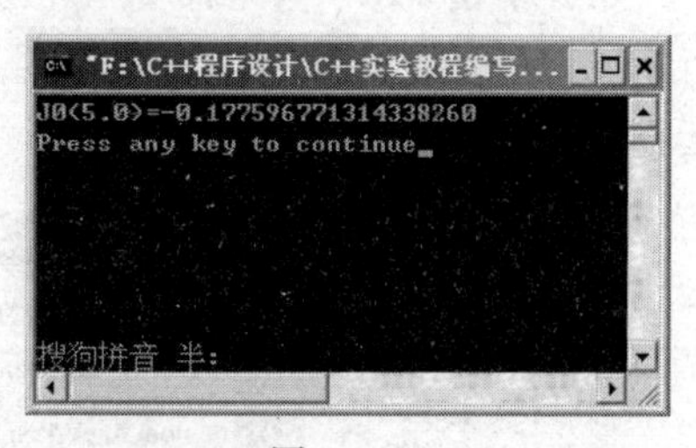

图 4.16

2. 设计型实验

(1) [SX05]利用 GSL 库求矩阵特征值、特征向量。

(2) [SX06]用 Householder 变换求以下矩阵的 QR 分解。

$$A=\begin{bmatrix}0 & 3 & 1 & -4\\0 & 4 & -2 & 3\\2 & 1 & 2 & 4\\0 & 0 & 0 & -5\end{bmatrix}$$

(3) [SX07]利用 GSL 库求最小二乘方拟合。

(4) [SX08]利用 GSL 库求统计的平均偏差和标准偏差。

(5) [SX09]利用 GSL 库求一元 n 次方程的根。

4.2.3 实验 3 界面编程

如果用纯代码的方式开发界面程序过程会比较复杂，而且每写一个程序都要反复进行相同的开发工作。在本节中我们在 VC6 环境下使用“界面程序向导”Win32SDKAppWizard 来开发界面程序，从而简化了开发的过程。

首先，在我们的课程网站下载安装程序 WizSetup.exe。双击 WizSetup.exe 应用程序，出现如图 4.17(a)所示的安装界面，单击“安装”按钮，会出现一个安装成功的对话框，如图 4.17(b)所示，表示安装成功。

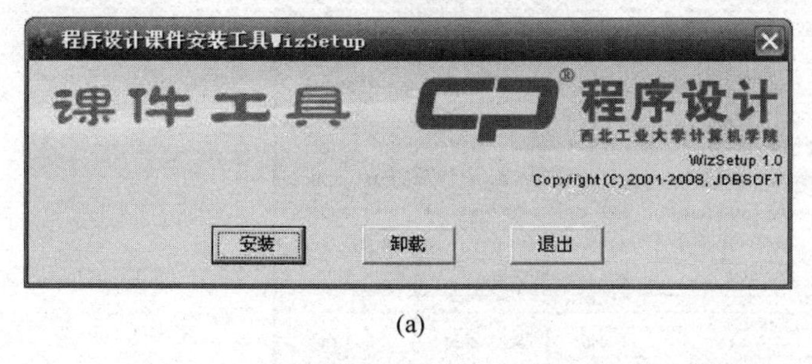

(a)

(b)

图 4.17

安装完毕后，重新启动 VC6，在 Project 类型中出现一个新的项目类型 Win32SDK Application，选择此类型的工程即可直接生成界面窗口。

下面是一个示范性实验。

[EX08]使用 Win32SDKAppWizard 向导编写一个 Windows 窗口程序。

实验步骤：

(1) 单击 File|New 命令，新建一个 Win32SDK Application 类型的工程，如图 4.18 所示。设置 Location 为 D:\DevShop，项目名为 EX08。单击 OK 按钮进入"项目设置"对话框。

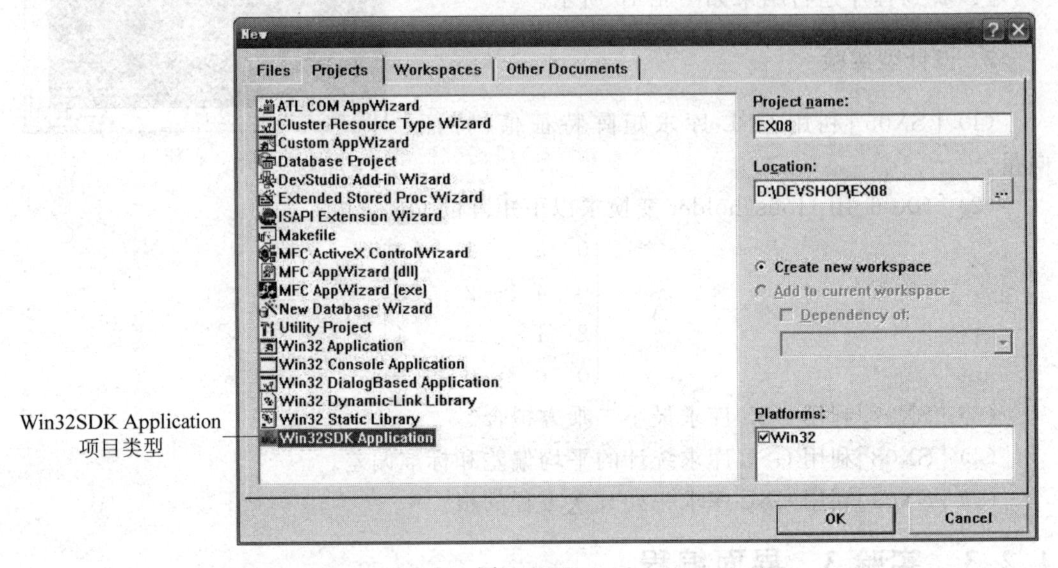

图 4.18

(2) 在项目设置对话框中设置"主窗口"为"基于窗口的应用程序"，"窗口风格"为"包含菜单"，如图 4.19 所示。单击 Finish 按钮表示设置完成。

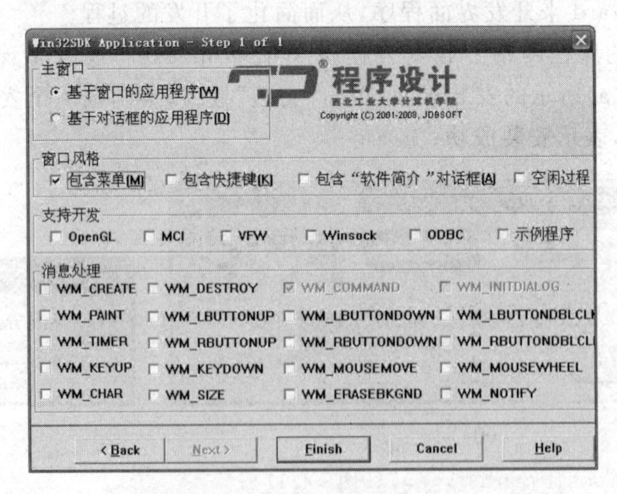

图 4.19

(3) 编译、运行该程序，运行结果如图 4.20 所示。

通过前三步的操作，我们可以很方便地使用 Win32SDKAppWizard 向导编写一个

Windows 窗口程序。在该项目中,有自动生成的各类文件和资源,我们还可以对这些文件和资源进行必要的修改。各类文件及资源如图 4.21 所示。

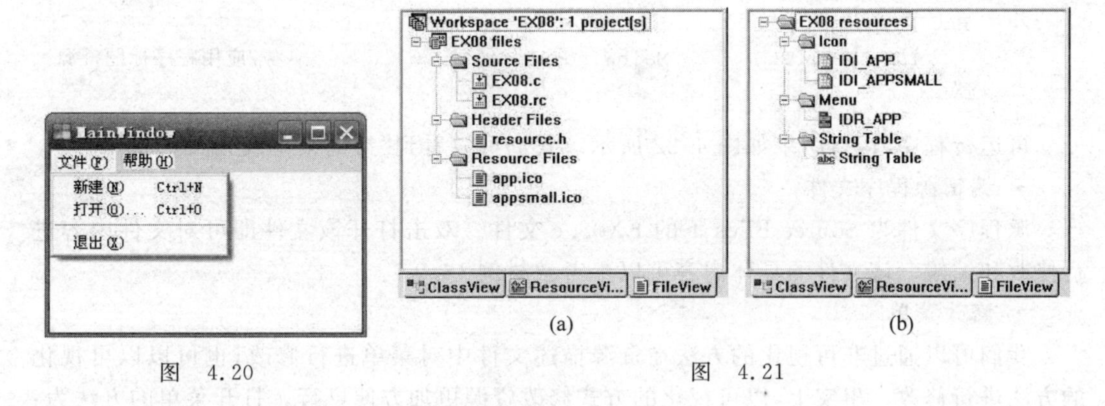

(a) (b)

图 4.20 图 4.21

• 编辑资源头文件

资源头文件为 Header Files 下的 resource.h 文件,双击打开该文件,可以对文件的内容进行编辑和修改。资源头文件的内容及含义可以参考教材 13.3.4 节。

• 编辑资源描述文件

资源描述文件为 Source Files 下的 EX08.rc 文件。双击资源描述文件,可以切换到图 4.21(b)所示的各类资源界面。我们也可以通过修改 EX08.rc 文件的内容来对各类资源进行编辑。方法为:执行 File|Open 命令,在"打开"对话框中选中我们要打开的资源描述文件 EX08.rc,在"Open as:"中选中打开方式为 Text。最后单击"打开"按钮,便以文本的方式打开了资源描述文件。

在资源描述文件中,我们可以以修改代码的方式对资源进行非可视化方式的编辑,该文件中的内容和含义可以参考教材 13.3.4 节。将 EX08.rc 文件中有关"帮助"菜单的代码注释掉,修改后的代码如下:

```
1   #include<windows.h>
2   #include "resource.h"
3   IDI_APP         ICON DISCARDABLE "res\\app.ico"           //主窗口图标资源
4   IDI_APPSMALL    ICON DISCARDABLE "res\\appsmall.ico"      //主窗口小图标资源
5   IDR_APP MENU DISCARDABLE                                  //主窗口菜单资源
6   BEGIN
7       POPUP "文件(&F)"
8       BEGIN
9           MENUITEM"新建(&N)\tCtrl+N",                       IDM_FILE_NEW
10          MENUITEM"打开(&O)...\tCtrl+O",                    IDM_FILE_OPEN
11          MENUITEM SEPARATOR
12          MENUITEM"退出(&X)",                               IDM_EXIT
13      END
14      //POPUP"帮助(&H)"
15      //BEGIN
16      //      MENUITEM "软件简介(&A)...",                   IDM_ABOUT
```

```
17        //END
18    END
19    STRINGTABLE DISCARDABLE                                          //字符串资源
20    BEGIN
21        IDS_APP_TITLE       "MainWindow"                             //应用程序标题资源
      END
```

再运行程序,运行结果如图 4.22 所示。我们可以看到"帮助菜单"已经消失了。

• 编辑源程序文件

源程序文件为 Source Files 下的 EX08.c 文件。双击打开该文件即可对文件内容进行修改和编辑。该文件的具体内容可以参考教材例 13.9。

• 修改菜单

我们可以通过非可视化的方法在资源描述文件中对菜单进行修改,也可以以可视化的方法进行修改。事实上,以可视化的方式修改资源更加方便可行。打开菜单的方法为:在图 4.21(b)所示的资源管理界面双击 Menu 下的名为"IDR_APP"的菜单,即可在 VC6 的编辑窗口对菜单进行可视化编辑。双击某一个菜单项,即弹出该菜单的属性对话框 Menu Item Properties,如图 4.23 所示,为"新建"菜单的属性对话框。属性对话框中的各项设置含义如表 4.3 所示。

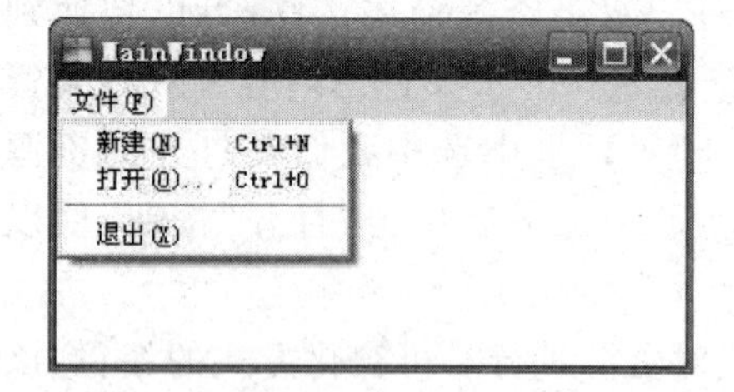

图 4.22

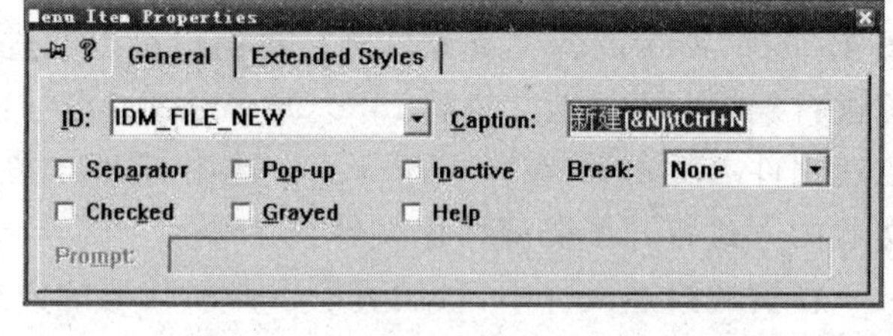

图 4.23

表 4.3

ID	菜单名
Caption	菜单显示在窗口上的文字,在其中可以加上热键和快捷键
Separator	分隔符,两个菜单项之间的分隔线
Pop-up	本菜单将弹出一个子菜单
Inactive	选中该属性,该菜单处于非激活状态,不能和 Grayed 同时选中
Break	None 表示不分割菜单,Break 选项默认为 None Column 表示当前菜单及其以后菜单均移到新列中去 Bar 表示在最后一列之前添加一个竖分隔线

• 增加消息

我们可以在程序中增加一个消息处理,这里以 WM_PAINT 消息为例。当发生用户区移动或显示事件、用户窗体改变大小的事件、程序通过滚动条滚动窗体时,均产生一条 WM_PAINT 消息。先打开源程序文件 EX08.c,然后在"消息处理函数原型"以及"消息映射表宏定义"处添加相应的语句,添加后的程序代码如下。

```
//消息处理函数原型------------------------------------------------
LRESULT OnPaint(HWND hWnd,UINT message,WPARAM wParam,LPARAM lParam);
LRESULT OnCommand(HWND hWnd,UINT message,WPARAM wParam,LPARAM lParam);
//消息映射表宏定义------------------------------------------------
BEGIN_MESSAGE_MAP()
    ON_MSG(WM_PAINT, OnPaint)
    ON_MSG(WM_COMMAND, OnCommand)
END_MESSAGE_MAP()
```

在"消息处理函数实现"部分增加 WM_PAINT 消息的具体实现,代码如下。其中第 7 行处用于增加重新绘制窗体的相关代码。

```
1     LRESULT OnPaint(HWND hWnd,UINT message,WPARAM wParam,LPARAM
2     lParam)
3     {                                          //重绘消息处理
4         PAINTSTRUCT ps;
5         HDC hdc;
6         hdc=BeginPaint(hWnd,&ps);              //客户区绘图开始
7         // TODO:在这里增加重新绘制的处理代码……
8
9         EndPaint(hWnd,&ps);                    //客户区绘图结束
10         return 0;                             //处理了这条消息必须返回 0
      }
```

4.2.4　实验 4　图形输出、事件处理与对话框

本节示范性实验中所使用的消息以及产生该消息的条件如表 4.4 所示。

表　4.4

消　息	产 生 条 件
WM_COMMAND	单击菜单、单击加速键、单击子窗口按钮、单击工具栏按钮、单击下拉列表框等控件的时候都有 WM_COMMAND 消息产生
WM_LBUTTONDOWN	释放鼠标左键时产生
WM_LBUTTONDBLCLK	双击鼠标左键时产生
WM_RBUTTONUP	释放鼠标左键时产生
WM_MOUSEMOVE	鼠标移动时产生
WM_PAINT	当发生用户区移动或显示事件、用户窗体改变大小的事件、程序通过滚动条滚动窗体时,均产生一条 WM_PAINT 消息
WM_KEYDOWN	按下一个非系统键时产生
Help	本菜单项和所有它管辖之下的菜单项在菜单条上右对齐

1. 示范性实验

(1) [EX09]编写一个能显示鼠标坐标位置的 Windows 窗口程序。

实验步骤：

① 单击 File | New 命令，新建一个 Win32SDK Application 类型的工程。设置 Location 为 D:\DevShop，项目名为 EX09。单击 OK 按钮进入"项目设置"对话框。

② 在项目设置对话框中设置"主窗口"为"基于窗口的应用程序"，"窗口风格"为"包含菜单"。单击 Finish 按钮表示设置完成。

③ 在文件资源管理器中打开 EX09. c 文件，添加相关的程序代码。

④ 因为我们在后面的代码中会使用到 sprintf 函数，所以在"头文件"部分增加预处理命令 #include＜stdio. h＞。

⑤ 在"消息处理函数原型"部分增加 WM_LBUTTONDOWN、WM_LBUTTONDBLCLK、WM_RBUTTONUP、WM_MOUSEMOVE 这 4 个消息处理函数的原型，代码如下：

```
1    LRESULT OnLButtonDown(HWND hWnd,UINT message,WPARAM
2    wParam,LPARAM lParam);
3    LRESULT OnLButtonDblClk(HWND hWnd,UINT message,WPARAM
4    wParam,LPARAM lParam);
     LRESULT OnRButtonUp(HWND hWnd,UINT message,WPARAM
     wParam,LPARAM lParam);
     LRESULT OnMouseMove(HWND hWnd,UINT message,WPARAM
     wParam,LPARAM lParam);
```

⑥ 在"消息映射表宏定义"部分增加 4 个消息的映射，代码如下：

```
1    ON_MSG(WM_LBUTTONDOWN, OnLButtonDown)               //鼠标左键按下消息映射
2    ON_MSG(WM_LBUTTONDBLCLK, OnLButtonDblClk)           //鼠标左键双击消息映射
3    ON_MSG(WM_RBUTTONUP, OnRButtonUp)                   //鼠标右键释放消息映射
4    ON_MSG(WM_MOUSEMOVE, OnMouseMove)                   //鼠标移动消息映射
```

⑦ 在"消息处理函数实现"部分增加 4 个消息处理函数的实现代码，代码如下：

```
1    LRESULT OnLButtonDown(HWND hWnd,UINT message,WPARAM
2    wParam,LPARAM lParam)
3    {                                                   //鼠标左键按下消息处理
4        static int x,y;                                 //静态变量保持前次坐标数据
5        if (bDraw) {
6            HDC hdc;
7            hdc=GetDC(hWnd);
8            MoveToEx(hdc,x,y,NULL);                     //画线起点是上次落笔位置
9            x=LOWORD(lParam), y=HIWORD(lParam);         //画线终点
10           LineTo(hdc,x,y);                            //从鼠标上次位置画线到当前位置
11           ReleaseDC(hWnd,hdc);
12       }
13       else{
14           x=LOWORD(lParam), y=HIWORD(lParam);         //保存落笔位置
15           bDraw=1;                                    //设置落笔标志,准备画线
16       }
```

```
17        return 0;                                  //处理了这条消息必须返回 0
18    }
19    LRESULT OnLButtonDblClk(HWND hWnd,UINT message,WPARAM
20    wParam,LPARAM lParam)
21    {                                              //鼠标左键双击消息处理
22        bDraw=0;                                   //设置抬笔标志
23        return 0;                                  //处理了这条消息必须返回 0
24    }
25    LRESULT OnRButtonUp(HWND hWnd,UINT message,WPARAM
26    wParam,LPARAM lParam)
27    {                                              //鼠标右键释放消息处理
28        InvalidateRect(hWnd,NULL,TRUE);            //重新绘制窗口
29        bDraw=0;                                   //设置抬笔标志
30        return 0;                                  //处理了这条消息必须返回 0
31    }
32    LRESULT OnMouseMove(HWND hWnd,UINT message,WPARAM
33    wParam,LPARAM lParam)
34    {                                              //鼠标移动消息处理
35        char buf[200];
36        HDC hdc;
37        hdc=GetDC(hWnd);
38        sprintf(buf,"MOUSEMOVE
     Y:%d",LOWORD(lParam),HIWORD(lParam));
          TextOut(hdc,10,10,buf,strlen(buf));
          ReleaseDC(hWnd,hdc);
          return 0;                                  //处理了这条消息必须返回 0
      }
```

⑧ 编译、运行该程序,运行结果如图 4.24 所示。

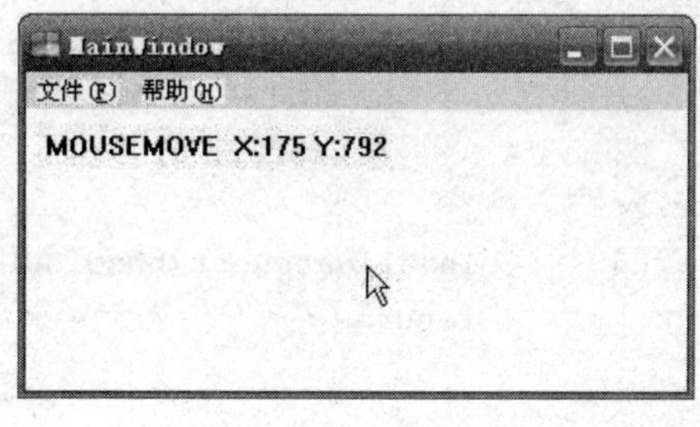

图 4.24

(2) [EX10]编写一个 Windows 窗口程序,该窗口中绘制一个圆,这个圆可以通过按键盘上下左右键进行移动。

实验步骤:

① 单击 File|New 命令,新建一个 Win32SDK Application 类型的工程。设置 Location 为 D:\DevShop,项目名为 EX10。单击 OK 按钮进入"项目设置"对话框。

② 在项目设置对话框中设置"主窗口"为"基于窗口的应用程序","窗口风格"为"包含菜单"。单击 Finish 按钮表示设置完成。

③ 在文件资源管理器中打开 EX10.c 文件,添加相关的程序代码。

④ 在"消息处理函数原型"部分增加 WM_PAINT、WM_KEYDOWN 两个消息处理函数的原型,代码如下:

```
1    LRESULT OnPaint(HWND hWnd,UINT message,WPARAM wParam,LPARAM lParam);
2    LRESULT OnKeyDown(HWND hWnd,UINT message,WPARAM wParam,LPARAM lParam);
```

⑤ 在“消息映射表宏定义”部分增加这两个消息的映射，代码如下：

```
1    ON_MSG(WM_PAINT, OnPaint)                        //重绘消息映射
2    ON_MSG(WM_KEYDOWN, OnKeyDown)                    //键盘按下消息映射
```

⑥ 在“消息处理函数实现”部分增加两个消息处理函数的实现代码，代码如下：

```
1    int x=200,y=200,r=50;                            //圆心坐标,半径 r=50
2    LRESULT OnPaint(HWND hWnd,UINT message,WPARAM wParam,LPARAM
3    lParam)
4    {                                                //重绘消息处理
5        PAINTSTRUCT ps;
6        HDC hdc;
7        hdc=BeginPaint(hWnd,&ps);                    //客户区绘图开始
8        Arc(hdc,x-r,y-r,x+r,y+r,x-r,y,x-r,y); //以(x,y)为圆心 r 为半径画圆
9        EndPaint(hWnd,&ps);                          //客户区绘图结束
10       return 0;                                    //处理了这条消息必须返回 0
11   }
12   LRESULT OnKeyDown(HWND hWnd,UINT message,WPARAM
13   wParam,LPARAM lParam)
14   {                                                //键盘按下消息处理
15       int nVirtKey;
16       nVirtKey=(int)wParam;                        //虚键码
17       switch(nVirtKey){
18           case VK_LEFT: x--; break;                //将圆水平向左移动一个像素
19           case VK_RIGHT: x++; break;               //将圆水平向右移动一个像素
20           case VK_UP: y--; break;                  //将圆垂直向上移动一个像素
21           case VK_DOWN: y++; break;                //将圆垂直向下移动一个像素
22           default:
23               return 0;                            //其他按键不处理重新绘制
24       }
25       InvalidateRect(hWnd,NULL,TRUE);              //重新绘制窗口
         return 0;                                    //处理了这条消息必须返回 0
     }
```

⑦ 编译、运行该程序，运行结果如图 4.25 所示。

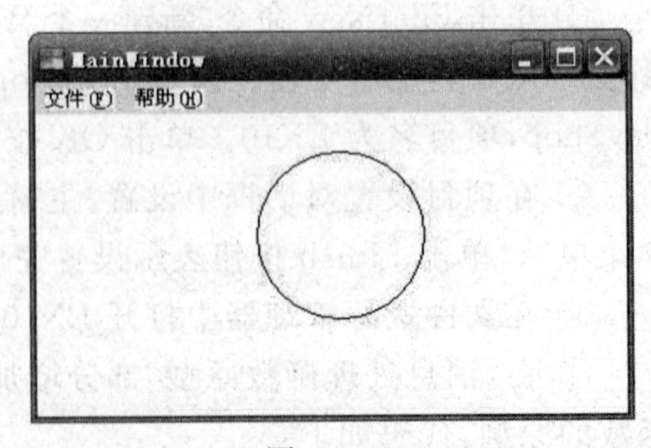

图 4.25

(3) [EX11]编写一个 Windows 窗口程序，该窗口中可以显示三角形的面积信息(如果三边长无法构成三角形，则显示三角形的三边长以及不能构成一个三角形的信息)，如图 4.26(a)所示。主窗口的“计算”菜单可以弹出输入三角形三边长的对话框，如图 4.26(b)所示。

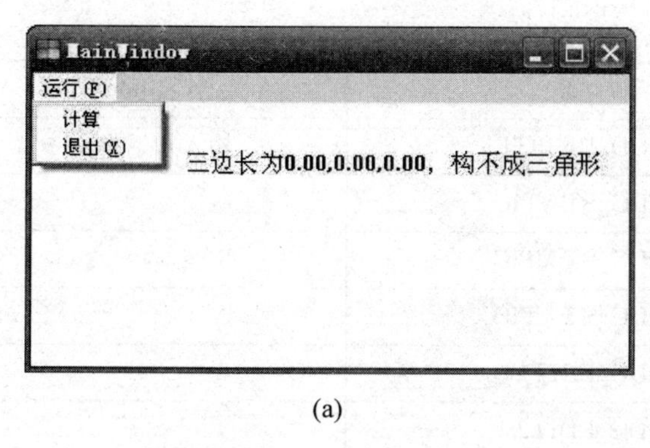

(a)

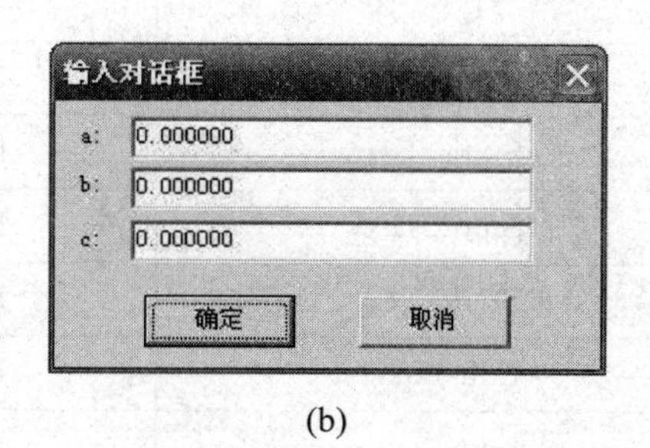

(b)

图 4.26

实验步骤：

① 点击 File | New 命令，新建一个 Win32SDK Application 类型的工程。设置 Location 为 D:\DevShop，项目名为 EX11。单击 OK 按钮进入“项目设置”对话框。

② 在项目设置对话框中设置“主窗口”为“基于窗口的应用程序”，“窗口风格”为“包含菜单”。单击 Finish 按钮表示设置完成。

③ 在该项目的资源管理器中找到名为 IDR_APP 的菜单，修改该菜单为图 4.26(a)的样式。其中“运算菜单”的 ID 为 IDM_RUN，“退出”菜单的 ID 为 IDM_EXIT。资源管理器界面如图 4.21(b)所示。

④ 新建一个对话框。用鼠标右键单击项目名称，在弹出的快捷菜单中选择 Insert，如图 4.27(a)所示。在“插入资源”对话框中选择 Dialog，单击 New 按钮。

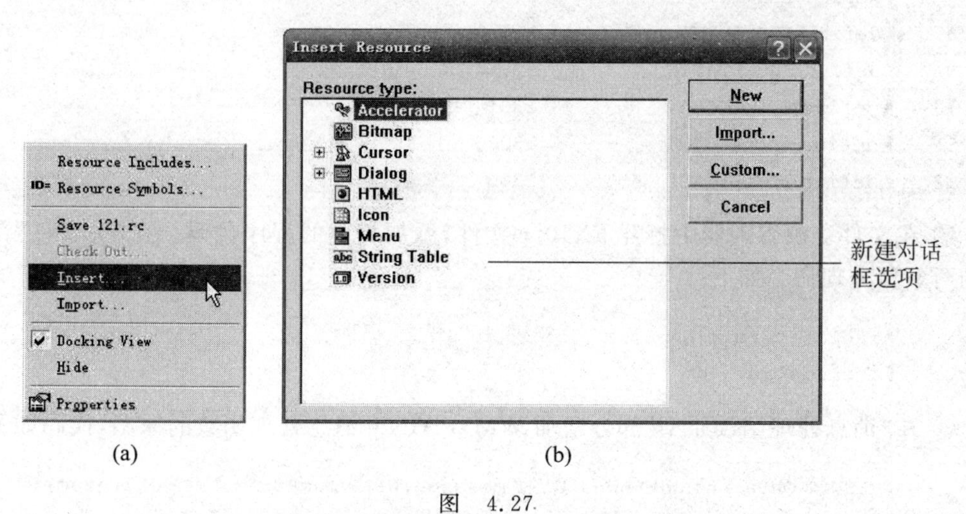

(a) (b)

图 4.27

⑤ 设置对话框以及各个控件的属性。双击对话框或者各个控件，即可打开相应的属性设置界面。对话框以及控件的属性设置如表 4.5 所示。其中三个 Static Text 控件是通过复制粘贴得到的，所以它们的 ID 是相同的。

表 4.5

对　象	ID	Caption
Dialog	IDD_IINPUT	输入对话框
Static Text	IDC_STATIC	a:
Static Text	IDC_STATIC	b:
Static Text	IDC_STATIC	c:
Edit Box	IDC_EDIT1	无
Edit Box	IDC_EDIT2	无
Edit Box	IDC_EDIT3	无
Button	IDOK	确定
Button	IDCANCEL	取消

⑥ 打开资源头文件 resource.h，给菜单和对话框资源添加资源标识，内容如下。

```
1    #define IDI_APP              100         //主窗口图标资源标识符
2    #define IDI_APPSMALL         101         //主窗口小图标资源标识符
3    #define IDR_APP              102         //主窗口菜单快捷键资源标识符
4    #define IDS_APP_TITLE        1000        //应用程序标题资源标识符
5    //以下为其他资源标识符定义……
6    #define IDM_RUN              1101
7    #define IDM_EXIT             1103
8    #define IDD_INPUT            110
9    #define IDC_STATIC           -1
10   #define IDC_EDIT1            1301
11   #define IDC_EDIT2            1302
12   #define IDC_EDIT3            1303
```

⑦ 在文件资源管理器中打开 EX10.c 文件，添加相关的程序代码。在“头文件”部分添加两条预处理命令如下。

```
1    #include<stdio.h>
2    #include<math.h>
```

⑧ 在“消息处理函数原型”部分增加 WM_PAINT 消息处理函数的原型，代码如下：

```
1    LRESULT OnPaint(HWND hWnd,UINT message,WPARAM wParam,LPARAM lParam);
```

⑨ 在“消息映射表宏定义”部分增加 WM_PAINT 消息的映射，代码如下：

```
1    ON_MSG(WM_PAINT, OnPaint)              //重绘消息映射
```

⑩ 在“消息处理函数实现”部分增加相关的函数的实现代码，代码如下：

```
1    struct TRIANGLE{
```

```
2       double a,b,c;
3   }x={0,0,0};                                    //三角形三边长
4   LRESULT CALLBACK DlgProc(HWND hDlg,UINT message,WPARAM
5   wParam,LPARAM lParam)
6   {                                              //对话框过程
7       static struct TRIANGLE * px;               //静态变量保持传递来的结构体指针
8       char buf[200];
9       switch(message){
10          case WM_INITDIALOG:                    //对话框初始化过程中接收传来的三角形三
11                                                 //边长
12              px=(struct TRIANGLE * )lParam;     //获取传来的三角形结构体指针
13              sprintf(buf,"%lf",px->a);          //a值转换为文本
14              SetDlgItemText(hDlg,IDC_EDIT1,buf); //设置第1个编辑框为a值
15              sprintf(buf,"%lf",px->b);          //b值转换为文本
16              SetDlgItemText(hDlg,IDC_EDIT2,buf); //设置第2个编辑框为b值
17              sprintf(buf,"%lf",px->c);          //c值转换为文本
18              SetDlgItemText(hDlg,IDC_EDIT3,buf); //设置第3个编辑框为c值
19              return TRUE;                       //处理了该消息后必须返回TRUE
20          case WM_COMMAND:
21              switch(LOWORD(wParam)){
22                  case IDOK:           //如果单击"确定"按钮则从编辑框中获取新数据
23      GetDlgItemText(hDlg,IDC_EDIT1,buf,sizeof(buf));
24              px->a=atof(buf);                   //设置新的a值
25      GetDlgItemText(hDlg,IDC_EDIT2,buf,sizeof(buf));
26              px->b=atof(buf);                   //设置新的b值
27      GetDlgItemText(hDlg,IDC_EDIT3,buf,sizeof(buf));
28              px->c=atof(buf);                   //设置新的c值
29          case IDCANCEL:                         //如果单击"取消"按钮则什么也不做
30                  EndDialog(hDlg,LOWORD(wParam));
31                  return TRUE;                   //处理了该消息后必须返回TRUE
32              }
33      }
34      return FALSE;                              //未处理消息必须返回FALSE
35  }
36  LRESULT OnPaint(HWND hWnd,UINT message,WPARAM wParam,LPARAM
37  lParam)
38  {                                              //重绘消息处理
39      PAINTSTRUCT ps;
40      HDC hdc;
41      char buf[200];
42      hdc=BeginPaint(hWnd,&ps);                  //客户区绘图开始
43      if (x.a+x.b>x.c && x.b+x.c>x.a && x.c+x.a>x.b){
44          double s,t;
45          t=(x.a+x.b+x.c)/2.0;
46          s=sqrt(t * (t-x.a) * (t-x.b) * (t-x.c));   //Heron公式计算三角形面积
47          sprintf(buf,"三角形面积为%lf",s);
```

```
48          }
49          else
50              sprintf(buf,"三边长为%.2lf,%.2lf,%.2lf,构不成三角形",x.a,x.b,x.c);
51          TextOut(hdc,100,30,buf,strlen(buf));            //显示计算结果
        EndPaint(hWnd,&ps);                                 //客户区绘图结束
        return 0;                                           //处理了这条消息必须返回 0
    }
```

⑪ 编译、运行该程序,运行结果如图 4.26 所示。

2. 设计型实验

(1) [SX10]绘制阿基米德螺旋曲线。
(2) [SX11]绘制旋转文字,旋转角度可用方向键调整。
(3) [SX12]绘制一个位图,且利用 Timer 让其运动。
(4) [SX13]编写一个围棋棋盘且能用鼠标落黑白子。
(5) [SX14]编写贪吃蛇游戏。

4.2.5 实验 5 图形编程

OpenGL(Open Graphics Library)三维图形标准是由 AT&T 公司、UNIX 软件实验室、IBM、Microsoft 和 SGI 等多家公司在 GL 图形库标准的基础上联合推出的开放式图形库,它使在微机上实现三维真实感图形成为可能。现在,OpenGL 辅助库已经被 GLUT 替代。GLUT 可以作为 OpenGL 编程框架之一,它能编写带窗口的 OpenGL 应用程序。OpenGL 以及 GLUT 的相关文件可以在表 4.6 所列网址中下载。

表 4.6

网　　站	网　　址
OpenGL 网站	http://www.opengl.org/
OpenGL 2.1 Reference 文档	http://www.opengl.org/sdk/docs/man/
OpenGL 3.3 Reference 文档	http://www.opengl.org/sdk/docs/man3/
OpenGL 4.1 Reference 文档	http://www.opengl.org/sdk/docs/man4/
GLUT 在 VC6 环境下的各类文件	http://www.opengl.org/resources/libraries/glut/glutdlls37beta.zip http://www.martinpayne.me.uk/software/development/GLUT/GLUT-MSVC-3.7.6-6.mp.zip
GLUT 在 CB8 环境下的各类文件	http://www.martinpayne.me.uk/software/development/GLUT/GLUT-MinGW-3.7.6-6.mp.zip
GLUT 的文档	http://www.opengl.org/resources/libraries/glut/glut-3.spec.pdf

1. 示范性实验

[EX12]利用 OpenGL 绘制三维球体且能够交互旋转和动画(教材例 13.18)。程序

运行的窗口界面如图 4.28 所示。

实验步骤：

(1) 单击 File | New 命令，新建一个 Win32SDK Application 类型的工程。设置 Location 为 D:\DevShop，项目名为 EX12。单击 OK 按钮进入“项目设置”对话框。

(2) 在项目设置对话框中设置“主窗口”为“基于窗口的应用程序”，“窗口风格”为“包含菜单”。单击 Finish 按钮表示设置完成。

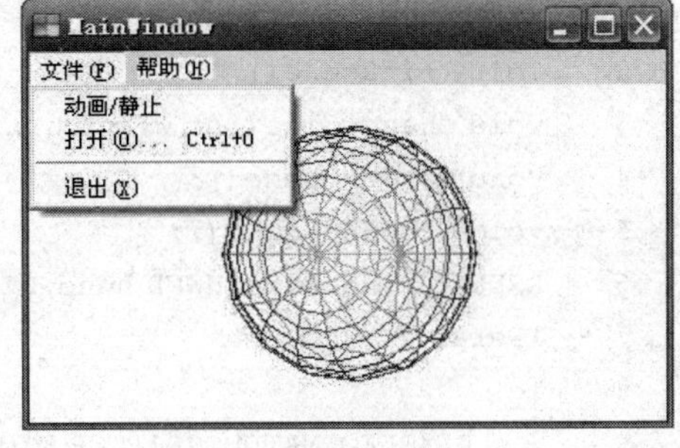

图 4.28

(3) 在资源管理器中找到菜单 IDR_APP，修改为图 4.28 的样式。其中“动画/静止”菜单的 ID 属性为 IDM_FILE_NEW；“打开”菜单的 ID 属性为 IDM_FILE_OPEN；“退出”菜单的 ID 属性为 IDM_EXIT。

(4) 在文件资源管理器中打开 EX12.c 文件，添加相关的程序代码。

(5) 因为我们要用到 OpenGL 相关的头文件 gl.h、glu.h 以及数学函数，所以在“头文件”部分添加如下预处理命令：

```
1    #include<gl/gl.h>                //OpenGL 核心库头文件
2    #include<gl/glu.h>               //OpenGL 实用库头文件
3    #include<math.h>
```

(6) “消息处理函数原型”部分的代码如下：

```
1    void      OnIdle(void);
2    LRESULT OnDestroy(HWND hWnd,UINT message,WPARAM wParam,LPARAM
3    lParam);
4    LRESULT OnCreate(HWND hWnd,UINT message,WPARAM wParam,LPARAM
5    lParam);
6    LRESULT OnPaint(HWND hWnd,UINT message,WPARAM wParam,LPARAM
7    lParam);
     LRESULT OnSize(HWND hWnd,UINT message,WPARAM
     wParam,LPARAM lParam);
     LRESULT OnCommand(HWND hWnd,UINT message,WPARAM
     wParam,LPARAM lParam);
     LRESULT OnMouseMove(HWND hWnd,UINT message,WPARAM
     wParam,LPARAM lParam);
```

(7) “消息映射表宏定义”部分的代码如下：

```
1    BEGIN_MESSAGE_MAP()
2        ON_MSG(WM_DESTROY, OnDestroy)              //窗口销毁消息映射
3        ON_MSG(WM_CREATE, OnCreate)                //窗口创建消息映射
4        ON_MSG(WM_PAINT, OnPaint)                  //重绘消息映射
5        ON_MSG(WM_SIZE, OnSize)                    //窗口大小变化消息映射
```

```
6        ON_MSG(WM_COMMAND, OnCommand)                    //菜单消息映射
7        ON_MSG(WM_MOUSEMOVE, OnMouseMove)                //鼠标移动消息映射
8    END_MESSAGE_MAP()
```

(8)"消息处理函数实现"部分的代码如下：

```
1    HGLRC hRC;                                           //OpenGL 渲染场境
2    void InitScene();                                    //初始化 OpenGL 显示场景
3    void ChangeSize(int w,int h);                        //OpenGL 视区缩放
4    void RenderScene();                                  //显示 OpenGL 场景
5    void CleanupScene();                                 //清理 OpenGL 场景
6    LRESULT OnCreate(HWND hWnd,UINT message,WPARAM wParam,LPARAM
7    lParam)
8    {                                                    //窗口创建消息处理
9        PIXELFORMATDESCRIPTOR pfd;
10       int nPixelFormat;
11       HDC hdc;
12       //定义像素格式
13       ZeroMemory(&pfd,sizeof(pfd));                    //全部数据设为 0
14       pfd.nSize=sizeof(pfd);
15       pfd.nVersion=1;
16       pfd.dwFlags
17   =PFD_DRAW_TO_WINDOW|PFD_SUPPORT_OPENGL|PFD_DOUBLEBUFFER;
18       pfd.iPixelType=PFD_TYPE_RGBA;
19       pfd.cColorBits=24;
20       pfd.cDepthBits=16;
21       pfd.iLayerType =PFD_MAIN_PLANE;
22       hdc=GetDC(hWnd);                                 //客户区 DC
23       nPixelFormat=ChoosePixelFormat(hdc,&pfd);        //检索 DC 匹配的像素格式
24       SetPixelFormat(hdc,nPixelFormat,&pfd);           //设置像素格式
25       hRC=wglCreateContext(hdc);                       //创建 OpenGL 渲染场景
26       wglMakeCurrent(hdc,hRC);                         //设置当前态
27       InitScene();                                     //初始化 OpenGL 显示场景
28       wglMakeCurrent(0,0);                             //取消当前态
29       ReleaseDC(hWnd,hdc);                             //释放 DC
30       return 0;                                        //处理了这条消息必须返回 0
31   }
32   LRESULT OnDestroy(HWND hWnd,UINT message,WPARAM wParam,LPARAM
33   lParam)
34   {                                                    //窗口销毁消息处理
35       HDC hdc;
36       hdc=GetDC(hWnd);                                 //客户区 DC
37       wglMakeCurrent(hdc,hRC);                         //设置当前态
38       CleanupScene();                                  //清理释放场景
39       wglMakeCurrent(0,0);                             //取消当前态
```

```
40    wglDeleteContext(hRC);                         //删除渲染场景
41    ReleaseDC(hWnd,hdc);                           //释放 DC
42    return 0;                                      //处理了这条消息必须返回 0
43  }
44  LRESULT OnSize(HWND hWnd,UINT message,WPARAM wParam,LPARAM
45  lParam)
46  {                                                //窗口大小变化消息处理
47    HDC hdc;
48    int cx, cy;
49    cx=LOWORD(lParam), cy=HIWORD(lParam);          //宽度值和高度值
50    if(cx==0||cy==0)return 0;
51    hdc=GetDC(hWnd);                               //客户区 DC
52    wglMakeCurrent(hdc,hRC);                       //设置当前态
53    ChangeSize(cx,cy);                             //OpenGL 视区缩放
54    wglMakeCurrent(0,0);                           //取消当前态
55    ReleaseDC(hWnd,hdc);                           //释放 DC
56    return 0;                                      //处理了这条消息必须返回 0
57  }
58  LRESULT OnPaint(HWND hWnd,UINT message,WPARAM wParam,LPARAM
59  lParam)
60  {                                                //重绘消息处理
61    PAINTSTRUCT ps;
62    HDC hdc;
63    hdc=BeginPaint(hWnd,&ps);                      //客户区准备绘图
64    wglMakeCurrent(hdc,hRC);                       //设置当前态
65    RenderScene();                                 //显示 OpenGL 场景
66    SwapBuffers(hdc);                              //交换缓冲区
67    wglMakeCurrent(0,0);                           //取消当前态
68    EndPaint(hWnd,&ps);                            //客户区绘图结束
69    return 0;                                      //处理了这条消息必须返回 0
70  }
71  int bAnimate=0;                                  //是否动画
72  GLfloat xRotation=0.0, yRotation=0.0;            //x,y 轴旋转
73  void InitScene()
74  {                            //初始化 OpenGL 显示场景,设置灯光、材质属性
75    GLfloat    ambientProperties[]={0.7f, 0.7f, 0.7f, 1.0f};
76    GLfloat    diffuseProperties[]={0.8f, 0.8f, 0.8f, 1.0f};
77    GLfloat    specularProperties[]={1.0f, 1.0f, 1.0f, 1.0f};
78    glPolygonMode(GL_FRONT,GL_LINE);               //设置多边形正面为轮廓线
79    glPolygonMode(GL_BACK,GL_LINE);                //设置多边形背面为轮廓线
80    glShadeModel(GL_FLAT);                         //设置平直明暗处理模型
81    glEnable(GL_NORMALIZE);                        //设置单位法线
82    glClearDepth(1.0);                             //深度缓冲清除值
83    glLightfv(GL_LIGHT0,GL_AMBIENT,ambientProperties);  //设置环境光参数
```

```
84      glLightfv(GL_LIGHT0,GL_DIFFUSE,diffuseProperties);   //设置散射光参数
85      glLightfv(GL_LIGHT0,GL_SPECULAR,specularProperties);   //设置镜面光参数
86      glLightModelf(GL_LIGHT_MODEL_TWO_SIDE,1.0);      //设置光照模型
87      glEnable(GL_LIGHT0);                             //使用光源
88      glEnable(GL_LIGHTING);                           //允许光照
89  }
90  void ChangeSize(int w,int h)
91  {                                                    //OpenGL 视区缩放
92      GLfloat fAspect;
93      fAspect=(h==0)?1.0f:(GLfloat)w/h;
94      glViewport(0,0,w,h);                           //定义视区
95      glMatrixMode(GL_PROJECTION);                   //指定投影矩阵定义修剪空间
96      glLoadIdentity();                              //加载单位矩阵
97      gluPerspective(30,fAspect,1,15.0);             //定义透视投影矩阵
98      glMatrixMode(GL_MODELVIEW);                    //指定模型视图矩阵
99      glLoadIdentity();                              //加载单位矩阵
100     glDrawBuffer(GL_BACK);                         //使用后台缓冲绘图
101     glEnable(GL_DEPTH_TEST);                       //启用深度测试
102 }
103 void RenderScene()
104 {                                                  //显示 OpenGL 场景
105     GLUquadricObj * q;
106     glClearColor(1.0,1.0,1.0,1.0);                //设置清除缓冲区的颜色为白色
107     glClear(GL_COLOR_BUFFER_BIT|GL_DEPTH_BUFFER_BIT);   //清除缓冲区
108     glPushMatrix();                             //将当前矩阵压入堆栈
109     glTranslated(0.0,0.0,-5.0);                 //乘以平移矩阵
110     glRotatef(xRotation, 1.0, 0.0, 0.0);        //旋转矩阵
111     glRotatef(yRotation, 0.0, 1.0, 0.0);        //旋转矩阵
112     glScalef(1.0,1.0,1.0);                      //缩放矩阵
113     glColor3ub(255,255,255);                    //设置绘图颜色
114     q=gluNewQuadric();                          //创建二次曲面对象
115     gluQuadricDrawStyle(q,GLU_FILL);            //多边形和三角条状图元填充曲面
116     gluQuadricNormals(q,GLU_SMOOTH);            //为每个顶点生成光照标准
117     gluSphere(q,1.0,16,16);                     //绘制球体
118     gluDeleteQuadric(q);                        //删除二次曲面对象
119     glPopMatrix();                              //将当前矩阵弹出堆栈
120 }
121 void CleanupScene()
122 {                                               //清理 OpenGL 场景
123     //TODO: 在这里添加清理场景处理代码……
124 }
125 LRESULT OnMouseMove(HWND hWnd,UINT message,WPARAM
126 wParam,LPARAM lParam)
127 {                                               //鼠标移动消息处理
```

```
128     static int lx,ly,x,y;
129     if(!bAnimate){                    //当球体不再动画时,鼠标移动会旋转物体
130         x=LOWORD(lParam), y=HIWORD(lParam);
131         yRotation-=(float)(lx-x)/3.0f;          //计算 x 旋转量
132         xRotation-=(float)(ly-y)/3.0f;          //计算 y 旋转量
133         lx=x, ly=y;
134         InvalidateRect(hWnd,NULL,FALSE);        //重新绘制客户区
135     }
136     return 0;                                   //处理了这条消息必须返回 0
137 }
138 void OnIdle(void)
139 {                                               //应用程序空闲过程处理
140     HDC hdc;
141     if(!bAnimate)return ;
142     yRotation+=1.0;
143     hdc=GetDC(hMainWnd);                        //客户区 DC
144     if(hdc){
145         wglMakeCurrent(hdc,hRC);                //设置当前态
146         RenderScene();                          //显示 OpenGL 场景
147         SwapBuffers(hdc);                       //交换缓冲区
148         wglMakeCurrent(0,0);                    //取消当前态
149     }
150     ReleaseDC(hMainWnd,hdc);                    //释放 DC
151 }
152 LRESULT OnCommand(HWND hWnd,UINT message,WPARAM
153 wParam,LPARAM lParam)
154 {                                               //命令消息处理
155     WORD wID;
156     wID=LOWORD(wParam);                       //菜单项标识或快捷键命令标识
157     switch(wID){
158         case IDM_FILE_NEW:
               bAnimate=!bAnimate;                 //允许、禁止动画切换
               break;
          case IDM_EXIT:                          //退出
               DestroyWindow(hWnd);
               break;
        default:                                  //其他菜单调用默认处理
               return DefWindowProc(hWnd,message,wParam,lParam);
      }
    return 0;                                   //处理了这条消息后必须返回 0
```

(9) 导入动态链接库：用鼠标右键单击项目名称，在快捷菜单里选择 Settings，打开 Project Settings 对话框，在 Link 选项卡中将 opengl32.lib 和 glu32.lib 导入动态链接库。详细方法参考本书 4.1.2 节。

(10) 编译、运行该程序,运行结果如图 4.28 所示。窗口上绘制的球体可以随着鼠标的移动而转动。当我们单击“动画/静止”菜单时,球体可以在自行转动与静止之间切换。

2. 设计型实验

(1) [SX15]制作一个带纹理图、光照、阴影的茶具程序。

(2) [SX16]绘制三维地形的动态显示。

(3) [SX17]绘制一个飞机模型且能 3D 运动。

(4) [SX18]绘制一个魔方且能 3D 运动。

4.2.6 实验 6 多媒体编程

MCI 为 Windows 多媒体编程常用的接口。使用 MCI 编程,必须包含两个多媒体头文件 windows.h 和 mmsysterm.h(windows.h 必须在 mmsysterm.h 的前面),并且要添加名为 winmm.lib 的动态链接库文件。下面我们就在示范性实验中使用 MCI 来进行多媒体编程。

1. 示范性实验

[EX13] 编写一个录音程序。(教材例 13.20)

实验步骤:

(1) 新建 VC6 项目和文件,确定 Location 为 D:\DevShop,项目名为 EX13,源文件名为 EX13.CPP,控制台应用程序,向导使用“A empty project.”。

(2) 在源程序文件 EX13.CPP 中输入下面的程序。其中第 1～2 行为程序中需要包含的头文件,因为我们在应用程序中使用了 MCI,所以就必须要包含这两个多媒体头文件。完成输入后,执行 File|Save(快捷键为 Ctrl+S)保存文件。

```
1    #include<windows.h>                                    //Windows 头文件
2    #include<mmsystem.h>                                   //多媒体头文件
3    DWORD RecordWaveFile(DWORD dwMS,LPTSTR filename)
4    {
5        MCIDEVICEID wID;
6        DWORD ret;
7        MCI_OPEN_PARMS mciOP;
8        MCI_RECORD_PARMS mciRP;
9        MCI_SAVE_PARMS mciSP;
10       MCI_PLAY_PARMS mciPP;
11       //打开 WAV 设备
12       mciOP.lpstrDeviceType="waveaudio";
13       mciOP.lpstrElementName="";
14       ret=mciSendCommand(0,MCI_OPEN,MCI_OPEN_ELEMENT|MCI_OPEN_T
15   YPE,(DWORD)&mciOP);
16       if(ret)return ret;
17       wID=mciOP.wDeviceID;                              //保存设备号
```

```
18        MessageBox(NULL,"开始录音","提示",MB_OK);  //提示开始录音
19        //开始从麦克风录音,直到录音完成
20        mciRP.dwTo=dwMS;                          //录音时长(默认单位为毫秒)
21        if
22    (ret=mciSendCommand(wID,MCI_RECORD,MCI_TO|MCI_WAIT,(DWORD)&mci
23    RP)){
24            mciSendCommand(wID,MCI_CLOSE,0,0);
25            return ret;
26        }
27        MessageBox(NULL,"录音结束","提示",MB_OK);        //提示录音结束
28        //保存录音到 filename 文件中
29        mciSP.lpfilename=filename;
30        if
31    (ret=mciSendCommand(wID,MCI_SAVE,MCI_SAVE_FILE|MCI_WAIT,(DWORD)
32    &mciSP)){
33            mciSendCommand(wID,MCI_CLOSE,0,0);
34            return ret;
35        }
36        //播放刚才的录音
37        mciPP.dwFrom=0L;
38        if
39    (ret=mciSendCommand(wID,MCI_PLAY,MCI_FROM|MCI_WAIT,(DWORD)&mci
40    PP)){
41            mciSendCommand(wID,MCI_CLOSE,0,0);
42            return ret;
43        }
44        return 0;
45    }
46    int main()
      {
          char * fn="record.wav";
          RecordWaveFile(10000,fn);   //参数 1 设置录音时长(毫秒),参数 2 为存储文件名
          return 0;
      }
```

(3) 导入动态链接库：用鼠标右键单击项目名称，在快捷菜单里选择 Settings，打开 Project Settings 对话框，在 Link 选项卡中将 winmm.lib 导入动态链接库。详细方法参考本书 4.1.2 节。

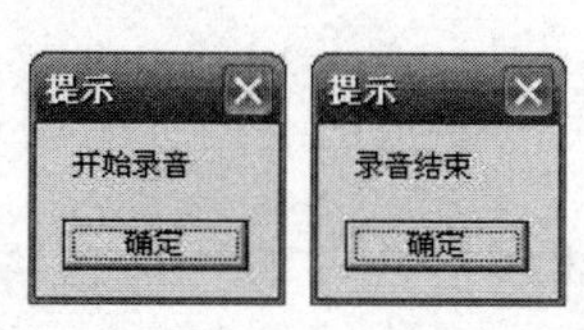

图 4.29

(4) 编译、运行该程序，运行结果如图 4.29 所示。当程序开始运行时，会出现一个“开始录音”的提示框，单击“确定”按钮则开始录音。当录音时间到了的时候会出现“录音结束”的提示框。录音完毕后打开 EX20 工程文件夹，record.wav 即为录制好的音频文件。

2. 设计型实验

(1) [SX19]制作一个媒体播放器,利用菜单控制媒体。

(2) [SX20]制作录音机。

(3) [SX21]制作视频会议系统。

4.2.7 实验7 网络编程

Winsock是Windows下的网络编程接口,在常见的Windows平台上有两个主要的版本,即Winsock 1和Winsock 2。应用程序使用Winsock 2进行网络编程时,需要包含头文件winsock2.h,动态链接库需要添加ws2_32.lib库文件。Winsock 2的程序运行时需要WS2-32.DLL,由于Windows操作系统已经内置好了这个文件,所以不需要我们手动配置。下面我们就通过示范性实验来验证使用Winsock 2进行网络编程的全过程。

1. 示范性实验

[EX14]编写TCP网络通信程序。(教材例13.23)

实验步骤:

(1) 新建VC6项目和文件,确定Location为D:\DevShop,项目名为EX13_1,源文件名为TCPClient.CPP,控制台应用程序,向导使用"A empty project."。

(2) 在源程序文件TCPClient.CPP中输入下面的程序。其中第一行为程序中需要包含的头文件,因为我们在应用程序中使用了Winsock 2,所以就必须要包含winsock2.h这个头文件。完成输入后,执行File|Save(快捷键为Ctrl+S)保存文件。

```
1    #include<windows.h>                                  //Windows头文件
2    #include<mmsystem.h>                                 //多媒体系统头文件
3    #include<stdio.h>
4    #include<winsock2.h>                                 //Winsock 2头文件
5    #include<stdio.h>
6    int main()
7    {
8        WSADATA wsaData;
9        SOCKET client;                                   //客户机TCP套接字
10       SOCKADDR_IN addr;
11       char buf[128];
12       if(WSAStartup(0x202,&wsaData)!=0){               //初始化Winsock DLL
13           printf("initiate Winsock DLL error\n");
14           return-1;
15       }
16       //1.创建客户机TCP套接字
17       client=socket(AF_INET,SOCK_STREAM,IPPROTO_TCP);
18       printf("[I]  server: ");
19       gets(buf);                                       //输入服务器IP地址
```

```
20      addr.sin_family=AF_INET;                          //使用 TCP/IP 协议
21      addr.sin_addr.s_addr=inet_addr(buf);              //服务器 IP 地址
22      addr.sin_port=htons(6666);                        //服务器协议端口
23      //2.初始化连接,连接请求
24      if(connect(client,(SOCKADDR*)&addr,sizeof(addr))==SOCKET_ERROR){
25          printf("connect failed:%d\n",WSAGetLastError());
26          WSACleanup();                                 //卸载 Winsock DLL
27          return-1;
28      }
29      //3.发送服务请求、接收服务响应
30      while(1){
31          printf("[I] message:");
32          gets(buf);
33          send(client,buf,strlen(buf)+1,0);             //向服务器发送服务请求
34          if(strcmp(buf,"quit")==0)break;               //如果输入 quit 则退出
35          recv(client,buf,sizeof(buf),0);               //从服务器接收服务响应
36          printf("[S]%s\n",buf);
37      }
38      //4.关闭套接字
39      closesocket(client);                              //关闭客户机 TCP 套接字
40      WSACleanup();                                     //终止 WinSock DLL
41      return 0;
42  }
```

(3) 导入动态链接库：用鼠标右键单击项目名称，在快捷菜单里选择 Settings，打开 Project Settings 对话框，在 Link 选项卡中将 ws2_32.lib 导入动态链接库。详细方法参考本书 4.1.2 节。

(4) 新建 VC6 项目和文件，确定 Location 为 D:\DevShop，项目名为 EX13_2，源文件名为 TCPServer.CPP，控制台应用程序，向导使用“A empty project.”。

(5) 在源程序文件 TCPServer.CPP 中输入下面的程序。在程序的第一行我们同样需要包含 winsock2.h 这个头文件。完成输入后，执行 File|Save(快捷键为 Ctrl+S)保存文件。

```
1   #include<winsock2.h>                                  //Winsock 2 头文件
2   #include<stdio.h>
3   int main()
4   {
5       WSADATA wsaData;
6       PHOSTENT hostinfo;
7       SOCKET server, accSock;                       //服务器 TCP 套接字、连接套接字
8       SOCKADDR_IN addr, addrout;
9       int port, len=sizeof(SOCKADDR), count=0;
10      char buf[128], *ip;
11      if(WSAStartup(0x202,&wsaData)!=0){                //初始化 Winsock DLL
```

```
12        printf("initiate Winsock DLL error\n");
13        return-1;
14      }
15      //1.创建服务器 TCP 套接字
16      server=socket(AF_INET,SOCK_STREAM,IPPROTO_TCP);    //Internet 域、流
17                                                         //式套接
18  //字 TCP
19      //2.绑定关联地址和协议端口
20      addr.sin_family=AF_INET;                           //使用 TCP/IP 协议
21      addr.sin_addr.s_addr=htonl(INADDR_ANY);
22      addr.sin_port=htons(6666);                         //服务器端口
23      bind(server,(SOCKADDR*)&addr,sizeof(addr));
24      gethostname(buf,sizeof(buf));                      //获取本机(服务器)主机名
25      hostinfo=gethostbyname(buf);                       //获取主机信息
26      ip=inet_ntoa(*(IN_ADDR*)*hostinfo->h_addr_list);   //服务器 IP 地址
27      //3.监听外来连接
28      listen(server,1);
29      printf("server %s waiting for connection...\n",ip);
30      //4.等待客户机连接请求,建立连接套接字
31      accSock=accept(server,(SOCKADDR*)&addrout,&len);
32      ip=inet_ntoa(addrout.sin_addr);                    //客户机 IP 地址
33      port=htons(addrout.sin_port);                      //客户机临时端口
34      printf("[S]accept client %s:%d\n",ip,port);
35      //5.接收服务请求、处理服务、发送服务响应
36      while(1){
37          recv(accSock,buf,sizeof(buf),0);               //从客户机接收服务请求
38          printf("[C]%s\n",buf);
39          if(strcmp(buf,"quit")==0)break;                //如果接收到 quit 则退出
40          sprintf(buf,"echo %d",++count);
41          send(accSock,buf,strlen(buf)+1,0);             //向客户机发送服务响应
42      }
43      //6.关闭套接字
44      closesocket(accSock);                              //关闭连接套接字
45      closesocket(server);                               //关闭服务器 TCP 套接字
46      WSACleanup();                                      //卸载 Winsock DLL
47      return 0;
    }
```

(6) 导入动态链接库：用鼠标右键单击项目名称，在快捷菜单里选择 Settings，打开 Project Settings 对话框，在 Link 选项卡中将 ws2_32.lib 导入动态链接库。

(7) 在 A 计算机上先运行服务器端程序，在 B 计算机上运行客户机端程序。客户机端输入服务器的 IP 地址后与服务器连接，客户机输入信息发送到服务器上，服务器反馈信息到客户机上，直到输入 quit 结束客户机和服务器的程序。运行结果如图 4.30 所示。

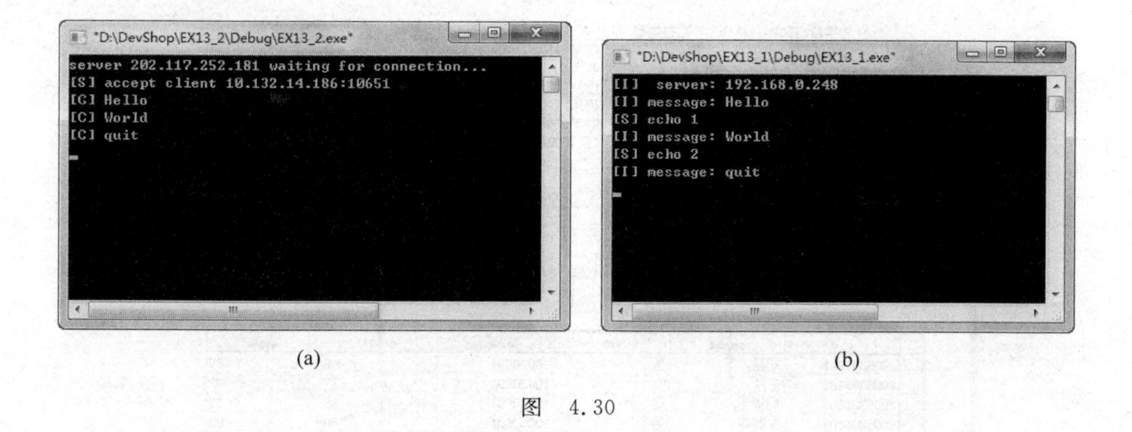

(a)　　(b)

图　4.30

2. 设计型实验

(1) [SX22]设计 TCP 点对点聊天程序。

(2) [SX23]设计有多人加入的会议程序。

(3) [SX24]设计远程文件传输程序。

(4) [SX25]设计一个局域网广播消息程序。

4.2.8　实验 8　数据库编程

在 Windows 操作系统上有 5 种主要的数据库编程接口可以使用，本书主要介绍 ODBC 的数据库编程。

ODBC(开放数据库互连)是 Microsoft 引进的一种数据库接口技术。Microsoft 引进这种技术的一个主要原因是以非语言专用的方式，提供给程序员一种访问数据库内容的简单方法。

使用 ODBC 进行数据库编程首先要建立 ODBC 数据源，其次还要包含 windows. h、sql. h、sqlext 三个头文件，最后将 odbc32. lib 添加到动态链接库中。下面我们通过示范性实验来体会数据库编程的全过程。

1. 示范性实验

[EX15]编写查询、删除、插入、更新学生信息表的程序。程序运行时先显示 student 表中的所有学生信息，再用随机值更新姓名为"周华华"学生的数学成绩，再删除学号为"2006301204"的学生记录，最后显示处理后的所有学生信息。(教材例 13.24)

实验步骤：

(1) 用 Access 建立包含 student 表的数据库：

启动 Access，选择"文件"|"新建"新建一个"空数据库"，将数据库文件命名为 student. mdb。在数据库中新建一个名为 student 的表，该表结构如图 4.31 所示。

输入 student 表的记录内容，如图 4.32 所示。

(2) 新建 VC6 项目和文件，确定 Location 为 D:\DevShop，项目名为 EX15，源文件名

字段名称	数据类型	说明
sid	文本	学号
sname	文本	姓名
sex	文本	性别(男/女)
cname	文本	班级
qmath	数字	数学成绩
qcpp	数字	C语言成绩

图 4.31

sid	sname	sex	cname	qmath	qcpp
2006301201	刘强	男	10030601	86	88
2006301202	王萍	女	10030601	77	92
2006301203	周华华	男	10030601	85	63
2006301204	张萌萌	男	10030601	80	80
2006301205	宁静	女	10030601	96	85
				0	0

图 4.32

为 EX15.CPP,控制台应用程序,向导使用"A empty project."。

(3) 在源程序文件 EX15.CPP 中输入下面的程序。其中 windows.h 必须在其他头文件的前面。还需要添加链接库文件 odbc32.lib,由于 VC6 已经将这个文件内置好了,所以不需要我们手动添加。

```
1   #include<windows.h>                    //Windows 头文件
2   #include<sql.h>                        //ODBC 核心函数头文件
3   #include<sqlext.h>                     //Microsoft SQL 扩展头文件
4   #include<odbcinst.h>                   //ODBC 安装工具头文件
5   #include<stdio.h>
6   #include<time.h>
7   void doSelect(HDBC hDBC)
8   {
9       SQLCHAR sid[15],sname[100],sex[5],cname[10];
10      SQLINTEGER qmath,qcpp,size;
11      HSTMT hSTMT;
12      //4a.查询提取数据
13      SQLAllocHandle(SQL_HANDLE_STMT, hDBC, &hSTMT);       //分配 SQL 语句句柄
14      SQLExecDirect(hSTMT,(SQLCHAR*)"SELECT * FROM student",SQL_NTS);
15  //查询全部数据
16      printf("学号\t 姓名\t 性别\t 班级\t 数学成绩\tC 语言成绩\n");
17      while(SQLFetch(hSTMT)==SQL_SUCCESS){             //移动游标到下一行
18        SQLGetData(hSTMT,1,SQL_C_CHAR,sid,sizeof(sid),&size);           //学号
19        SQLGetData(hSTMT,2,SQL_C_CHAR,sname,sizeof(sname),&size);       //姓名
20        SQLGetData(hSTMT,3,SQL_C_CHAR,sex,sizeof(sex),&size);           //性别
21        SQLGetData(hSTMT,4,SQL_C_CHAR,cname,sizeof(cname),&size);       //班级
22        SQLGetData(hSTMT,5,SQL_C_LONG,&qmath,sizeof(qmath),&size);      //数学成绩
23        SQLGetData(hSTMT,6,SQL_C_LONG,&qcpp,sizeof(qcpp),&size);        //C 语言成绩
24      printf("%s\t%s\t%s\t%s\t%d\t%d\t\n",sid,sname,sex,cname,qmath,qcpp);
```

```
25      }
26      SQLFreeHandle(SQL_HANDLE_STMT, hSTMT);             //释放 SQL 语句句柄
27  }
28  void doSQL(HDBC hDBC,char * szSQLStatement)
29  {
30      HSTMT hSTMT;
31      //4b. UPDATE/DELETE/INSERT
32      SQLAllocHandle(SQL_HANDLE_STMT, hDBC, &hSTMT);     //分配 SQL 语句句柄
33      SQLExecDirect(hSTMT,(SQLCHAR * )szSQLStatement,SQL_NTS);
34      SQLFreeHandle(SQL_HANDLE_STMT, hSTMT);             //释放 SQL 语句句柄
35  }
36  int main()
37  {
38      HENV hEnv;
39      HDBC hDBC;
40      char buf[300];
41      //1.建立连接
42      SQLAllocHandle(SQL_HANDLE_ENV, NULL, &hEnv);       //分配环境句柄
43      SQLSetEnvAttr(hEnv,SQL_ATTR_ODBC_VERSION,(SQLPOINTER)SQL_OV_ODBC3,
44          SQL_IS_INTEGER);                               //设置 ODBC 版本 3.0
45      SQLAllocHandle(SQL_HANDLE_DBC, hEnv, &hDBC);       //分配数据库连接句柄
46      SQLConnect(hDBC,(SQLCHAR * )"MYDS",SQL_NTS,NULL,0,NULL,0);
47  //建立数据库连接
48      //2.初始化
49      //3.执行 SQL 语句,完成查询、删除、插入、更新数据库事务
50      doSelect(hDBC);                                    //查询数据表全部数据
51      srand((unsigned)time(NULL));                       //随机设定一个成绩
52      sprintf(buf,"UPDATE student SET qmath=%d WHERE sname=\'周华华\'",rand()%100);
53      doSQL(hDBC,buf);
54      doSQL(hDBC,"DELETE FROM student WHERE sid=\'2006301204\'");
55      doSelect(hDBC);                       //查询数据表全部数据,比较操作后的结果
56      doSQL(hDBC,"INSERT INTO student VALUES(\'2006301204\',\'张萌萌\',\'男\',"
57          "\'10030601\',80,80)");
58      //5.事务结束
59      SQLEndTran(SQL_HANDLE_DBC, hDBC, SQL_COMMIT);      //提交事务
60      //6.断开连接
61      SQLDisconnect(hDBC);                               //断开数据库连接
62      SQLFreeHandle(SQL_HANDLE_DBC, hDBC);               //释放数据库连接句柄
63      SQLFreeHandle(SQL_HANDLE_ENV, hEnv);               //释放环境句柄
64      return 0;
65  }
```

(4) 将第(1)步建立的数据库文件 student.mdb 拷贝到项目文件夹 EX15 里,保证程序运行时能够找到数据库文件。

(5) 配置 ODBC 数据源

选择“控制面板”|“管理工具”,找到“数据源(ODBC)”并用鼠标双击它,打开“ODBC 数据源管理器”对话框,如图 4.33 所示。

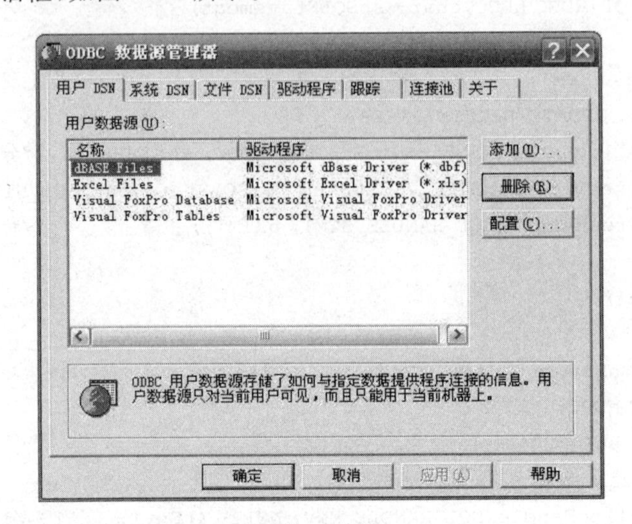

图 4.33

单击“添加”按钮添加一个新的数据源。在“创建新数据源”对话框中选择数据源驱动程序为 Microsoft Access Driver(*.mdb),如图 4.34 所示。

图 4.34

选择好驱动程序,单击“完成”按钮,进入到“ODBC Microsoft Access 安装”对话框。设置数据源名为 MYDS,如图 4.35 所示。

在“数据库”区单击“选择”按钮,打开“选择数据库”对话框,在 EX15 文件夹下选择第(1)步建立的数据库文件 student.mdb,如图 4.36 所示。数据源设置好后单击“确定”按钮,在“ODBC Microsoft Access 安装”对话框的“数据库”区可以查看所连接的数据库文件名及其路径,如图 4.36 所示。

ODBC Microsoft Access 安装
数据源名(N): MYDS
说明(D):
数据库
数据库:
选择(S)...
创建(C)...
修复(R)...
压缩(M)...
系统数据库
无(E)
数据库(T):
系统数据库(Y)...
确定
取消
帮助(H)
高级(A)...
选项(O)>>

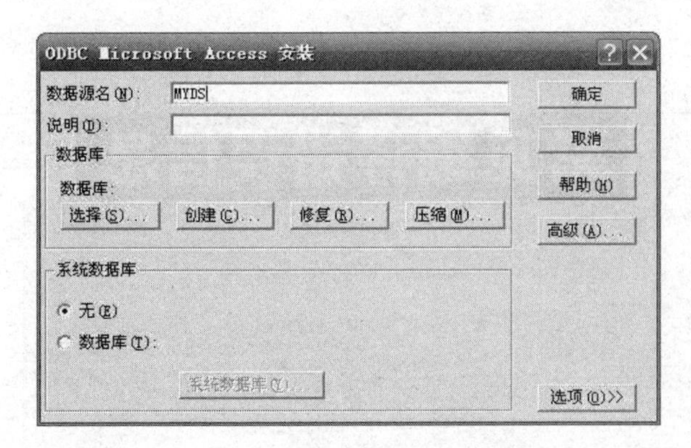

图 4.35

我们也可以通过代码来建立 ODBC 数据源,代码参考教材例 13.24,这里就不再赘述。

(6) 编译、运行该程序,运行结果如图 4.37 所示。

选择数据库
数据库名(A):
student.mdb
student.mdb
目录(D):
d:\devshop\ex15
d:\
DevShop
EX15
Debug
文件类型(T):
Access 数据库 (*.mc
驱动器(V):
d: 公用磁盘
确定
取消
帮助(H)
只读(R)
独占(E)
网络(N)...

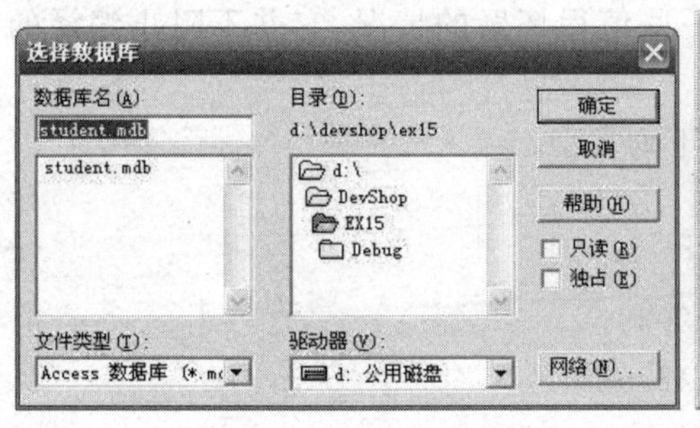

图 4.36

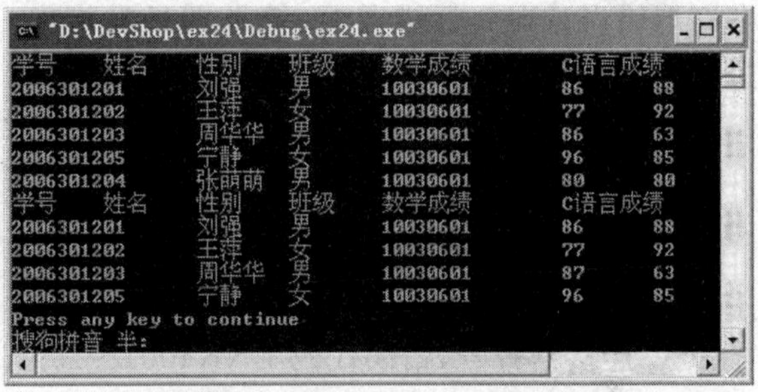

"D:\DevShop\ex24\Debug\ex24.exe"
学号 姓名 性别 班级 数学成绩 C语言成绩
2006301201 刘强 男 10030601 86 88
2006301202 王萍 女 10030601 77 92
2006301203 周华华 男 10030601 86 63
2006301205 宁静 女 10030601 96 85
2006301204 张萌萌 男 10030601 80 80
学号 姓名 性别 班级 数学成绩 C语言成绩
2006301201 刘强 男 10030601 86 88
2006301202 王萍 女 10030601 77 92
2006301203 周华华 男 10030601 87 63
2006301205 宁静 女 10030601 96 85
Press any key to continue
搜狗拼音 半:

图 4.37

2. 设计型实验

(1) [SX26]使用 Access 数据库编写一个学生管理系统,可以维护学生学籍、考试成绩等信息。

(2) [SX27]使用 Access 数据库编写一个超市 POS 系统,可以维护商品库存、收银、明细账等信息。

(3) [SX28]使用 Access 数据库编写一个图书管理系统,可以维护图书、借阅、统计等信息。

(4) [SX29]使用 Access 数据库编写一个个人密码系统,可以维护密码、安全等信息。

(5) [SX30]使用 Access 数据库编写一个通讯录系统,可以维护通讯录、管理员等信息。

附录A 常见编译错误信息

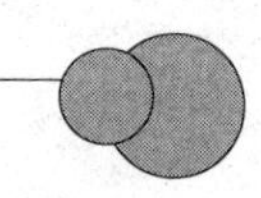

A.1 Visual C++ 6.0 错误信息概述

Visual C++ 6.0 的编译连接错误信息分为三种类型：致命错误、一般错误和警告。其中，致命错误是内部编译器和连接器出错，一般错误指程序的语法错误，磁盘、文件或内存存取错误或命令行错误等，警告则只是指出一些值得怀疑的情况，它并不阻止编译的进行。

Visual C++ 6.0 的编译连接错误信息分为下列类型：

- 编译器错误，错误代码 C999～C3999。
- 编译器警告，错误代码 C4000～C4999。
- 连接器错误，错误代码 LNK1000～LNK2035。
- 连接器警告，错误代码 LNK4001～LNK4255。
- C 运行时错误，错误代码 R6002～R6035。
- C 运行时警告，错误代码 CRT1001。
- 资源编译器错误，错误代码 RC1000～RC2236。
- 资源编译器警告，错误代码 RC4000～RC4413。
- 资源编译器警告，错误代码 RW1004～RW4004。
- NMAKE 错误，错误代码 U1000～U4014。
- ATL 提供程序错误和警告，错误代码 ATL2004～ATL4111。
- 命令行错误，错误代码 D8000～D8046。
- 命令行警告，错误代码 D9000～D9044。
- 配置优化错误和警告，错误代码 PG0001～PG1087。
- 项目生成错误和警告，错误代码 PRJ0002～PRJ0051。
- CVTRES 错误，错误代码 CVT1100～CVT4001。
- BSCMAKE 错误，错误代码 BK1500～BK4503。
- 表达式计算错误，错误代码 CXX0000～CXX0072。
- 数学错误，错误代码 M6101～M6205。
- SPROXY 错误，错误代码 SDL0000～SDL1030。
- SPROXY 警告，错误代码 SDL4000～SDL4009。

- Web 部署错误和警告，错误代码 VCD0001～VCD0048。
- XDCMake 错误和警告，错误代码 VCD0001～VCD0048。

其中最常用的是编译器错误和警告。

Visual C++ 6.0 的编译连接错误信息数量庞大，而且是英文版的。目前 Microsoft 已经将这些信息翻译成中文，查询最新的信息请浏览微软公司中文网站：http://msdn.microsoft.com/library/CHS/vccore/html/_vc_build_errors.asp。

A.2 Visual C++ 6.0 编译错误信息列表

下面按错误代码顺序列出常见的 Visual C++ 6.0 编译错误信息及解决提示。

C1003：错误计数超过 number；正在停止编译。

C1004：遇到意外的文件结束。

C1010：在查找预编译头时遇到意外的文件结尾。是否忘记了向源代码中添加“#include name”?。

C1012：不匹配的括号：缺少 character。

C1013：编译器限制：左括号太多。

C1021：无效的预处理器命令“string”。

C1034：file：不包括路径集。

C1057：宏展开中遇到意外的文件结束。

C1071：在注释中遇到意外的文件结束。

C1075：与左侧的 token(位于“filename(linenumber)”)匹配之前遇到文件结束。

C1083：无法打开 filetype 文件：“file”：message。

C1085：无法写入 filetype 文件：“file”：message。

C1086：无法查找 filetype 文件：“file”：message。

C1091：编译器限制：字符串长度超过“length”个字节。

C1126：“identifier”：自动分配超过 size。

C1189：#error：用户提供的错误信息。

C1507：以前的用户错误和后面的错误恢复使进一步的编译暂停。

C1903：无法从以前的错误中恢复；正在停止编译。

C2001：常数中有换行符。

C2002：无效的宽字符常数。

C2007：#define 语法。

C2008：“character”：宏定义中的意外。

C2009：宏形式“identifier”重复使用。

C2010：“character”：宏形参表中的意外。

C2011：“identifier”：“type”类型重定义。

C2012：在“＜”之后缺少名称。

C2013：缺少“＞”。

C2014：预处理器命令必须作为第一个非空白空间启动。
C2015：常数中的字符太多。
C2017：非法的转义序列。
C2018：未知字符“hexnumber”。
C2019：应找到预处理器指令，却找到“character”。
C2021：应输入指数值，而非“character”。
C2022：“number”：对字符来说太大。
C2026：字符串太大，已截断尾部字符。
C2027：使用了未定义类型“type”。
C2028：结构/联合成员必须在结构/联合中。
C2030：“identifier”：结构/联合成员重定义。
C2032：“identifier”：函数不能是结构/联合“structorunion”的成员。
C2033：“identifier”：位域不能有间接寻址。
C2034：“identifier”：位域类型对于位数太小。
C2036：“identifier”：未知的大小。
C2039：“identifier1”：不是“identifier2”的成员。
C2040：“operator”：“identifier1”与“identifier2”的间接寻址级别不同。
C2041：非法的数字“character”(用于基“number”)。
C2042：signed/unsigned 关键字互相排斥。
C2043：非法 break。
C2044：非法 continue。
C2045：“identifier”：标签重定义。
C2046：非法的 case。
C2047：非法的 default。
C2048：默认值多于一个。
C2050：switch 表达式不是整型。
C2051：case 表达式不是常数。
C2052：“type”：非法的 case 表达式类型。
C2053：“identifier”：宽字符串不匹配。
C2054：在“identifier”之后应输入“(”。
C2055：应输入形参表，而不是类型表。
C2056：非法表达式。
C2057：应输入常数表达式。
C2058：常数表达式不是整型。
C2059：语法错误：“token”。
C2060：语法错误：遇到文件结束。
C2061：语法错误：标识符“identifier”。
C2062：意外的类型“type”。

C2063："identifier"：不是函数。
C2064：项不会计算为接受"number"个参数的函数。
C2066：转换到函数类型是非法的。
C2067：转换到数组类型是非法的。
C2069："void"项到非"void"项的强制转换。
C2070："type"：非法的 sizeof 操作数。
C2071："identifier"：非法的存储类。
C2072："identifier"：函数的初始化。
C2073："identifier"：部分初始化数组的元素必须有默认构造函数。
C2074："identifier"："class-key"初始化需要大括号。
C2075："identifier"：数组初始化需要大括号。
C2077：非标量字段初始值设定项"identifier"。
C2078：初始值设定项太多。
C2079："identifier"使用未定义的类/结构/联合"name"。
C2081："identifier"：形参表中的名称非法。
C2082：形参"identifier"的重定义。
C2083：结构/联合比较非法。
C2085："identifier"：不在形参表中。
C2086："identifier"：重定义。
C2087："identifier"：缺少下标。
C2088："operator"：对于"class-key"非法。
C2089："identifier"："class-key"太大。
C2090：函数返回数组。
C2091：函数返回函数。
C2092："array name"数组元素类型不能是函数。
C2093："variable1"：无法使用自动变量"variable2"的地址初始化。
C2094：标签"identifier"未定义。
C2095："function"：实参具有类型"void"："number"参数。
C2097：非法的初始化。
C2099：初始值设定项不是常数。
C2100：非法的间接寻址。
C2101：常数上的"&"。
C2102："&"要求左值。
C2103：寄存器变量上的"&"。
C2104：位域上的"&"被忽略。
C2105："operator"需要左值。
C2106："operator"：左操作数必须为左值。
C2107：非法索引，不允许间接寻址。

C2108：下标不是整型。
C2109：下标要求数组或指针类型。
C2110："+"：不能添加两个指针。
C2111："+"：指针加法要求整型操作数。
C2112："-"：指针减法要求整型或指针类型操作数。
C2113："-"：指针只能从另一个指针上进行减法运算。
C2114："operator"：左侧为指针；右侧需要是整数值。
C2115："identifier"：不兼容的类型。
C2116：函数参数列表有差异。
C2117："identifier"：数组界限溢出。
C2118：负下标。
C2120：对于所有类型"void"非法。
C2121："#"：无效字符：可能是宏展开的结果。
C2122："identifier"：名称列表中的原型参数非法。
C2124：被零除或对零求模。
C2126："operator"：不正确的操作数。
C2129：静态函数"function"已声明但未定义。
C2132：语法错误：意外的标识符。
C2133："identifier"：未知的大小。
C2134："identifier"：结构/联合太大。
C2135："bit operator"：非法的位域操作。
C2137：空字符常数。
C2138：定义没有任何成员的枚举是非法的。
C2141：数组大小溢出。
C2142：函数声明有差异，只在一个声明中指定了变量参数。
C2143：语法错误："token2"前缺少"token1"。
C2144：语法错误："type"的前面应有"token"。
C2145：语法错误：标识符前面缺少"token"。
C2146：语法错误：标识符"identifier"前缺少"token"。
C2147：语法错误："identifier"是新的关键字。
C2148：数组的总大小不得超过 0x7fffffff 字节。
C2149："identifier"：已命名位域不能有零宽度。
C2150："identifier"：位域必须有"int"、"signed int"或"unsigned int"类型。
C2151：语言属性多于一个。
C2152："identifier"：指向有不同属性的函数的指针。
C2153：十六进制常数必须至少有一个十六进制数字。
C2155："?"：左边的操作数无效，应为算术类型或指针类型。
C2159：指定了一个以上的存储类。

C2160："##"不能在宏定义的开始处出现。
C2161："##"不能在宏定义的结尾处出现。
C2162：应输入宏形参。
C2165："keyword"：不能修改指向数据的指针。
C2166：左值指定常数对象。
C2167："function"：内部函数的实参太多。
C2168："function"：内部函数的实参太少。
C2169："function"：内部函数，不能定义。
C2170："identifier"：没有声明为函数，不能是内部函数。
C2171："operator"："type"类型的操作数非法。
C2172："function"：实参不是指针：参数 number。
C2173："function"：实参不是指针：参数 number1，参数列表 number2。
C2174："function"：实参具有类型"void"：参数 number1，参数列表 number2。
C2177：常数太大。
C2180：控制表达式的类型为"type"。
C2181：没有匹配 if 的非法 else。
C2182："identifier"：非法使用"void"类型。
C2183：语法错误：翻译单元为空。
C2186："operator"："void"类型的操作数非法。
C2188："number"：对宽字符来说太大。
C2189：#error：string。
C2190：第一个参数列表比第二个长。
C2191：第二个参数列表比第一个长。
C2192：参数"number"声明不同。
C2196：case 值"value"已使用。
C2197："function"：用于调用的参数太多。
C2198："function"：用于调用的参数太少。
C2199：语法错误：在全局范围内找到"identifier ("(是有意这样声明的吗?)。
C2203：删除运算符不能指定数组的边界。
C2204："type"：括号中找到的类型定义。
C2205："identifier"：不能对带有块范围的外部变量进行初始化。
C2206："function"：typedef 不能用于函数定义。
C2207：在结构/联合"tag"中的"member"有大小为零的数组。
C2208："type"：没有使用此类型进行定义的成员。
C2216："keyword1"不能和"keyword2"一起使用。
C2217："attribute1"需要"attribute2"。
C2219：语法错误：类型限定符必须位于"*"之后。
C2221：意外类型"type"：必须为本机类/结构/联合类型。

C2222：“－＞”：左操作数具有结构/联合类型，使用“.”。

C2223：“－＞identifier”的左侧必须指向结构/联合。

C2224：“identifier”的左侧必须有结构/联合类型。

C2226：语法错误：意外的“type”类型。

C2227：“－＞member”的左边必须指向类/结构/联合/泛型类型。

C2228：“. identifier”的左侧必须有类/结构/联合。

C2229：类型“identifier”有非法的零大小的数组。

C2231：“.”：左操作数指向“class-key”，使用“··C＞”。

C2232：“··C＞”：左操作数具有“class-key”类型，使用“.”。

C2234：“name”：引用数组是非法的。

C2238：“token”前有意外的标记。

C2242：typedef 名不能位于类/结构/联合之后。

C2244：“identifier”：无法将函数定义与现有的声明匹配。

C2246：“identifier”：本地定义的类中的非法静态数据成员。

C2264：“function”：函数定义或声明中有错误；未调用函数。

C2265：“identifier”：对零大小的数组的引用非法。

C2266：“identifier”：对非常数绑定数组的引用非法。

C2267：“function”：具有块范围的静态函数非法。

C2273：“type”：位于“－＞”运算符右边时非法。

C2274：“type”：位于“.”运算符右边非法。

C2275：“identifier”：将此类型用作表达式非法。

C2276：“operator”：绑定成员函数表达式上的非法操作。

C2290：C++ asm 语法已被忽略。使用 _asm。

C2294：“identifier”：内部函数的非法参数，参数“number”。

C2295：转义的“character”：在宏定义中非法。

C2296：“operator”：左操作数错误。

C2297：“operator”：右操作数错误。

C2308：串联不匹配的字符串。

C2332：“typedef”：缺少标记名。

C2333：“function”：函数声明中有错误；跳过函数体。

C2334：':或{'的前面有意外标记；跳过明显的函数体。

C2360：“case”标签跳过了“identifier”的初始化。

C2361：“default”标签跳过“identifier”的初始化操作。

C2362：“goto label”跳过了“identifier”的初始化。

C2369：“array”：重定义；不同的下标。

C2377：“identifier”：重定义；typedef 不能由任何其他符号重载。

C2378：“identifier”：重定义；符号不能由 typedef 重载。

C2379：提升后形参 number 具有不同的类型。

C2380："identifier"前的类型(构造函数有返回类型或是当前类名称的重定义非法?)。

C2383："symbol"：此符号中不允许有默认参数。

C2444："identifier"：使用了 ANSI 原型，找到"type"，应为"{"或";"。

C2446："operator"：没有从"type1"到"type2"的转换。

C2447："{"：缺少函数标题(是否是老式的形式表?)。

C2448："identifier"：函数样式初始值设定项类似函数定义。

C2449：在文件范围内找到"{"(是否缺少函数头?)。

C2450："type"类型的 switch 表达式是非法的。

C2451："type"类型的条件表达式是非法的。

C2458："identifier"：定义范围内的重定义。

C2459："identifier"：正被定义；无法作为匿名成员添加。

C2465：不能在括号内定义匿名类型。

C2466：不能分配常数大小为 0 的数组。

C2469："operator"：无法分配"type"对象。

C2470："function"：看起来像函数定义，但没有参数列表；跳过明显的函数体。

C2473："identifier"：看起来像函数定义，但却没有参数列表。

C2474："keyword"：丢失相邻的分号，可能是关键字或标识符。

C2526："identifier1"：C 连接函数无法返回 C++ 类"identifier2"。

C2528："name"：指向引用的指针非法。

C2529："name"：对引用的引用非法。

C2530："identifier"：必须初始化引用。

C2531："identifier"：位域的引用非法。

C2532："identifier"：引用的非法修饰符。

C2537："specifier"：非法的连接规范。

C2540：作为数组界限的非常数表达式。

C2541："delete"：delete：不能删除不是指针的对象。

C2543：应输入运算符"[]"的"]"。

C2544：应输入运算符"()"的")"。

C2548："class::member"：缺少 parameter 参数的默认参数。

C2551："void *"类型需要显式转换。

C2561："identifier"：函数必须返回值。

C2562："identifier"："void"函数返回值。

C2563：在形参表中不匹配。

C2564："type"：到内置类型的函数样式转换只能接受一个参数。

C2566：条件表达式中的重载函数。

C2572："class::member"：重定义默认参数：参数 param。

C2587："identifier"：将局部变量用作默认参数非法。

C2592：初始化表达式到类型“type”没有合法的转换。

C2598：连接规范必须在全局范围内。

C2599：“enum”：不允许枚举类型的前向声明。

C2601：“function”：本地函数定义是非法的。

C2617：“function”：返回语句不一致。

C2619：联合“union”：不能有静态成员变量“identifier”。

C2620：成员“identifier”(属于联合“union”)具有用户定义的构造函数或不常用的默认构造函数。

C2622：联合“union”的成员“identifier”具有赋值运算符。

C2624：局部类不能用于声明“外部”变量。

C2632：“type1”后面接“type2”是非法的。

C2646：全局匿名联合必须声明为静态。

C2649：“identifier”：不是“class-key”。

C2656：“function”：函数不能作为位域使用。

C2658：“member”：匿名结构/联合中的重定义。

C2659：“operator”：作为左操作数。

C2660：“function”：函数不采用 number 参数。

C2661：“function”：没有重载的函数接受 number 个参数。

C2669：匿名联合中不能使用成员函数。

C2708：“identifier”：实参的字节长度不同于以前的调用或引用。

C2709：“identifier”：形参的字节长度不同于以前的声明。

C2731：“identifier”：无法重载函数。

C2732：连接规范与“function”的早期规范冲突。

C2733：不允许重载函数“function”的第二个 C 连接。

C2734：“identifier”：如果不是外部的，则必须初始化常数对象。

C2735：不允许在形参类型说明符中使用“keyword”关键字。

C2736：不允许在强制转换中使用“keyword”关键字。

C2745：“token”：该标记不能转换为标识符。

参考文献

1. 谭浩强著. C语言程序设计(第三版). 北京：清华大学出版社,2005.
2. 谭浩强编著. C程序设计题解与上机指导(第3版). 北京：清华大学出版社,2005.
3. 郑莉,董渊编著. C++语言程序设计(第二版). 北京：清华大学出版社,2001.
4. Bjarne Stroustrup 著. The C++ Programming Language(3rd Edition). Addison-Wesley Pub Co,1997.
5. 谭浩强编著. C++程序设计. 北京：清华大学出版社,2004.
6. Bjarne Stroustrup 著. The C++ Programming Language(Special Edition). Addison-Wesley Pub Co,2000.
7. Stanley B. Lippman. Josee Lajoie 著. C++ Primer(3rd Edition)中文版. 潘爱民译. 北京：中国电力出版社,2002.
8. Mark Lee 著. C++ Programming for the Absolute Beginner(2nd Edition). Course Technology PTR, 2008.
9. Timothy S. Ramteke 著. C和C++基础教程与题解(第2版). 施平安译. 北京：清华大学出版社,2005.
10. 陈慧南编著. 算法设计与分析(C++语言描述). 北京：电子工业出版社,2006.
11. 吴文虎,王建德编著. 实用算法的分析与程序设计. 北京：电子工业出版社,1998.
12. 教育部考试中心编. 全国计算机等级考试二级教程:公共基础知识(2008年版). 北京：高等教育出版社,2007.
13. Mark Allen Weiss 著. 数据结构与算法分析 C++描述(第3版). 张怀勇译. 北京：人民邮电出版社,2007
14. 严蔚敏,吴伟民编著. 数据结构(C语言版). 北京：清华大学出版社,2007.
15. 徐士良编著. 常用算法程序集(C语言描述)第三版. 北京：清华大学出版社,2004.
16. Richard J. Simon 著. Windows 2000 API超级宝典. 潇湘工作室译. 北京：人民邮电出版社,2001.
17. Charles Petzold 著. Windows程序设计(上、下)册. 北京博彦科技发展有限公司译. 北京：北京大学出版社,1999
18. Harvey M. Deitel,Paul J. Deitel,Tem R. Nieto 著. C++ in the Lab. Prentice Hall,2003.
19. 李春葆,陶红艳,金晶编著. C++语言程序设计学习辅导. 北京：清华大学出版社,2008.
20. 刘慧宁,孟威编著. C++程序设计教程实验指导及习题解答. 北京：机械工业出版社,2009.

大学计算机基础教育规划教材

近　期　书　目